新媒體行銷議

：內容即廣告、流量變現金的新媒體時代！

周麗玲、劉明秀 編著

崧燁文化

新媒體行銷議:內容即廣告、流量變現金的新媒體時代!
目錄

目錄

內容簡介

序

前言

第一章 新媒體行銷概述
第一節 新媒體行銷的概念與內容 ... 16
  一、新媒體行銷概述 ... 16
  二、新媒體行銷的內容體系 ... 22
第二節 新媒體行銷的演進與發展 ... 25
  一、新媒體行銷發展簡史 ... 26
  二、新媒體行銷的現狀與趨勢 ... 30

第二章 新媒體行銷的理論基礎
第一節 參與化時代與合作行銷 ... 40
  一、開放性的媒體平台 ... 40
  二、行銷的參與化時代 ... 43
  三、消費者與企業的合作行銷 ... 44
第二節 關係視角下的新媒體行銷 ... 47
  一、利益相關者 ... 47
  二、多重影響者 ... 51
  三、關係行銷 2.0 ... 55
第三節 科技視角下的新媒體行銷 ... 58
  一、大數據 ... 58
  二、新科技浪潮與數位行銷 ... 62
第四節 行銷革命 3.0 ... 63
  一、行銷思維的轉變 ... 64

二、行銷模式的轉變 65
　　三、行銷新法則 67

第三章 新媒體行銷策劃

　第一節 確立行銷參與者及目標 72
　　一、確立行銷參與者 73
　　二、界定行銷參與者 73
　　三、制定行銷目標 76
　第二節 打造新媒體行銷傳播平台 77
　　一、新媒體行銷平台 77
　　二、媒體組合 79
　　三、官方內容規劃 82
　　四、消費者自創內容規劃 84
　第三節 資料管理與整合行銷 86
　　一、資料管理 86
　　二、行銷計畫的實施 88
　　三、行銷計畫的監控 89
　　四、整合行銷 91

第四章 新媒體行銷的媒體通路與方法概況

　第一節 新媒體行銷的常用通路 96
　　一、網路媒體：展示、搜尋、聯盟、贊助 97
　　二、社群媒體 103
　　三、IPTV 105
　　四、移動平台 107
　　五、其他新媒體行銷通路 110
　第二節 新媒體行銷的常用方法 111
　　一、新媒體行銷方法分類 111
　　二、硬廣告與軟廣告 114

三、新媒體時代的整合行銷 118

第五章 網路廣告與網路行銷

　第一節 網路廣告：從入口網站到搜尋 122
　　一、傳統網路廣告 123
　　二、搜尋引擎的興起：競價排名與關鍵字廣告 125
　　三、網路廣告最新發展 129
　第二節 網路行銷的社群化 131
　　一、網路的社群化 131
　　二、行銷的社群化 133
　　三、消費者自創內容與參與式行銷 136
　　四、社群媒體時代的口碑行銷 138

第六章 搜尋引擎行銷

　第一節 搜尋引擎行銷概述 144
　　一、搜尋引擎行銷的概念與特點 144
　　二、搜尋引擎行銷的優勢與作用 146
　第二節 搜尋引擎行銷的方法與策略 148
　　一、搜尋引擎行銷的基本方法 148
　　二、搜尋引擎行銷的應用策略 156
　第三節 搜尋的多元化及其行銷前景 158
　　一、購物搜尋 159
　　二、社群搜尋 163
　　三、地圖搜尋 169

第七章 影片行銷

　第一節 影片行銷概述 176
　　一、影片行銷定義 177
　　二、網路影片內容的特色及其行銷功能 177
　　三、網路影片行銷的演變 182

第二節 影片行銷的類型 186
　　　一、網路電視 186
　　　二、影片分享 189
　　　三、原創影片發布 191
　　第三節 影片行銷的策略與方法 194
　　　一、感官效果最大化 194
　　　二、影片病毒化 195
　　　三、影片搜尋引擎最佳化 196
　　　四、影片內容原創化 197

第八章 網路遊戲行銷

　　第一節 網路遊戲行銷概述 202
　　　一、網路遊戲定義及類型 202
　　　二、網路遊戲市場發展現況 203
　　　三、網路遊戲行銷概述 207
　　第二節 網路遊戲行銷的形式與方法 211
　　　一、廣告投放 211
　　　三、合作及關聯宣傳 217
　　第三節 網路遊戲行銷的應用策略 220
　　　一、網路遊戲行銷的現存問題 220
　　　二、網路遊戲行銷的應用要點與策略 221

第九章 微博行銷

　　第一節 微博行銷概述 228
　　　一、微博行銷的概念與興起 228
　　　二、微博行銷的特點 229
　　　三、微博行銷的優勢 231
　　　四、微博行銷的功能 233
　　第二節 微博行銷策略 235

一、微博行銷的方法與技巧⋯⋯⋯⋯⋯⋯⋯⋯⋯⋯⋯⋯235

　　二、微博行銷的效果評估⋯⋯⋯⋯⋯⋯⋯⋯⋯⋯⋯⋯⋯241

　　三、微博行銷的錯誤認知⋯⋯⋯⋯⋯⋯⋯⋯⋯⋯⋯⋯⋯243

　第三節 微博行銷的挑戰與發展趨勢⋯⋯⋯⋯⋯⋯⋯⋯⋯⋯245

　　一、微博行銷面臨的挑戰⋯⋯⋯⋯⋯⋯⋯⋯⋯⋯⋯⋯⋯245

　　二、微博行銷應對策略探討⋯⋯⋯⋯⋯⋯⋯⋯⋯⋯⋯⋯247

　　三、微博行銷的未來趨勢⋯⋯⋯⋯⋯⋯⋯⋯⋯⋯⋯⋯⋯250

第十章 微信行銷

　第一節 微信的概念和微信的崛起⋯⋯⋯⋯⋯⋯⋯⋯⋯⋯⋯256

　　一、微信的概念⋯⋯⋯⋯⋯⋯⋯⋯⋯⋯⋯⋯⋯⋯⋯⋯⋯256

　　二、微信的崛起⋯⋯⋯⋯⋯⋯⋯⋯⋯⋯⋯⋯⋯⋯⋯⋯⋯257

　　三、中國其他手機即時通訊軟體⋯⋯⋯⋯⋯⋯⋯⋯⋯⋯259

　　四、全球主要手機即時通訊軟體⋯⋯⋯⋯⋯⋯⋯⋯⋯⋯260

　第二節 微信行銷的特點和方式⋯⋯⋯⋯⋯⋯⋯⋯⋯⋯⋯⋯261

　　一、微信行銷的概念和特點⋯⋯⋯⋯⋯⋯⋯⋯⋯⋯⋯⋯262

　　二、微信行銷的方式⋯⋯⋯⋯⋯⋯⋯⋯⋯⋯⋯⋯⋯⋯⋯263

　第三節 微信行銷的方法技巧⋯⋯⋯⋯⋯⋯⋯⋯⋯⋯⋯⋯⋯270

　　一、獲取微信使用者的關注⋯⋯⋯⋯⋯⋯⋯⋯⋯⋯⋯⋯271

　　二、維護微信使用者⋯⋯⋯⋯⋯⋯⋯⋯⋯⋯⋯⋯⋯⋯⋯273

　第四節 微信行銷面臨的難題與發展方向⋯⋯⋯⋯⋯⋯⋯⋯275

　　一、微信行銷的潛力⋯⋯⋯⋯⋯⋯⋯⋯⋯⋯⋯⋯⋯⋯⋯276

　　二、微信行銷面臨的難題⋯⋯⋯⋯⋯⋯⋯⋯⋯⋯⋯⋯⋯278

　　三、微信行銷的發展方向⋯⋯⋯⋯⋯⋯⋯⋯⋯⋯⋯⋯⋯280

第十一章 APP 行銷

　第一節 APP 行銷概述⋯⋯⋯⋯⋯⋯⋯⋯⋯⋯⋯⋯⋯⋯⋯⋯284

　　一、APP 與 APP 行銷⋯⋯⋯⋯⋯⋯⋯⋯⋯⋯⋯⋯⋯⋯⋯284

　　二、APP 行銷的興起與發展⋯⋯⋯⋯⋯⋯⋯⋯⋯⋯⋯⋯288

第二節 APP 行銷模式 ... 291
  一、廣告置入模式 ... 291
  二、企業自有 APP 模式 ... 292
  三、「企業自有 APP ＋離線互動」模式 ... 296
第三節 APP 行銷的策略與方法 ... 298
  一、APP 行銷的主要問題和發展障礙 ... 299
  二、APP 行銷策略探討 ... 301

後記

內容簡介

　　本書系統闡述了新媒體行銷的理論與方法，在細述新媒體行銷理念與規則的基礎上，結合大量實例，深入探討新媒體行銷的具體策略與方法，全面涵蓋新媒體行銷的主要領域：網路廣告、搜尋引擎行銷、影片行銷、網路遊戲行銷、微博行銷、微信行銷、APP行銷。

新媒體行銷議：內容即廣告、流量變現金的新媒體時代！
序

序

　　媒介技術的發展將我們帶到了一個眾聲喧譁、瞬息萬變的新媒體時代。

　　在這裡，人們都在放聲疾呼，也都被這個由媒介建構的全新世界所迷醉。然而，伴隨著新媒體時代的到來，思想觀念、生活方式乃至行為舉措的急遽改變，也常常讓人們有些不知所措和無所適從。新媒體到底是什麼？新媒體時代到來又意味著什麼？人們如何正確處理好與新媒體的關係？這些問題看似簡單，卻又真真切切地擺在人們面前，需要我們去面對，去解決。因此，理解新媒體在當下顯得尤為重要。

　　人類社會發展的每一階段都會有一些新型的媒體出現，它們都會為人們的社會生活帶來巨大的改變。這種改變在今天這個新媒體時代表現得尤其明顯：閱聽人這一角色轉變為「網友」或「使用者」，成了傳播的主動參與者，而非此前的被動資訊接受者；傳播過程不再是單向的，而是雙向互動的；傳播模式的核心在於數位化和互動性。這一系列改變的背後是網路技術、數位科技和行動通訊技術的發展，並由此衍生出多種新媒體形態——以網路媒體、互動性電視媒體、行動媒體為代表的新興媒體，和以戶外電視、車用電視等為代表的戶外新型媒體。

　　從技術層面上看，新媒體是以網路技術、數位科技和行動通訊技術搭建起來，進行資訊傳遞與接收的資訊交流平台，包括固定裝置與行動裝置。它具備以新技術為載體、以互動性為核心、以平台化為特色、以人性化為導向等基本特徵。從傳播層面看，新媒體從四個方面改變著傳統媒體固有的傳播定位與流程，即傳播參與者由過去的閱聽人成了網友，傳播內容由過去的組織生產成了使用者生產，傳播過程由過去的一對多傳播成了病毒式擴散傳播，傳播效果由過去能預期目標成了無法預估的未知數。這種改變從某種程度上可以說是顛覆性的，傳統的「5W」、「魔彈理論」和「閱聽人」等經典理論已經成為明日黃花。從營運層面看，在新媒體技術構築的營運平台之上，進行各類新媒體的經營活動，包括網路媒體經營、手機媒體經營、數位電視與戶外新媒體經營和企業的新媒體行銷。

這就在很大程度上打破了報刊、廣播和電視等傳統媒體過分倚重廣告的單一經營模式，實現了盈利模式的多元化。從管理層面看，新媒體管理主要從三個方面著手，即新媒體的政府規範、新媒體倫理和新媒體使用者的媒介素養。這樣，政府規範對新媒體形成一種外在規範，新媒體倫理從內在方面對從業者形成約束，而媒介素養則對新媒體使用者提出要求。

　　本書既有對新媒體的發展軌跡和運行規律的理論歸納，又有對新媒體營運實務的探討，還有對大量新媒體案例的點評，真正做到了理論與實務結合、運行與案例相佐，展現出作者良好的學術旨趣與功力。

　　是為序。

前言

　　關於新媒體，從概念到特徵，有很多說法，也有各式各樣的表述。我們認為，新媒體是指採用網路技術、數位科技和行動通訊科技進行資訊傳遞與接收的資訊交流平台，包括固定裝置與行動裝置。它具備以下基本特徵——以新技術為載體，以互動性為核心，以平台化為特色，以人性化為導向。

　　以新技術為載體，是指新媒體的應用與營運以新技術為基礎。網路技術、數位科技、行動通訊技術的發明與普及，不僅為新媒體的誕生提供了技術支援，同時也為新媒體的運作提供了資訊載體，使得資訊能以超時空、多媒體、不失真的形式傳播出去。可以說，新媒體的所有特徵，都是建立在新技術提供的技術可能性之基礎上。

　　雙向互動是新媒體的本質特徵。傳統媒體一個很大的弊端在於資訊的單向流動，而新媒體的出現突破了這一侷限。它從根本上改變了資訊傳播的模式，也從根本上改變了傳播者與受播者之間的關係。傳播參與者在一個相對平等的地位進行資訊交流，媒體以往的告知功能變成如今的溝通功能。這種溝通不僅表現在媒體與使用者之間，還體現在使用者與使用者之間。可以說，新媒體的這一特徵，不僅對傳統媒體，而且對整個社會都將產生深遠的影響。

　　新媒體打造起一個綜合性資訊平台，傳統媒體與新媒體在這個平台之上逐漸走向融合。新媒體的出現並不會導致傳統媒體的消亡，兩者會相互補充、共同發展。而新媒體以其包容性的技術優勢，接納與匯聚了傳統媒體的媒介屬性。報刊、廣播、電視等傳統媒體只有在適應新媒體環境、與新媒體的新技術形式相互滲透之後，才能獲得二次發展。如今數位報刊、網路廣播、手機電視等融合性媒體如雨後春筍般出現便是明證。而新媒體脫胎於舊媒介形態的特徵，為新舊媒體的相互融合提供了可能。

　　人性化是所有媒介的發展方向：口語媒體轉瞬即逝、不易儲存，於是有了文字媒體；文字媒體無法大規模複製，於是出現了印刷媒體；印刷媒體難以克服時空的障礙，電子媒體便應運而生。可以說，每一種新型媒體的出現，必然是對舊媒體功能的補充與完善。新技術是其出現的基礎，而人性化導向

新媒體行銷議：內容即廣告、流量變現金的新媒體時代！
前言

意味著技術圍繞人們的需求而展開。新媒體的出現，滿足了人們渴望發聲、渴望分享的需求；滿足了人們渴望交流、渴望互動的需求；滿足了人們渴望以一個更快、更便捷的方式，獲取並傳播更多個別化資訊的需求。而在不遠的將來，新媒體將帶來真正的去仲介化──人們在經歷了部落時期的無仲介、非部落時期的仲介化之後，正在迎來人與人之間交流的去仲介化。屆時，人們將歡欣鼓舞地迎接一個所有人都與其他人緊密相連的「地球村」時代。

周茂君

第一章 新媒體行銷概述

【知識目標】

☆新媒體行銷的特點。

☆新媒體行銷內容體系。

【能力目標】

1. 把握新媒體的發展對行銷所帶來的機會與挑戰。

2. 增強與提升運用新媒體進行行銷活動的意識與能力。

【案例導入】

　　隨著七年級後段班與八年級生加入結婚生子行列,「七年級後段班」媽媽逐漸成為主流,她們享受著網路帶來的快捷與便利,這一類媽媽被稱為「新生代媽媽」。幼兒奶粉的閱聽人越來越多地趨向於「七年級後段班」,甚至「八年級生」的新生代媽媽,因此,也順應新生代媽媽喜愛並依賴網路的特性,在傳播上更加向社群媒體靠攏,將社群媒體作為品牌傳播及消費者服務的重要陣地。

　　在具體做法上,利用母嬰客群關注度較高的時間點,挖掘契合品牌主張的感性話題,觸發目標閱聽人的共鳴,引發關注及討論,全面提升品牌的影響力,增強品牌的話題性,樹立親和的品牌形象,增加目標閱聽人的黏著度。

　　父親節時,舉辦專題活動,並安排在百度貼吧首頁橫幅式廣告推播,累計共有 14,264 人次參與。在六一兒童節期間,以「父母的陪伴是孩子最好的禮物」製作專項素材,透過官方微信呼籲父母六一兒童節時陪伴在孩子身邊,活動曝光量超過 526 萬,閱讀訊息人數為 203 萬,分享人數超過 50 萬人。母親節時,以「你是喝母奶長大的嗎?」為話題,在宣傳哺餵母乳的同時,呼籲網友感恩母愛,這一話題獲得 1673 萬次閱讀,比當日社會話題「全國母乳餵養宣傳日」還多兩倍。同時搭配有獎轉寄活動,共獲得 114 萬網友參與、34 萬則貼文討論。

伊利「金領冠」還以「雲博士說」、「代言人說」、「專家說」、「達人媽媽說」等4個角色的「話題引導」方式，指引使用者撰寫「選擇金領冠的理由」+上傳寶寶照片，讓使用者在參與活動的同時還可以教育其他媽媽，使之對產品加深認知，並巧妙滲透產品定位，從而樹立品牌形象，提高產品美譽度。此外，還在官方微信製作微網站頁面——選擇金領冠的十萬個為什麼。

　　微信通路共計曝光六千五百八十四萬九千兩百人次。「尋找金領冠寶寶」及「為什麼選金領冠」兩個活動上線至今，逾千人參與響應，活動效果良好。

▎第一節　新媒體行銷的概念與內容

　　新媒體的迅速發展，讓不少企業看到了其中蘊藏的行銷機會。過去的傳統媒體廣告大戶，也紛紛開始調整其行銷預算分配，轉戰新媒體，或進行新媒體與傳統媒體的整合投放。以伊利集團為例，旗下的「金領冠」不僅藉助百度貼吧、微信等社群媒體進行行銷，還作為《爸爸去哪兒》手機遊戲的品牌冠名商，進行從傳統行銷到行動行銷的跨界合作。伊利「QQ星」兒童成長牛奶則藉助《爸爸去哪兒》，進行全方位360度整合傳播，從節目冠名、電視涵蓋、戶外廣告投放、線下活動、終端賣場、網路互動到公關話題，全方位整合傳播規畫，線上線下一起共同運作，最終讓伊利「QQ星」在2014年創下了80.28億次曝光和4724萬次點閱的傳播效果。

一、新媒體行銷概述

　　數位科技的發展與進步，推動著人類資訊傳播技術與形態的變革。資訊科技的每次創新，都為人類的政治、經濟、文化和社會帶來不可估量的影響。對於新媒體，業界和學界給出了多種定義。

（一）新媒體的概念

　　新媒體一詞最早見於1967年美國哥倫比亞廣播公司技術研究所所長P·戈爾德馬克的一份商品開始計畫。之後，在1969年，美國傳播政策總統特別委員會主席E·羅斯托在向尼克森總統提交的報告書中，也多處使用了

「new media」一詞。由此，新媒體一詞開始在美國流行並很快傳播至全世界。

聯合國教科文組織對新媒體下過一個定義：「新媒體就是網路媒體。」不過，這個定義沒有對新媒體與傳統媒體的本質區別做進一步闡述，沒有揭示媒體傳播模式與內容生產方面的變化。

美國《連線》雜誌將新媒體定義為「所有人對所有人的傳播」。這個定義突破了傳統媒體對傳播者和閱聽人兩個角色的嚴格劃分，在新媒體環境下，沒有所謂的「聽眾」、「觀眾」、「讀者」、「作者」，每個人既可以是接受者，也可以是傳播者，資訊的傳播不再是單向的。可以說，《連線》雜誌將新媒體互動性的特徵揭示了出來。

蔣宏、徐劍提出，新媒體是指 20 世紀後期在世界科學技術發生巨大進步的背景下，在社會資訊傳播領域都出現的建立在數位科技基礎上的，能使傳播資訊大大擴展、傳播速度大大加快、傳播方式大大豐富，與傳統媒體迥然相異的新型媒體。清華大學熊澄宇教授提出，所謂新傳媒，或稱數位媒體、網路媒體，是建立在電腦資訊處理技術和網路基礎之上，發揮傳播功能的媒介總和，全方位、立體化地融合了大眾傳播、組織傳播和人際傳播，以有別於傳統媒體的功能影響我們的社會生活。

《新媒體百科全書》的主編史蒂夫·瓊斯認為：「新媒體是一個相對的概念，相對於圖書，報紙是新媒體；相對於廣播，電視是新媒體；新是相對於舊而言的。新媒體是一個時間概念，在一定的時間段內，新媒體應該有一個穩定的內涵。新媒體同時又是一個發展的概念，科學技術的發展不會終結，人類的需求不會終結，新媒體也不會停留在任何一個現存的平台。」

可見，新媒體的內涵會隨著傳媒技術的進步而有所發展，要準確地界定新媒體，必須以歷史、技術和社會為基礎綜合理解。本書所稱之新媒體，是指建立在數位科技和網路基礎之上的媒體形式，較以往的媒體具有全新的傳播者—閱聽人關係性質，和全新的技術方式。

(二) 新媒體的特徵

數位科技是新媒體發展的原動力，現階段的新媒體無不以數位科技為基礎，所以也有人將新媒體稱為數位媒體。數位科技是伴隨著電腦的發明而被開發出來的一種新的資訊編碼方式，它將數字「0」或「1」作為資訊的最小單位——位元，任何資訊都可表達為一系列「0」與「1」的排列組合，並在數位編碼的基礎上，透過電腦、光纖、通訊衛星等設備來表達、傳播、處理和儲存所有資訊。換言之，數位科技就是將資訊數位化。正是由於數位科技是新媒體的核心技術，所以新媒體表現出與傳統媒體不同的特徵。

1. 互動性

從數位科技特性來看，互動性是新媒體最重要的特徵。數位科技實現了訊息的多樣化傳播，整合了媒體資源。任何新媒體的資訊，包括網路資訊、手機資訊、數位電視等，都可以透過編碼，進入資訊系統之中，從而為各種基於數位科技的媒體所共享。因此，任何時間、任何地點、任何媒體、任何人的資訊傳播和接收都成為可能。可以說，在新媒體傳播中「處處是邊緣，無處是中心」，互動性是新媒體區別於傳統媒體的重要特徵之一。

2. 即時性

新媒體技術打破了傳統媒體在時間上的限制，使訊息能在瞬間到達地球上的任何地方，真正實現了麥克魯漢的「地球村」預言。一般而言，傳統媒體具有出版週期，且版面、時間長短都有嚴格的規定，所以資訊傳播受到時間與空間限制。但是新媒體可以隨時更新新聞資訊，可以24小時不間斷發稿，可以對突發事件進行直播，如2008年中國汶川地震，閱聽人透過新媒體在第一時間獲取第一手資訊。再如2013年中國雅安地震，在所有媒體中播報訊息最快、傳遞資訊最廣、現場感最強、傳遞資訊最豐富的非新浪微博莫屬。

3. 共享性

網路將全世界的網路連接起來，形成一個巨大無比的資料庫，其超連結技術又將這些大量的訊息融合在一起，其開放、共享的程度超越了以往所有

媒體。閱聽人能夠將所看到的訊息第一時間發布出去，並將資訊與其他使用者共享。比如，百度文庫是提供網友線上分享文檔的開放平台，使用者可以在百度文庫線上閱讀或自由下載論文、專業資料、教材、試題、各類公文樣式範例等，而這些文檔也是由網友上傳提供的。2015年4月25日尼泊爾大地震，數以百萬計的人們利用 Facebook 和 Google 等社交媒體尋找親人、通知當局和表達支持，成功地將關注尼泊爾地震的全球民眾匯聚在一起，展開多元化救助。

4. 客製化

誠如美國西北大學媒介研究所學者詹姆斯．韋伯斯特所言，「媒體融合，不是強調技術，不是強調產品，而是強調對使用者特定需求的滿足」。例如，iPhone 提供一項奠基於 GPS 定位技術的新應用程式 INAP，能為不同地區的不同使用者，提供更加即時的不同客製化服務。可以說，在新媒體時代，媒體正在對不同的個體，實現最大程度的延伸。新媒體融合了傳統媒體的許多優點，能夠為閱聽人提供客製化服務。通常，這種「客製化」表現在細節設計之中。目前，包括社群網站、部落格、微部落格在內的社群網路媒體，都為使用者提供客製化的服務，從首頁設計、頁面排版、好友管理到圖片、影片分享等。對於使用者而言，不僅擁有訊息的選擇權，還擁有訊息的控制權，可以根據自己喜好創造訊息內容，改變資訊傳播方式。利用各種搜尋引擎，人們可以根據需求來選擇關注的內容；還可以根據自己的喜好，尋找自己的「朋友圈」，例如 BBS 論壇、QQ 群、微信等。

5. 超文本

新媒體改變了資訊組合方式，因為它可以將分布於全世界圖文並茂的多媒體資訊，以超連結的方式組織在一起，使用者只要連接到一個網頁，點擊連結就可以瀏覽其他相關網頁。因此，使用者可以按照自己需求進行資訊的編排與傳播。新媒體的超文本特點，大大增強和提高了資訊傳播的可讀性與傳播速度。

(三) 新媒體行銷

行銷是個人和群體透過創造並與他人交換產品和價值，以滿足需求和慾望的一種社會管理過程。隨著社會經濟的發展，行銷觀念也隨之發生變化。由以滿足市場需求為宗旨的 4P 理論，到以追求顧客滿意為目的的 4C 理論，再到由 4C 理論延伸的 4R、4V 理論。

其理論演變的基本脈絡為消費者的地位正不斷提高。

隨著資訊科技的發展進步，特別是 Web2.0 技術所帶來的巨大變革，使用者不僅可以不受時空限制地分享各種觀點，還可以很方便地獲取自己所需要的資訊、發表自己的觀點。這種變化使得企業的行銷思維也隨之發生了改變，企業變得更加注重消費者的體驗和與消費者之間的溝通。新媒體行銷就是在這種環境下產生的。所謂新媒體行銷，就是透過新媒體通路所展開的行銷活動。它具有以下特點。

1. 成本低廉

新媒體行銷是數位科技發展的產物。按照 Gilder 定律，隨著通訊能力提升，每位元傳輸價格逐漸趨向免費，無限接近於零。相對於傳統媒體的購買成本，新媒體成本要低廉許多。例如微博，企業只需要完成微博的註冊、認證、訊息發布和回覆等功能，就可以傳播行銷資訊，而且無須經過相關行政部門的審查批准，大大簡化了工作流程，不僅節約了經濟成本，也節約了時間成本。再者，新媒體打破了傳統上的物理空間概念，實現了「地球村」的預言，與過去相比，在最大程度上實現了資訊傳播的暢通無阻，因此，只要訊息滿足消費者的賣點，消費者就會自動加入到資訊傳播中去，從而帶來資訊的免費傳播和共享。

艾沃科技旗下的淨水機和空氣清淨機產品本身並不是一個非常活躍的品牌。但是，在 2014 年，艾沃科技與擁有 850 多萬粉絲的微博大咖「@ 作業本」合作，巧妙藉助「燒烤」事件將廣告置入其中，將艾沃空氣清淨機呈現在網友眼前，從而達到了「廣而告之」的目的。據艾沃科技相關負責人分析，自從與「@ 作業本」微博合作之後，僅僅 3 天時間，這條微博的閱讀量就達到

了 500 多萬，而艾沃科技微博的粉絲也快速增加了 2000 多人。而帶來如此行銷成果的微博行銷方式，無論是在時間上還是金錢上，都只付出了很低的成本。

2. 精準定位

數位科技與通訊技術發展，為行銷的精準定位提供了良好的技術支援。不論是入口網站的按鈕廣告、搜尋引擎的關鍵字廣告，還是社群網站宣傳等，基於大數據分析，都可以進行更精準的定位，滿足客戶的個人需求。譬如，網友在網上談論購買化妝品的事情，那麼系統就會認定網友有購買化妝品的需求。基於這種判斷，系統會向網友推送化妝品的宣傳。新媒體行銷之所以可以做到這點，是因為它有全新的技術，一切基於消費者、網路帳戶的個人及關係網，消費需求及網路行為都可以被記錄和分析。新媒體的強大資料庫成為這些紀錄和分析工作的基礎。大數據的行銷價值被充分肯定，被認為是精準行銷的根基所在。

3. 更易形成病毒式傳播

新媒體傳播由傳統的單向傳播演變為雙向甚至多向傳播，使得每一個資訊接收者都有可能變為訊息源。同時，新媒體的多元、便利，以及傳播管道和平台的開放性、易得性，都使得發散效應頗為顯著的病毒式傳播在新媒體條件下會有更大範圍出現的可能。為此，企業需要真正瞭解和懂得網友與消費者，瞭解消費者真正感興趣的是什麼，瞭解網友最喜歡的話題和事件又是什麼，透過與消費者的討論和分享，推動資訊的大範圍自發傳播，形成「病毒式傳播」。

例如，喜力啤酒曾展開過一場別開生面的「造謠運動」——「朋友之間的造謠運動」，利用使用者與朋友之間的一些照片，為使用者提供「媒體環境」，讓他們創作一些造謠的圖片，然後透過網路發送給圈子內的人。許多人收到這樣的圖片後，馬上會轉發給更多朋友，或者是一起參與「造謠運動」，成功完成了病毒式行銷。

二、新媒體行銷的內容體系

隨著數位科技與通訊技術不斷發展,新媒體不僅打破了傳媒業和通信業、資訊科技的界限,也打破了有線網、無線網、通信網、電視網的界限,所以新媒體兼容、融合各種媒體形態,改變了整個媒體產業結構,也改變了閱聽人的資訊接觸與傳播方式,帶來終端革命。作為行銷者,必須重新建構其行銷內容體系。

大數據和共創共享性的傳播平台,是建構新媒體行銷體系的兩大基礎。依據這兩大基礎,企業應該根據消費者的興趣與需求建立消費者資料庫,依據新媒體屬性建構資訊平台,結合消費者、新媒體特性及企業發展目標制定行銷策略,利用大數據進行效果評估,以提升行銷的精準性與行銷效率。

(一) 建立以消費者為核心的數據體系

新媒體的數位化,使透過新媒體所開展的行銷能輕而易舉地獲取消費者的大量資訊,這些資訊對於企業來說正是決定其行銷成敗的關鍵性資訊。在交互性的新媒體世界裡,品牌不是被企業單獨塑造出來的,品牌地位與能量是被廣大網友聯合塑造出來的。隨著社群媒體興起,互動成為行銷關鍵,企業迫切希望與消費者產生良性互動。互動的過程既包括企業與消費者的互動,也包括消費者與消費者的互動。在資訊互動的過程中,企業不僅事半功倍地樹立正面品牌形象,還可以根據互動資訊,瞭解消費者真正的喜好與內在需求,準確理解消費者,進而洞察消費者,有效引導消費者。因此,在新媒體行銷內容體系中,企業要根據行銷目標和市場定位,建立以消費者為核心的數據體系。該數據體系以消費者資料庫為核心,還包括各級經銷商資料庫和企業員工資料庫,後兩者是以服務前者為目的的。顧客洞見成為新媒體行銷制勝的關鍵,誰最瞭解使用者,誰就能贏得使用者。

Nokia 從 1996 年開始,在長達 14 年的時間裡占據全球手機市占率第一的位置,在其巔峰的 2000 年,市值達 3030 億歐元。然而 2013 年 9 月 3 日,Nokia 市值跌至 71.7 億美元,其手機業務部門被微軟收購。Nokia 的失敗與其創新不足、固守傳統、錯失智慧型手機發展良機密不可分。在新媒

體時代，不創新就不可能提升顧客滿意度，體驗差是留不住消費者的。反觀小米的崛起，就在於小米懂得使用者，並藉助新的行銷方式建立起消費者資料庫。他們有一套「洞悉」客戶的特殊方式，透過社群媒體與使用者溝通，讓使用者參與產品設計，為中國的手機使用者量身訂做，形成一批忠誠的「米粉」，發揮使用者的力量進行品牌傳播與病毒行銷。再比如著名的社群網站Facebook，它擁有6億消費者的龐大資料庫，想不賺錢都難。

（二）建構資訊傳播生態系統

新媒體的媒介融合特性，決定了數位化資訊承載與表達媒體的多樣性。新媒體的社群化，造就了人人都是自媒體、人人都是麥克風的時代。每個人都是一個行銷傳播通路，消費者互相分享訊息，傳播訊息，像病毒般擴散。在這種環境下，企業應該關注影響資訊傳播效果的每一個主體，積極建構全方位的新媒體資訊平台，打造企業獨有的資訊傳播生態系統。這一系統除了囊括企業的目標消費者和企業自身的行銷人員外，還包含了媒體達人、意見領袖、一般網友、社群平台等其他環境因素。

作為系統的建構者，企業須隨時關注品牌自身及競爭對手和整個行業的發展動向，關注網路上的輿論走向和消費需求趨勢，使這一系統能真正實現即時蒐集相關資訊、快速做出反應、保持與消費者和網友的溝通管道暢通、維繫客戶關係等行銷目的。

前面提到的小米，有自己的專屬社群，在小米社群裡，小米使用者不僅可以看到產品的最新資訊，發表自己對產品的看法，分享消費體驗，更為重要的是使使用者有種歸屬感。人是群體性動物，一旦形成歸屬感，就會與品牌之間建立信任關係，成為品牌的忠實使用者與擁護者。

（三）打造全平台內容封閉迴路行銷

新媒體為行銷者提供了完全不同於傳統媒體時代的各種行銷平台和行銷方式。入口網站、搜尋引擎、網路遊戲、微博、微信、FB、IG、APP，均蘊藏著巨大的行銷機會；手機、PC、平板電腦、網路電視，都是行銷者可資利用的行銷舞台；文字、圖片、影片、地圖、語音，均成為行銷資訊傳遞的工

具和介質；網路紅人、一般網友、企業官網，都是行銷的重要參與者與影響者。在新媒體時代，企業想成就自己的品牌，就應充分利用各種傳播媒體和行銷工具，打造全平台內容封閉迴路行銷。具體來說，就是以各種方式真正引發消費者的積極性，不斷激勵消費者，做好內容行銷，形成口碑效應，實現企業資源利用的最佳化和企業效益的最大化。

曾是青少年牛仔褲的首選品牌LEVI'S，在Uniqlo等快時尚品牌的侵襲下，在中國曾一度陷入銷售低迷。為此，LEVI'S制定行銷計畫以提高品牌知名度和市占率。2014年7月，LEVI'S推出了一個全球性的宣傳活動——「Live in Levi's®」。整個活動涵蓋全球數位媒體、社群平台、電視、電影院、平面媒體、手機媒體和店內體驗，涵蓋了新媒體和傳統媒體的諸多領域，透過現實生活與虛擬活動的結合，深入接觸，激發消費者的參與性。

LEVI'S深諳影片行銷魔力，透過拍攝短片，在全世界取景，選擇LEVI'S的不同消費群體在不同場合穿著時的場景，來表現LEVI'S的品牌特性，再配合跳躍、翻滾、跑步等動作突顯產品特性。影片帶來的衝擊力讓消費者看到LEVI'S的與眾不同。

另外，分享故事，邀請包含歌手、時尚達人、時尚編輯、攝影師、潮人等圈子裡的人說出自己心目中「活出趣」的故事，進而引導消費者說出自己的故事。有明星就有話題，全世界的消費者都可以透過LEVI'S平台，分享自己眼中「活出趣」的故事，以及自己和LEVI'S之間的故事，為消費者熱情不斷加溫。

由於整個過程注重消費者參與，LEVI'S充分利用了社群媒體的傳播威力，並藉助自己所擁有的資源，最後成功地讓更多的消費者與品牌進行互動，從而形成一個良性的封閉迴路行銷。

（四）利用大數據進行效果評估

新媒體時代，企業較以前更容易掌握大量的消費者數據，但同時也面臨龐大數據如何運用的困惑以及一些核心數據難於獲取等問題。因此，在行銷

的過程中，企業需要不斷蒐集相關數據，建構基於大數據的效果評價新體系，幫助企業客觀評估行銷效果，改進行銷方法和策略。

具體來說，企業可以從以下方面著手：第一，充分發揮數位媒體特點，利用搜尋引擎、口碑行銷與輿情分析監控工具，評估品牌廣告與行銷效果。第二，合理建構效果評估體系，綜合評估，判斷績效。透過基於大數據的效果評估數據，更好地指導企業開展新媒體行銷活動，提高企業行銷活動的效果與效率。

利用大數據科技進行店鋪評價的方式在電商領域得到了廣泛運用。使用者和網路商店之間發生的各種行為，如購物、網頁點閱、售後服務等資料，都被用作反映商店管理和行銷效果的重要指標。以京東商城為例，在店鋪評價系統上線後，京東在商店頁面及後台系統中都展示了店鋪評價的系統內容和各項結果，使用者和網路商店人員能夠方便快速地找到其需要的內容，讓雙方資訊變得更為透明。

從消費者角度來看，消費者可以清楚地瞭解各個商店在服務、商品和時效各方面的表現和水準高低，豐富明確的量化資訊為其進店和購物決策提供了高效客觀的資料。從商家角度，評價結果可使營運人員找出自身的優勢和不足，進而改善營運現況，不斷提升營運水準以獲得使用者更好的評價，而更好的評價成績又可以用來吸引更多使用者，形成良性循環。

第二節 新媒體行銷的演進與發展

新媒體行銷是指透過新媒體通路所開展的行銷，其發展演進與新媒體本身的發展密切相連。從電子郵件到網路廣告，從入口網站到搜尋引擎，從論壇到微博微信，從 PC 到手機，從以電視終端為核心的大螢幕產業鏈到以手機、平板電腦、智慧手錶為代表的小螢幕系列，新媒體的形態、結構和技術一直都處在變革當中，依託其上的新媒體行銷自然也在歷經變化。

一、新媒體行銷發展簡史

電子郵件是在 1960 年代末、1970 年代初被發明的，在 1980 年代隨著個人電腦的出現而興起。而電子郵件行銷則誕生於 1994 年，「許可式行銷」理論將這一行銷方式進一步推向成熟——電子郵件行銷原則上是在使用者事先許可的情況下，透過電子郵件方式向目標客戶傳遞資訊的一種行銷方式。2006 年，美國在電子郵件行銷領域花費約 40 億美元，仍有很大的發展前景。但是在中國，由於嚴重的垃圾郵件問題和社會信任問題，電子郵件行銷效果大打折扣，並沒有被當成一種主要的行銷方式，實際應用受到很大侷限。

網路廣告也是常用的新媒體行銷方式之一，它是指在網路網站上發表的以數位編碼為載體的各種經營性廣告。網路廣告以 GIF、JPG 等格式建立圖像文件，並將之定位在網頁中，大多用來表現廣告內容，同時還可使用 Java 等語言使其產生互動性，使用 Shockwave 等插件軟體增強表現力。1994 年 10 月 14 日，美國著名的《連線》雜誌推出網路版，其首頁上設置的 AT&T 等 14 個客戶的橫幅廣告，被視為最早的網路廣告。1996 年，全球網路廣告收入 2.67 億美元，1997 年為 9.06 億美元，1998 年為 30 億美元，年均增長速度超 300%，使網路廣告成為網路行銷的重要方式之一。

中國網路廣告大約始於 1995 年，以馬雲創辦中國第一家中文商業資訊網站「中國黃頁」為標誌。1998 年以後，在國中網（中華網前身）、Chinabyte 的推動下，中國的廣告主逐漸開始青睞網路廣告這一新形式。許多入口網站在發展初期都是採用網路廣告的方式營利。

電子郵件行銷和網路廣告都是屬於 Web1.0 時代的行銷形態。Web1.0 時代實際上也就是網路發展的初期階段，當時，整個網路以入口網站為核心，是對傳統大眾傳播模式的沿襲，入口網站時代只能算是網路傳播的熱身階段。接著，搜尋引擎的出現為網路發展注入了一股完全不同的風氣，在行銷手法上也頗為獨特。

搜尋引擎是指根據一定的演算法，運用特定的電腦程式從網路上抓取資訊，在對資訊進行加工和處理後，將使用者檢索請求相關的資訊返回，

為使用者提供檢索服務的系統。搜尋技術在 1990 年左右便開始有了重要進展，1994 年雅虎成立，標幟著第一代搜尋引擎的誕生，1998 年、2000 年，Google、百度相繼成立，自此搜尋引擎進入一個高速發展時期。

搜尋引擎的發展思維完全不同於入口網站，它的宗旨是為網友解決在大量資訊中搜尋出有用資訊的難題。基於搜尋技術與使用者使用特點，搜尋引擎創造出了完全不同於入口網站的廣告和行銷方式，行銷目標更精準，使用者的消費意願更強，而廣告的展示方式也頗為獨特。

不過，對於網路來說，更具意義的變革是社群媒體的出現，即時通訊軟體、論壇、部落格、微博，這些打上社交烙印、賦予使用者更多主動權的社群媒體，將網路帶入 Web2.0 時代。關係的聚合、使用者參與創造內容（UGC），讓行銷對象與資訊傳播方式發生很大變化，企業不再能單獨決定行銷的內容，消費者與消費者之間的互動與傳播變得更重要，相應地，企業的行銷思維、角色和方式也必須相應改變。可以說，網路從 Web1.0 到 Web2.0 的變革，在很大程度上改變了新媒體行銷的特點與性質。

Web2.0 的核心是社群媒體。首先來看即時通訊軟體的發展。電子郵件擴展了人際交流的空間，但時效性和互動性難以實現，而即時通訊軟體則可以解決這個問題。世界上最早的即時通訊軟體是 ICQ。ICQ 起源於 1996 年 11 月，由幾個以色列人共同開發完成，他們為這個新的即時通訊軟體取了一個非常形象的名字「I SEEK YOU」（我找你），簡稱 ICQ。1998 年，著名的美國在線（AOL）看好即時通訊市場，遂以 2.87 億美元的價格收購了 ICQ。ICQ 的出現，引領了全球即時通訊軟體的發展和壯大，幾乎每個國家都有本土化類似 ICQ 的即時通訊軟體產品推出。中國常見的即時通訊軟體就是 QQ。

即時通訊軟體行銷，也叫 IM 行銷，就是企業透過即時通訊軟體與使用者進行即時溝通、品牌宣傳等行銷活動。由於即時通訊軟體在網友中的超高使用率，因此利用各種即時通訊軟體行銷的現象一直很普遍。據中國網路信息中心（CNNIC）調查，即時通訊軟體在中國網友中的使用率高達 90.6%，在所有網路應用程式中高居第一；中國企業利用即時通訊軟體進行行銷的使

用率高達62.7%，同樣在各種網路行銷方式中位居第一。2008年奧運，劉翔在眾人的期盼中無奈地退賽，為劉翔提供比賽服裝及用品的Nike公司因此受到廣大網友的質疑。

有網友質疑劉翔所穿的Nike鞋子可能有問題，導致劉翔腳受傷而退出比賽，也有傳聞劉翔是受到Nike「脅迫」而退賽。Nike迅速與騰訊聯合展開了危機公關行銷。Nike與騰訊合作設立了「QQ愛牆——祝福劉翔」，一推出即受到廣大網友熱烈響應。奧運期間，每天有數百萬網友在「QQ愛牆」上祝福劉翔。Nike透過QQ平台，使得Nike的行銷資訊迅速傳播擴散。隨後，Nike又迅速推出了「愛運動，即使它傷了你的心」的公關廣告。廣告使用了劉翔的大幅照片，但不再是以往奔跑的形象，而是採用劉翔平靜的面孔以及一句「愛比賽，愛拚上所有的尊嚴，愛把它再贏回來，愛付出一切。愛榮譽、愛挫折、愛運動，即使它傷了你的心」。透過這些方式，Nike獲得了危機行銷的勝利。

網路論壇又名電子佈告欄（Bulletin Board System，簡稱BBS），是一種電子資訊服務系統，提供一種公共電子板，每個使用者可以在上面發表訊息或評論回覆，具有互動性、內容豐富的特點。企業利用網路論壇可以適時發布產品和服務的資訊，並配以相關文字、圖片或影片，具有較強的吸引力，使消費者更加深刻地瞭解產品。

全球第一個BBS系統是1978年在美國芝加哥發表的，1996年以後，BBS在中國快速發展起來，貓撲（1997年）、天涯社區（1999年）先後創立，迎來其最興盛的時期。不過，之後微博（2006年）、微信（2011年）的興起對網路論壇造成不小衝擊，論壇獨領風騷的年代一去不復返。

部落格（Blog）是繼E-mail、BBS、ICQ之後出現的第四種網路交流方式。Blog的全名是Weblog，該詞來源於WebLog（網路日誌），特指一種特別的網路個人出版形式，內容按照時間順序排列，並且不斷更新。

部落格這個名稱最早於1997年12月由約恩·巴杰提出，1999年，一個專門製作部落格網站的免費工具軟體「Pitas」發布後，部落格網站得到快

速發展。2001 年美國世貿大樓遭受 911 恐怖攻擊，部落格成為重大事件和災難親身體驗的重要資訊來源，從此，部落格正式步入主流社會的視野。

相對於網路論壇行銷，部落格行銷帶有私人領地屬性，企業可以利用意見領袖，發起話題，引起討論，擴大品牌知名度。但部落格具有較高的門檻，而且不利於即時傳播，而微博則完美地解決了這一問題，因此相應地，企業行銷陣地從部落格轉移到微博。一個影響廣泛的微博博主可以輕鬆左右一大批潛在消費者，鼓勵或勸阻他們購買某個公司的產品或服務。許多企業透過與「微博大 V」──即擁有眾多粉絲、影響力大的網路使用者聯繫，透過他們推薦或分享轉發企業的相關產品資訊和使用體驗，以達到促進銷售和提升品牌影響力的目的。

最近幾年，新媒體領域最引人矚目的變化，除了社群媒體的興盛之外，便是行動化和多螢化的趨勢。智慧手機、平板電腦、可穿戴裝置，成為現在和未來重要的行銷陣地，它們不僅是行動端的新媒體代表，也反映了媒體裝備的多螢化。作為傳統媒體老大的電視，也開始融入這場新媒體的洪流，包括 OTT、網路電視（IPTV）在內的新型態電視所能承載的內容和互動形式，已經遠遠超出傳統電視的領域和範疇，並促使大批閱聽人，尤其是年輕觀眾重新回歸電視螢幕之前，圍繞客廳中的電視終端之全新大螢幕產業鏈和生態圈初步形成。

這場行動化和多螢化變革的核心事件，當屬手機媒體的崛起。手機將服務功能、新聞功能、經濟功能集於一身，形成了一種新的大眾化媒體。據統計，2013 年全球智慧型手機出貨量首次突破 10 億支大關，達到 10.04 億支。龐大的手機使用者規模，加上手機的行動性和個別化，使手機成為重要的行銷載體。透過手機，企業可以進行簡訊、APP、二維條碼和微信行銷。智慧型手機的普及，使行動設備成為人們隨時隨地瀏覽訊息的必備品。APP 行銷可以傳遞企業最新的訊息給消費者。2011 年 5 月，大眾汽車推出了 APP 軟體來吸引活躍在行動網路上的人群。11 月，大眾汽車主辦的「藍‧創未來」用 APP 拯救北極熊活動中，也將手機 APP 應用程式「藍色驅動」作為參與活動的媒介，提高了大眾汽車品牌在消費者心中的環保承諾知名度。

透過二維條碼，企業可以在同一時間發表多種促銷活動，也可以結合線下線上進行行銷，還可以針對不同客戶發布不同訊息。此外，掃描二維條碼非常方便，人們只要舉起手機掃下二維條碼，就可以得到自己想要的訊息，進行自己想要的操作，包括支付、關注、加好友、參與各種活動等。「掃一掃」不僅是廣告語，更像是人們生活的一部分。

對人們生活產生重要影響的還有微信一類的手機應用程式。沒事逛逛「朋友圈」、發發感慨、曬曬幸福，微信霸氣地影響著現代人的生活。「微信打造的是一個『全民社交圈』，其傳播方式是點對點傳播和點對面傳播的有效結合，無形中整合了具備地域特點的群體傳播功能；它具有廣泛的適地性服務（LBS）涵蓋面，不僅包含通訊錄好友、QQ好友，還包括附近的陌生人，使得人際交往從個人所熟悉的強連結人群，擴展到原本遙遠陌生的弱連結人群。」作為騰訊新的明星產品，微信坐擁上億活躍使用者，其背後潛藏的巨大客戶資源，使之成為企業行銷的重要方式。

二、新媒體行銷的現狀與趨勢

新媒體技術的快速發展和普及，構成當今世界新科技浪潮的重要內容，在人們的經濟生活與社會生活中扮演著重要角色。新媒體行銷作為一種新興、快速、經濟、高效的行銷方式，引起了企業普遍關注，並且一直保持著快速發展、不斷更新的勢頭。

（一）新媒體行銷現狀

據中國網路信息中心調查，截至2014年12月，全國使用電腦辦公的企業比例為90.4%，使用網路辦公的企業比例為78.7%，企業開展的網路應用種類較為豐富，基本涵蓋了企業經營的各個環節（參見表1-1），而利用網路開展新媒體行銷宣傳的企業則僅占不到四分之一，為24.2%。

表 1-1 主要企業的網路應用普及率

分類	應用	普及率
溝通類	發送和接收電子郵件	80.3%
資訊類	發布訊息或即時消息	60.9%
資訊類	了解商品或服務資訊	67.3%
資訊類	從政府機構獲取資訊	51.1%
商務服務類	網路銀行	75.9%
商務服務類	提供客戶服務	46.5%
內部支援類	與政府機構互動	70.6%
內部支援類	網路招聘	53.8%
內部支援類	線上員工培訓	26.7%
內部支援類	使用協助企業運作的網路應用系統	20.5%

在這不到四分之一運用網路行銷的企業當中，從其所屬的行業來看，訊息傳輸、電腦服務和軟體業展開網路行銷的比例最高，達 35.9%；而值得注意的是，批發和零售業、房地產業、租賃和商務服務業、居民服務和其他服務業等第三產業，展開網路行銷的比例並不高，與製造業、建築業相比基本持平，甚至更低（參見圖 1-1）。

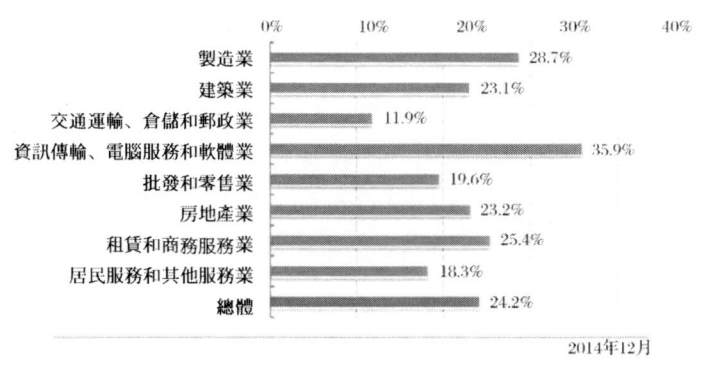

圖 1-1 部分行業中開展網路行銷的企業比例

在利用網路開展過行銷活動的受訪企業中，使用率最高的是利用即時通訊軟體進行行銷宣傳，達 62.7%。搜尋引擎行銷宣傳、利用電子商務平台宣傳依然較受企業歡迎，使用率達 53.7% 和 45.5%（如圖 1-2）。網路在網友

生活中的滲透範圍不斷擴大、滲透程度逐漸加深，企業開展網路行銷的方式也隨之不斷創新，組合式行銷、口碑行銷、病毒行銷等新術語層出不窮，企業對單一、傳統行銷方式的依賴度逐漸降低，同時對行動行銷出現巨大需求。

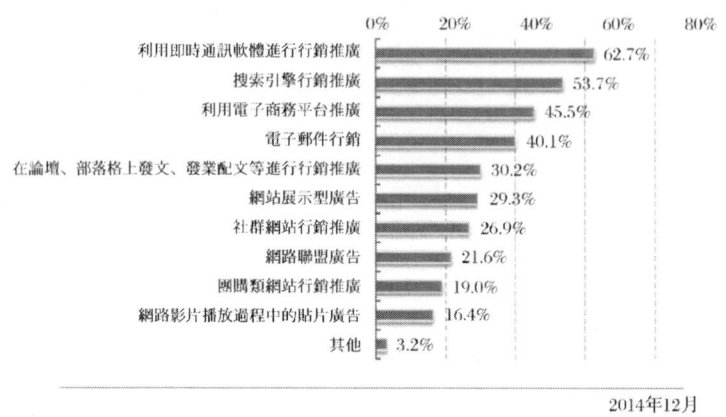

圖1-2　各種網路行銷方式的使用率

菲利普·科特勒等人在《行銷革命3.0：從產品到顧客，再到人文精神》一書中提出行銷3.0的概念。在他們看來，行銷1.0是以產品為中心的行銷，行銷2.0是以消費者為導向的行銷，行銷3.0是以人文精神驅動的價值行銷。

與傳統媒體相比，新媒體更強調以使用者為中心，鼓勵使用者創造內容，並幫助使用者實現他們的勞動價值，這正好契合以人文精神價值為核心的行銷3.0理念。微博行銷、社群行銷無不鼓勵使用者自創內容，而使用者在創造過程中分享自己對生活、對品牌的看法，在一定程度是自我價值的實現。因此，出色的企業會充分利用新媒體，與消費者共同完成品牌建設的任務。杜蕾斯大玩微博微信，巧妙與消費者溝通，成功地塑造品牌的威望。大眾汽車的「藍色驅動」APP行動行銷也可以看作行銷3.0方式。

儘管新媒體行銷的號角早已吹響，也湧現了不少新媒體行銷的成功案例，但是，仍有不少企業和傳統行業還在沿用行銷1.0和2.0時代的行銷方式。這是因為中小企業缺乏策略意識，傳統行業缺乏創新思維。主要原因在於，首先，這些企業與行業對新媒體的行銷價值認識不足，缺乏策略意識和創新思維。企業雖然感受到新媒體強大的力量，但是真正改變傳統行銷思維進行

新媒體行銷的意識還不是很強。以為誰都可以做新媒體行銷，不注重專業的人才培養與管理。其次，因為認識不足，所以捨不得投資，未能打造新的訊息平台，沒有健康的資訊傳播生態系統，或是不能真正與消費者互動，建立信任關係。

戴爾專門為新媒體的運作創建了一個專業部門，配備有隨時監控分析新媒體輿論動態的人員，專業做內容策畫的團隊，並設有隨時與新媒體網友互動的機制，確保在最恰當的時候找到最恰當的人說出最恰當的話，以達到預期的目標和效果。專業的部門與人員設置，為戴爾贏得了新媒體趨勢下的行銷先機。市場研究公司 Gartner 的一份研究顯示，兩種新的領導職位受到全球大型組織和企業的重視——數位長和資料長，分別有 19% 和 17% 的企業有這兩種職位的應徵計畫。這意味著企業對數位創新及人才專業度的要求顯著提高。

企業走新媒體行銷之路，必須做到以下幾點：第一，真正轉變行銷思維，充分意識到數位行銷的價值；第二，專業的人做專業的事，培養新媒體行銷專業人才；第三，充分利用大數據，做好數據分析與優化；第四，建立良好的使用者溝通機制。

（二）新媒體行銷發展趨勢

新媒體的快速發展，不僅極大地改變了消費者的媒體接觸習慣和消費觀念，也改變了企業的行銷理念與行銷模式。隨著數位科技與通訊技術的發展，新媒體行銷發展主要呈現出以下趨勢。

1. 手機行銷發威

CNNIC 數據顯示，截至 2014 年 12 月，中國手機網友規模高達 5.57 億，網友的行動上網率從 2013 年的 81% 提升至 85.8%。2014 年，中國網友的平均每週上網時數高達 26.1 小時，較 2013 年底增加了 1.1 個小時。網友對網路應用程式的使用廣度與深度進一步提升，推動平均每人上網時間的持續成長。智慧型手機以其便攜性、客製化以及對使用者碎片化時間的良好利用效率，得到了廣大消費者青睞。在全網涵蓋下，網路流量價格越來越便宜，在

許多公眾場合，WIFI 的開放，越發使手機成為人們生活中的一部分。手機行銷依靠其廣泛的閱聽人群體，為企業行銷提供了一個更廣闊的平台。

據美國互動廣告局（IAB）的數據顯示，2013 年美國數位廣告支出達到 428 億美元，有史以來第一次超過傳統電視廣告。這一創紀錄的數字中有 71 億美元是行動廣告的貢獻，較 2012 年翻了一倍。而全球的行動廣告支出在 2013 年則將近 180 億美元，連續 3 年以雙倍以上的速度增長。這一速度比行銷者預想的快得多。

兩年前，不管是廣告主還是代理公司，都還在猶豫到底該分配多少廣告預算在行動平台上。各類行動裝置讓一切都加速了。國際數據資訊公司（IDC）的數據顯示，2013 年全球智慧型手機出貨量首次超過 10 億支。而根據艾瑞諮詢的報告，中國的行動流量在 2013 年年底比年初增長了 52%。

2014 年，優酷土豆稱它的行動端對總流量的貢獻超過了 50%。該公司 2013 年第四季度財報顯示，行動廣告收入占總廣告收入的比例達到了 10%，而在上一季度，這個數據還僅為 3%。優酷土豆的廣告針對目標客戶的比對在智慧型手機端已經達到了 50%，這些客戶包括迪奧、大眾汽車、英特爾等國際著名品牌。

2. 社群行銷成為主場

社群媒體，是人們彼此之間用來分享意見、見解、經驗和觀點的工具和平台。彭蘭將其定義為「基於使用者社會關係的內容生產與交換平台」，認為其主要特徵在於：第一，它是內容生產與社交的結合；第二，社群媒體平台上的主角是使用者，而不是網站的營運者。研究機構 CIC 將下列媒體劃歸社群媒體的範疇：微博、社群網站（SNS）、即時通訊、電子商務、影片＆音樂、論壇、消費評論、分類訊息、簽到與適地性服務（LBS）、社會化電子商務、社群遊戲、社會化內容聚合、檔案分享、部落格、線上百科全書、線上問答、線上旅遊、行動／彈性社群、交友網站、輕部落格、商務社群、企業社群、私密社群等。

由上述分類可知，圖1—2中所列的絕大多數網路行銷方式，其實都屬於社群媒體行銷的範疇，在目前的實際應用中，已經成為網路行銷的主力，成為新媒體行銷的主要戰場。

　　社交媒體充分利用了使用者間的社會關係，同時使媒體平台上的使用者群體從內容的消費者轉變成內容的生產者。利用社交媒體所開展的行銷因而具有全新的資訊傳播方式和影響模式，企業必須轉變行銷思路和策略，藉助社群媒體優勢，根據不同人群在不同社群的行為特點，進行創意策劃，實現品牌行銷和客戶服務維護的目標。

　　2014年10月8日，柳傳志在羅輯思維上發「英雄帖」，為聯想旗下農業品牌佳沃生產的「柳桃」募集行銷方案，並點名向「雕爺」、「白鴉」、「王興」、「同道大叔」、「王珂」5人求教。根據羅輯思維提供的資料顯示，「柳傳志賣柳桃」在羅輯思維的微信公眾號上累計點閱超過500萬次，被網友轉載至各大社群媒體。柳傳志的「英雄帖」10月8日發出，9日，「同道大叔」回應，10日，「雕爺」回應，11日，社群來稿，從包裝、體驗、玩法上提出建議。12日，「王珂」回應，13日，「白鴉」回應，14日，「王中磊」響應，15日，「柳桃」在羅輯思維上開始販售。16日，一萬盒「柳桃」售罄。

　　「柳傳志賣柳桃」事件本身話題性很強，又借力社群媒體，「柳桃」像病毒一樣席捲網路，不僅在幾小時內售罄，而且大大傳播了佳沃品牌。「柳桃」藉助微博、微信形成病毒式傳播，將社群媒體變成了行銷的主戰場。

　　社群媒體的具體形態還會繼續演變，但社群媒體的根本特徵不變。如何更好地利用使用者的社會關係，更好地發動消費者的參與熱情，是未來的新媒體行銷所須考慮的重點問題。當購物成為社群話題時，企業的行銷就會事半功倍。因此，在社群媒體時代，企業要真正與消費者互動，就須瞭解使用者感興趣的內容，將行銷資訊更多地融入目標閱聽人感興趣的內容之中，進行內容行銷。電影《失戀33天》的行銷主戰場便集中在微博、人人網、豆瓣網、影片網站等社群媒體上，在內容方面，則非常注重互動與原創，透過《失戀物語》微電影和微博上的「失戀博物館」特設專區，成功營造社會話題，與網友產生強大共鳴。

3. 影片行銷勢頭強勁

好的內容能夠引起使用者的聚焦和討論，但是如果將話題內容製成影片的話，那影片就會像病毒一樣瘋狂地傳播，有效實現行銷目標。影片行銷結合了「影片」與「網路」的優點，以其感染力強、互動性強、傳播迅速、成本相對低廉等優勢，贏得了企業青睞。

在一段網路爆紅的寶寶影片裡，年輕父母由於看不懂孩子想要表達的意思，與孩子溝通出現了障礙，引發了一系列令人捧腹大笑的故事。伊利母嬰營養研究中心首先提出「嬰語」這一新概念，並將多年「嬰語」研究的最新成果製成了一份「嬰語」單字表，整理了數十條嬰兒可能會出現的行為和表情，並配上相關的注釋。這份「單字表」發表後，便引起社會各界廣泛關注，更受到了「七年級生」新手爸媽們的追捧。由於公關傳播中對「金領冠」品牌與「嬰語」概念進行了有效的品牌綁定，「嬰語」的關注度提升了人們對「金領冠」品牌的關注度，大幅增加了年輕父母對伊利「金領冠」的好感，間接促進了其銷售的增長。

市場研究公司 ComScore 發布的 2014 年 3 月美國影片市場資料顯示，85.9%的美國網路使用者會觀看網路影片，其中，YouTube 的不重複瀏覽量為 1.556 億，使用者每月平均觀看影片時數為 294 分鐘。而且這一研究僅僅統計了桌面端資料。Harris Internative 的一項調查發現，在 18 歲至 34 歲的受訪者中，40%的社群網路使用者觀看線上影片，並且同時在社群媒體上與他們的朋友討論觀看的內容，他們表示，他們「一直／經常」這樣做。

在網路時代，人們的注意力很容易分散，而影片可以更形象、深入、有趣地與消費者進行溝通，比較容易得到消費者的免費傳播和參與。影片分享網站 YouTube 公布了 2014 年度最受歡迎影片，波蘭惡作劇《突變巨型蜘蛛狗》成了年度影片的冠軍，其瀏覽量為 1.13 億次，評論數為 4.1 萬條，按讚 57.1 萬次。可見，使用者對於他們喜歡的影片是比較容易進行評論和參與互動的。

集視聽、可行動、可參與三位一體的影片則更具殺傷力，更容易取得好的傳播效果，具有更大的行銷潛力。2014 年騰訊推出的「微視」8 秒，使用

者透過 QQ 號、騰訊微博以及騰訊電子郵件帳號登錄，可以將拍攝的短影片同步分享到微信好友、朋友圈、騰訊微博，打造最純淨的社區瀏覽體驗。這意味著，隨著數位科技的發展和網路應用形態的改變，手機行銷、社群行銷和影片行銷可以走向融合，為使用者提供更好的體驗，為企業創造更好的行銷效果。

【知識回顧】

　　新媒體是相對於傳統媒體而言的，指建立在數位科技和網路基礎之上的媒體形式，較以往的媒體而言，具有全新的傳播者—閱聽人關係性質和全新的技術，具有互動性、即時性、共享性、客製化、超文本的特徵。新媒體行銷就是透過新媒體通路所開展的行銷活動，具有成本低廉、定位精準、更易形成病毒式傳播等特點。新媒體行銷的內容體系包括建立以消費者為核心的數據體系，建構資訊傳播生態系統，打造全平台內容封閉迴路行銷以及利用大數據進行效果評估。

　　新媒體行銷是透過新媒體所展開的行銷，其發展演進與新媒體本身的發展密切相連。從電子郵件到網路廣告，從入口網站到搜尋引擎，從論壇到微博微信，從 PC 到行動電腦，從以電視終端為核心的大螢幕產業鏈到以手機、平板電腦、智慧手錶為代表的小螢幕系列，新媒體的形態、結構和技術一直都處在變革當中，依託其上的新媒體行銷也隨之歷經變化。最近幾年，新媒體領域最引人矚目的變化，除了社群媒體的興盛之外，便是行動化和多螢化的趨勢，尤其是手機媒體崛起，引發了新媒體行銷領域的諸多變化。

　　目前，新媒體行銷作為一種新興、快捷、經濟、高效的行銷方式，已引起了企業的普遍關注，並且一直保持著快速發展、不斷更新的勢頭。不過，從中國企業的實際運用來看，利用網路開展新媒體行銷宣傳的企業不到四分之一，批發和零售業、房地產業、租賃和商務服務業等第三產業的應用比例普遍不高。從行銷方式上看，企業開展新媒體行銷的方式正在不斷創新，組合式行銷、口碑行銷、病毒式行銷等新術語層出不窮，企業對單一、傳統行銷方式的依賴度逐漸降低，同時對行動行銷出現巨大需求。

從發展趨勢上看，行動化、社群化是兩大最值得關注的現象，行動行銷、社群行銷將成為新媒體行銷的新趨勢，代表了未來發展的方向。同時，影片行銷近年來的強勁發展也很值得企業關注。

【複習思考題】

1. 新媒體有哪些特點？

2. 新媒體行銷的優勢是什麼？

3. 企業如何建構新媒體行銷體系？

4. 新媒體行銷的運用現況如何？主要存在哪些問題？

5. 新媒體行銷的發展方向是什麼？

第二章 新媒體行銷的理論基礎

【知識目標】

☆合作行銷的含義與意義。

☆新媒體時代關係行銷的新內涵。

☆數位行銷概念及其與新媒體行銷的關係與區別。

☆行銷 3.0 的提出背景及其主要內容。

【能力目標】

1. 理解新媒體時代行銷環境的變化。

2. 掌握新媒體時代行銷思維和行銷規則的變化。

【案例導入】

1980 年代初，埃克森美孚石油公司的一次員工會議，會議上宣讀了公司幾條新的「核心價值」，其中排在第一位的是「顧客是第一位的」。當天晚上聚餐時，幾位部門經理討論起了會議上的話題。這時，一個名叫蒙蒂、剛出道的影星走過來敬酒，他大大咧咧地說：「我想說的是，顧客並不是第一位的。」蒙蒂把手指向部門總裁說：「他才是第一位的。」然後他指著歐洲區總裁說：「他是第二位的。」他又指著北美區總裁說：「他是第三位的。」隨後他又連說了四位部門總裁，最後才總結道：「消費者是第八位的。」這番話讓大家全都目瞪口呆，過了好一陣子有位總裁突然笑了起來，隨後眾人全都大笑不止，因為終於有人講出了這一整天中的第一句實話。

雖然這個故事發生在幾十年前，但故事中的場景並沒有在現代社會中消失。實際上，儘管很多行銷者不願承認，但他們心裡的確沒有把消費者放到第一位。行銷活動儘管對消費者信心的喪失難辭其咎，但它還是有很大機會來解決這個問題的。畢竟，行銷可以說是最接近消費者的一種管理手段。我們認為，現在必須破除行銷者與消費者相互對立的二分法概念了。實際上，行銷者應該認識到，他們在行銷任何產品或服務的同時，也是其他產品或服

務的消費者。同時，消費者也必須意識到，當他們每天向其他人分享消費體驗時，自己所扮演的也是行銷者角色。因此，每個人既是行銷者也是消費者。如今，行銷已經不再完全是一種行銷者向消費者施加的行為，消費者也可以向其他消費者展開行銷。

資訊科技和新科技浪潮為行銷所帶來的變革絕不僅僅只體現在行銷工具和行銷方式的變化上，其更深層、更具意義的變革乃是它對整體行銷環境的改變，以及由此所導致的行銷思維與行銷理念的變化。

第一節 參與化時代與合作行銷

以網路為核心的新媒體，其資訊傳播具有去中心化的特質，單向的、自上而下的傳播模式不再是主流，互動、共享、參與成為新媒體時代被提得最多的概念。從這個意義上來說，新媒體具有給消費者、給傳統意義上的「閱聽人」增權的作用。

一、開放性的媒體平台

截至 2014 年 1 月，全球有近 25 億人能夠訪問網路，幾乎達到世界總人口的 35%，有超過 65 億手機使用者（占全球人口 93%），比 2013 年同期增加了近 1.5 億人，而這僅僅是保守數據。除了消費者和企業使用的各類設備之外，互動平台也呈爆發性成長，全球社群網路活躍使用者數量約 19 億，占全球人口 26%。世界各地的人們正透過無數的網站平台和工具分享越來越多的個人資訊與私人資訊。

再看看中國最近幾年的網路焦點事件：從蘇寧和京東的平台大戰，到騰訊、360 的開放平台之爭，到阿里巴巴旗下的淘寶、天貓等平台的迅速崛起，再到越來越多細分領域垂直平台的湧現，「平台」（platform）已漸漸成為眾多公司競爭的重點所在。

就其實質而言，所謂的平台就是市場。傳統意義上，市場起源於古時人類對於固定時段或地點進行交易場所的稱呼，由於空間侷限、交易手段原始，市場的參與人數和輻射半徑都非常有限。而隨著網路時代的到來，時間、空

間限制被打破，資訊變得不再封閉，商業訊息流動的速度、深度和廣度都得到前所未有的提升。尤其是在網路大潮創新者們的帶動下，出現了一些殺手級的應用程式和網路服務產品，聚集了包括供應商與消費者的大量使用者，使得平台的現實價值和潛在價值達到前所未有的高度。

於是，平台經濟走到了商業舞台的中央，它藉助網路的力量，突破時空、交易人數的限制，將大量分散的供需資訊聚集起來，形成了史無前例的大量使用者和大量交易的聚集。

網路的發展是一個從封閉走向開放的過程。由於使用者的需求變化，經歷了存取為王、內容為王、應用為王到服務為王的階段：使用者的核心需求從最初的能夠接入網路，到希望能夠從網路中獲取想要的內容，再到希望廠商能夠提供豐富而有趣的應用，漸漸地，由於使用者需求的多變性和多樣性，廠商沒有足夠的資源，也沒有能力滿足使用者不同類型、不同層次和不同方位的需求，一個開放式平台逐漸發展起來並漸漸成為主流，為廣大平台網站所採用。

2007 年 5 月 24 日，Facebook 首屆 F8 開發者大會上，23 歲的馬克祖克柏（Mark Zuckerberg）發表演說：「如今的社群網路都是封閉平台，Facebook 將終結這一現狀。演進後的 Facebook 平台將向全世界的開發者開放，有了這個框架，任何開發者都可以在 Facebook 平台內的社交圖表上開發完整的應用程式。」

於是當時已經擁有 1.32 億名活躍使用者的社群網站 Facebook 開放了自己的平台，將 Facebook 擁有的大量社群使用者檔案與相關數據，透過開放自己的 API（Application Programming Interface，應用程式介面），將網站使用者與相關數據開放給第三方開發者。利用這個框架，第三方軟體開發者可以開發與 Facebook 核心功能整合的應用程式。

Facebook 開放平台吸引了非常多的軟體工程師、程式設計師與遊戲開發愛好者。這種開放的平台模式讓 Facebook 上的應用程式數量暴增，大大增強了 Facebook 的功能與價值。另一方面，第三方應用程式開發者可以直

接分享 Facebook 的使用者，依託這一最具影響力的社群平台迅速提升產品與品牌的知名度，透過加載相關廣告，實現商業價值和盈利目標。

統計顯示，Facebook 僅用一年多的時間就聚集了 20 多萬位開發者的 45899 個應用程式。這些開發者與應用程式大大地增強了 Facebook 的吸引力。而由於 Facebook 封鎖了 Google 的搜尋，所以使用者在 Google 中無法搜尋到 Facebook 的數據，Facebook 因此成為獨立於搜尋世界之外的社群網路。

Facebook 的一炮而紅讓不少人看到了開放平台的強大吸引力，中國網路公司也不甘落後，紛紛開始建設自己的應用平台。2008 年 7 月 8 日，人人網正式對外發表了開放平台策略，成為中國首家開放平台的社群網站網路企業，從此全面展開了中國網路的開放平台時代。自 2010 年起，新浪微博、百度、盛大、開心網、人人網、騰訊等相繼嘗試開放部分網路領域的應用程式介面，中國開放平台進入爆發期，2011 年被稱為「網路開放元年」。

開放性平台成為新媒體特別是網路領域的主導趨勢與潮流，成為創新者和創業者的樂土。各種開發團體、個人、開發公司的進駐，為平台使用者帶來了五花八門的應用程式，極大地滿足了使用者的需求。在收獲優秀應用程式的同時，開放平台也幫助眾多開發者迅速創業成功。

開放平台本身具有多元化、高自由度、需求供給比對精確、使用者數量巨大等特性。龐大的使用者群，開放、便捷的應用搭載，高速、高效的傳播，都讓開放性的媒體平台順理成章地成為最熱門的行銷平台。從實際運用情況來看，平台儼然已經成為一種共享的基礎設施，平台化也成了一種企業共識，而開放就是新平台革命的利器。

作為一種媒體平台，新媒體的開放性不僅表現在對應用程式的搭載上，而且表現在它對使用者的搭載上——使用者可以自由地申請、加入部落格、微博、微信等媒體平台，將自己的自媒體搭載在這些新媒體平台上。正是對應用程式、對使用者的開放態度，讓新媒體成為當之無愧的開放性媒體平台。

二、行銷的參與化時代

在新媒體時代，消費者的行銷參與和傳播參與都變得更加方便。隨著開放性平台的不斷發展、完善，以及網路普及率不斷提高、存取網路的終端設備和各社群網路活躍成員的不斷增加，消費者能夠用來表達自己意見和看法的途徑越來越多，越來越便利。作為企業，過去那種「登高一呼」式的傳統媒體行銷方式已越來越難以打動消費者，而真正能讓消費者動心的，反而是同樣身為消費者的其他人的說法。

口碑行銷的影響力在新媒體時代得到前所未有的彰顯。消費者不再被當作被動接收資訊的一方，他們會主動搜尋、會分享、會發表意見、會響應，也會惡搞、修改文本。在市場上流通的關於企業和產品的訊息不再由商家一方單獨決定和控制，而是由商家和消費者一起提供、一起製造的。

「參與化時代」與「合作行銷」的概念，是菲利普·科特勒等人的《行銷革命3.0：從產品到顧客，再到人文精神》書中一大重點。參與化時代更被當作行銷3.0時代的首要特徵，合作行銷被視為「行銷3.0的第一個組成部分」。「參與化時代」的表現就是「人們在消費新聞、觀點和娛樂的同時也主動創造它們。新浪潮科技使得人們從被動的消費者變成了產消者（生產型消費者）」。伴隨資訊科技的滲透而發展起來的新科技浪潮，為這種參與提供了基礎條件：「允許個人表達自己以及與他人合作。」

推動這種新浪潮科技發展的一大力量就是社群媒體的興起。社群媒體又可分為表達性社會媒體與合作性社會媒體兩大類。

表達性社會媒體主要包括部落格、微博、微信、人人網、影片分享網站、照片分享網站以及其他各種社群網站。社群媒體的個人表達性越來越強，消費者的意見與體驗對其他消費者的影響與日俱增，消費者越來越熱衷於影片、遊戲並處於各種終端設備聯網「一直在線」的日常狀態，他們觀看傳統廣告的時間大幅縮短，企業廣告對消費者購買力的影響正在逐漸下滑。社群媒體成本低廉且影響力廣泛而深刻，成為企業新的行銷利器。

合作性社會媒體主要包括維基百科、百度百科、知乎、Craigslist 等網站。合作性社會媒體主要以開源為特徵。像維基百科、百度百科網站的內容就是由許多網友共同完成的，他們自願犧牲時間，為這個共同作品創建了無數主題和條目。截至 2016 年 4 月，百度百科已經收錄了 1300 多萬篇詞條，參與詞條編輯的網友超過 580 萬人。

另外，知乎網站也是一個很好的例子，其標語為「與世界分享你的知識、經驗和見解」，在最主要的知乎問題頁面，使用者可以對相關問題進行修改、評論、舉報和管理投票。知乎的內容主要是靠一些領域專家或者興趣達人針對網友提出來的相關問題共同合作、探究所產生的。

社群媒體、資訊科技為消費者的合作和參與提供了技術和「場所」。消費者不再是一個個孤立的、不相關聯的個體，而是「開始匯聚成一股股不可忽視的力量。在做出購買決策時，他們不再盲目地被商家引導，而是主動積極地蒐集各種有關訊息；他們不再被動地接受廣告，而是主動向企業提出實用的回饋」。

消費者之間的相互影響與合作正在逐漸影響企業的行銷方式。企業變得比以往更加重視消費者的意見與想法，紛紛開始強調互動和參與，將消費者的參與納入行銷的常規體系。

三、消費者與企業的合作行銷

行銷的參與化重塑了消費者與企業之間的關係。企業如果依循傳統行銷思維，靠投入大量資金對消費者的注意力「包圍追擊」，靠「提升知名度」贏得消費者，這種做法即便能在一定程度上促進銷售，也只能算是一種效率低下的事倍功半。菲利普·科特勒等人認為，在行銷 1.0 時代，行銷活動以產品交易為中心，強調如何實現銷售；在行銷 2.0 時代，行銷活動以消費者關係為中心，強調如何維繫回頭客並增加銷售；而在行銷 3.0 時代，行銷則開始演變為邀請消費者參與產品開發與訊息溝通等活動。

參與式行銷是近年來常被提起的行銷新術語，它強調行銷不能再像過去那樣單向、一廂情願，而是要傾聽、要沉潛到客戶中，調整自己的溝通策略，將重心從「干預」轉移到吸引他們「參與」其中，展開「客戶參與型行銷」。

不過，在菲利普・科特勒等人關於行銷 3.0 的想法裡，他們更常使用「合作行銷」的概念。合作行銷並不單純地是一種行銷宣傳的手段，而是統合在「價值觀驅動的行銷」觀念下的全新理念。對企業來說，在經濟高度互聯化的背景下，合作行銷包括了與其他企業、股東、合作夥伴、員工以及消費者的合作，在這個意義上，「行銷 3.0 就是企業與所有具有相似價值觀和期望值的商業實體之間的密切合作」。消費者與企業的合作行銷就屬於這諸多合作行銷關係中的一種。

消費者積極參與企業的生產與行銷活動的創意中，與企業互動交流，而企業透過與消費者合作，進一步加強消費者與品牌的聯繫，實現消費者價值最大化。消費者與企業的合作過程就是行銷過程。由於新媒體在互動性與參與性方面有著明顯優勢，因而利用新媒體發起互動和參與活動，就成了許多商家的行銷方式。

2006 年夏，百事可樂發起了「百事我創──百事巨星廣告你做主」活動，使用者透過登錄活動網站並撰寫一則以百事巨星周杰倫為主角的電視廣告，就有機會贏取 10 萬元現金大獎，總冠軍及 15 位入圍作品的創作人並將獲邀出席規模盛大的廣告首映會。在「百事我創」活動剛開始的前兩天，網易使用者在活動網站上提交的廣告劇本就已多達 1000 多份，此外更有大量網友踴躍投票、發表評論。

百事公司突破性地把電視廣告劇本的創作權交到消費者手中，開創了廣告製作的先河，並提出了一個新的行銷概念──「消費者參與品牌建設」。一方面，消費者可以自己創作廣告劇本參加比賽，勝出的劇本就會被拍攝並且播出，成為百事品牌建設的一部分；另一方面，消費者也可以為這個比賽評分、投票，決定哪個劇本最優秀，甚至決定這個廣告影片可以播出多久時間。與以往的離線宣傳和網路活動相比，「百事我創」活動的創新手法更能激發消費者與品牌的主動溝通。

新媒體行銷議：內容即廣告、流量變現金的新媒體時代！
第二章 新媒體行銷的理論基礎

利用新媒體，尤其是互動性強的社群媒體推動消費者進行合作行銷，尤其適合於公益活動的推廣。因為出於公益目的的推廣宣傳與資金募集，更容易與消費者達成價值觀層面的溝通與認同。像 2014 年在微博上備受矚目的「ALS 冰桶挑戰（ALS Ice Bucket Challenge）」就是一個賺足了眼球、擁有驚人號召力的例子。

ALS 冰桶挑戰簡稱冰桶挑戰，要求參與者在網路上傳自己被冰水澆遍全身的影片內容，然後該參與者便可以要求其他人來參與這一活動。活動規定，被邀請者需要在 24 小時內接受挑戰，或是直接選擇為對抗肌萎縮性脊髓側索硬化症（ALS）捐出 100 美元。該活動旨在讓更多人知道被稱為漸凍人的罕見疾病，同時也達到募款幫助治療的目的。

冰桶挑戰由退役棒球選手 Pete Frates 在 2012 年發起，旨在喚起公眾對於 ALS 患者的關注。比爾蓋茲率先應戰，將冰桶挑戰帶入科技界，許多名人紛紛加入，他們被冰水澆遍全身的影片和圖片在網路上被網友們瘋傳。

2014 年 8 月 17 日，冰桶挑戰進入中國，雷軍等人被點名。當天晚上，新浪微公益聯絡到瓷娃娃罕見病關愛中心，在新浪公益品牌捐平台上線了「助力罕見病、一起『凍』起來」的冰桶挑戰中國項目，號召大家透過冰桶挑戰的方式關注、支持 ALS 患者在內的罕見疾病團體。

小米董事長雷軍 8 月 18 日下午透過微博表示，已經接受 DST 老闆 Yuri Milner 對他的挑戰，並將於當日完成冰桶挑戰。一加手機創辦人劉作虎率先完成冰桶挑戰，並自稱是中國網路第一位完成此挑戰的人，同時他點名奇虎 360CEO 周鴻禕、錘子科技 CEO 羅永浩、華為榮耀業務部總裁劉江峰參與該挑戰……。

雖然「ALS 冰桶挑戰」一度被指浪費水資源並過度地娛樂化和商業化，成了名人的作秀手段，但是，由它所引起的網路狂歡卻產生了傳統慈善捐款方式所無法比擬的積極效果。從 7 月底到 8 月中旬，ALS 協會和全美的分會，已經收到近 400 萬美金的捐款，相比 2013 年同期的 112 萬美金，捐款額成長了將近四倍。而在中國國內，截至 8 月 30 日，「冰桶挑戰專項」捐款金額總計為人民幣 8146258.19 元，其中新浪微公益籌款金額達 7284981.00 元。

消費者與企業的合作不光在線上可以實現，在線下也可以。有些企業透過選擇顧客明星代言人或者由使用者投票決定促銷或主題活動的方式，充分給予顧客主動權，使顧客積極參與到行銷的創意及實施過程中，往往能取得不同於傳統行銷的積極效果。

英國創意人艾倫‧摩爾認為，今天的消費者善於在網上搜尋數位真相（Digital Truth），企業的過去完全展示在網路上，企業行銷的難度在於消費者掌握了話語權，他們在網路上主動傳播企業的口碑，企業很難控制其程度和廣度。於是，以娛樂來啟發消費者的想像力，創造消費者願意主動參與的事件，讓他們成為事件的主角，留下親身參與活動所帶來的難忘體驗，以幫助消費者對品牌產生情感，進而提升對品牌的認同，再藉由網路將這些難忘的體驗一再傳播，使企業能夠更加有效地達到行銷目的。

第二節 關係視角下的新媒體行銷

當前，社群化、行動化是新媒體發展的兩大趨勢。新媒體行銷之所以能成為一種明顯有別於以往的行銷形態，一是因為它所帶來的技術變革，二是因為它所帶來的關係變革。

一、利益相關者

行銷中所說的利益相關者主要指的是顧客、企業內部成員（如股東、員工）、通路合作夥伴（如供應商、經銷商）、企業競爭者等，他們是企業經營活動中的相關單位。

任何一個企業都不可能獨立地提供營運過程中所有需要的資源，而是必須透過銀行獲得資金，從社會應徵人員，與科學研究機構進行交易或合作，透過經銷商銷售商品，與廣告公司聯合進行促銷與媒體溝通；不僅如此，企業還必須被更廣義的相關成員所接受，包括同行企業、社區公眾、媒體、政府、消費者組織、環境保護團體等等，企業無法以一己之力應付所有的環境壓力。因此，企業與這些環境因素息息相關。

上述所有因素構成了保障企業生存與發展的事業共同體，共同體中的夥伴建立起適當的關係，形成一張巨型的網路。對於大多數企業來說，企業的成功正是充分利用這種網路資源的結果。於是，對於企業資源的認識，就從企業以內，擴展到企業以外，即包括所有與企業的生存與發展具有關聯的組織、群體和個人，以及由這些「節點」及其相互間的互動關係所構成的整個網路。而這些關係是否穩定，是否能為網路成員帶來利益成長，則有賴於有效的關係管理。

在網路誕生之前，企業有充裕的時間來密切觀察各利益相關者的動向並做出反應，但隨著新媒體和新科技興起，這種充裕已經成為一種奢望。企業亟須建立新的關係管理理念，掌握全新的關係管理方法，以應對形勢的變化。

（一）顧客

顧客是企業生存與發展的基礎，市場競爭的本質就是競爭顧客資源。只有為顧客提供滿意的產品和服務，才能使顧客對產品進而對企業產生信賴感，成為企業的忠實顧客。與尋求新顧客相比，保留住老顧客更加便宜、更加經濟。統計顯示，爭取一位新顧客所花費的成本往往是保留住一位老顧客所花費的 6 倍。在企業關係行銷中，顧客是行銷活動的中心和出發點。

新科技的出現為此準備了有力的武器，企業可以透過建立顧客資料庫保留顧客資料，記錄使用者的基本訊息及喜好偏好等，以便為使用者提供「一對一」的個別化貼心服務。另外，新科技的出現也讓企業與顧客能夠透過即時互動的社群方式保持經常溝通與聯繫，例如企業可以透過自己的微博、微信與官網等平台，推播產品的最新消息和優惠，顧客也能透過相關線上平台進行即時回饋。這樣，才能更好地滿足顧客需求，增強顧客信任，密切雙方關係。

（二）通路合作夥伴：企業供銷商

通路合作夥伴主要指的是企業的供應商和經銷商。電子商務的興起，為傳統商業帶來巨大衝擊和挑戰，首當其衝的，便是傳統通路。蘇寧雲商集團股份有限公司副董事長孫為民認為：「電子商務是對傳統思維模式、管理模

式、商業經營模式的徹底顛覆,是流通業數千年未有之變革,只有貨幣的出現才能與電子商務帶來的革命性影響相提並論。」

電子商務對傳統通路的衝擊比較集中在競爭性通路衝突方面,這包括因網路跨地域銷售,以及特殊商品(如試用品、贈品等)透過網路進入零售市場所引發的通路水平衝突,也包括因網上團購引發的通路垂直衝突(垂直衝突包括批發商與零售商之間的衝突、製造商與經銷商之間的衝突),還包括因網路行銷引發的多通路衝突。

多通路衝突是指通路管理者建立了兩條或兩條以上的通路向同一市場出售產品時,發生於這些通路之間的衝突。網路行銷具有成本低廉、互動性強的特點,越來越多企業把網路行銷作為企業行銷活動的重要組成部分。企業運用諸如網路直接回應行銷、資料庫行銷等策略,以較低的成本獲得良好的行銷效果,並在充分體會到網路行銷的優勢後,部分企業試圖透過網路建立一條新的銷售通路,甚至是自己的直銷通路。

然而,許多廠商在建立網路行銷這條新的通路時,缺乏對傳統通路與網路通路的目標客戶進行差異性設定,通路之間的產品類似,新舊通路提供的服務缺乏各自的特色,客戶面對新舊通路感到困惑,無法做出符合自己需求的選擇,導致新舊通路之間產生客戶爭奪戰,採取敵對性行為,進而產生通路惡性競爭。例如隱形眼鏡業就曾發生過這樣的衝突,由於在網上訂購的價格僅為眼鏡行銷售的一半,越來越多使用者轉向網路訂購,導致傳統經銷商的抵制行為。

除了順應新的商業形態為傳統通路所帶來的衝擊和變化外,對新舊通路進行合理的規劃與整合管理,還應該對通路的行銷意義與價值做出新的理解和詮釋。菲利普‧科特勒等人認為,通路對於企業來說,銷售的不僅是商品,同時也銷售企業的理念,因此,企業在行銷價值觀時須高度依賴經銷商,通路是企業的文化變革動力。在行銷 3.0 中,通路管理應從尋找合適的通路合作夥伴開始,即尋找那些與企業具有相似目的、特徵和價值體系的實體。為了讓合作關係更上一層樓,企業應與合作夥伴進行整合,讓自己的品牌更加深入人心。

目前，電商、微商都正在成為新的銷售平台，因此，淘寶、京東、微信既是經銷通路，又是行銷宣傳的媒體通路，它們對於企業來說具有雙重通路意義，因此在開展新媒體行銷時，需要重新理解這些新媒體的價值與意義，將其發展成為自己的「價值驅動型通路合作夥伴」。在適當的時機，可以選擇合適的通路合作夥伴進行合作行銷，例如，與淘寶、京東等電商或網路遊戲產品進行聯合行銷。

（三）企業內部成員：員工和股東

企業內部成員主要包括企業員工與企業股東。員工關係是最重要的內部關係，員工與企業有著共同的利益，可謂「一榮俱榮，一損俱損」。另外，員工也是企業形象的重要體現，代表企業進行著各種經營活動，最直接地反映了企業的形象與聲譽。沒有良好的員工關係，企業就無法展開工作。

而企業股東是企業的主要投資人，與企業的生存和發展休戚相關。任何企業的財力都是有限的，為了讓企業的發展奠定雄厚的經濟基礎以維護企業的穩定，就需要企業廣泛爭取相對穩定的投資。此外，股東作為企業最強大的顧客群，廣泛分布在社會的各個階層、各種行業，不僅能夠成為企業重要的訊息來源，並且能夠憑藉這種廣泛的社會關係來擴大產品銷售。

作為企業內部成員，企業員工與股東對企業價值觀的理解、認同和共享，是價值觀行銷得以實現的重要途徑。對員工行銷企業價值觀、對股東行銷企業願景，是企業吸引和留住人才、重建自身形象、提高生產效率、提高品牌價值、確立長期競爭優勢的遠見之舉。

（四）競爭者

對於行銷者來說，競爭者是一個多層面、多類型的概念。從競爭層面上分析，分為品牌競爭者、行業競爭者、形式競爭者與一般競爭者。從類型上分析，分為強競爭者與弱競爭者、近競爭者與遠競爭者、「良性」競爭者與「惡性」競爭者。因此，企業對競爭者不可一概而論。

在當今市場競爭日趨激烈的情況下，視競爭對手為仇敵，彼此勢不兩立的競爭原則已經過時，企業之間不僅存在著競爭，還存在著合作的可能，以

合作代替競爭，實行「強強聯合」，依靠各自的資源優勢實現雙方的利益擴張才是大勢所趨。因此，企業可以尋找那些擁有與自己具有互補性資源的競爭者進行合作，實現知識、資源的共享與更有效的應用，透過合作增強自身實力。例如，在一些技術密集型產業，企業透過與競爭者進行合作研究與合作開發，分攤巨額的產品開發和市場開發費用，分擔市場風險。新媒體行銷時代同樣需要這種「合作競爭」思維，透過與競爭者的合作來增加競爭力和抗風險能力。

當然，無論是否採取「合作競爭」，企業都需要及時蒐集競爭者的情報資料，需要監控並分析競爭對手，快速做出反應。新媒體為企業提供了比以往更多的情報蒐集方式，但對企業的回應速度和資訊處理能力也提出了更高的要求。

二、多重影響者

這裡的影響者是指對消費者的消費意願和觀念、態度會發生影響的個人、群體、組織或社區。影響者的構成通常最為複雜和多元。半個多世紀以前，拉薩斯菲爾德、卡茨、貝雷爾森等人的研究使兩級傳播成為市場行銷和創新擴散研究的主導觀念，帶有精英意味的意見領袖作用受到極大重視。在實際操作層面，傳統的行銷方式也更為強調和關注意見領袖型的影響者。比如透過在電視、報紙等傳統媒體上刊登廣告和新聞，明星、名人、專家的生活方式和消費偏好得到更多曝光和報導，他們的推薦意見得到大範圍的關注和推廣。

新媒體的發展與興盛在很大程度上消解了這種單一化的影響者模式，普通消費者產品評價意見的重要性大大增強。作為對意見領袖研究導向的一種替代性觀念，影響力行銷理念興起。除了知名專家、媒體精英、文化精英、娛樂明星等傳統意見領袖角色外，素人網紅、普通網友、虛擬社群、人脈樞紐等非名人類型的影響者被賦予更多關注。臺灣學者邱淑華等人使用「多重影響者」的概念，將「名流與成功典範」、「達人與權威大師」、「賢達與公信機構」「版主與網路紅人」、「愛用者與業內人士」一起作為多重影響者的概念構成，對之進行了實證檢驗。

對影響者的類型有多種不同的劃分方法,不過總的來說,既有社會經濟地位比較高的意見領袖,也有如朋友般的社群同儕,而且他們所能發揮的影響作用也各有差異。國外有學者(Watts,2007)提出,除了像歐普拉(Oprah Winfrey)這類知名媒體人能善用媒體平台大範圍地影響社會公眾外,從人際關係角度來看,普通人無法同時與太多人互動,所以非名人類型的影響者,是「直接影響他們的朋友和同儕,進而帶動社會流行潮的人。不過,要發生社會流行潮,每個受到影響的人都必須再去影響他們認識的人」。

可見,人們對影響者的信任來源相當不同,既可能來自專業身分、也可能出於人際社交聯繫。所以美國口碑行銷協會(Word of Mouth Marketing Association,WOMMA)提出了五種影響者:「官方權威」(formal position of authority)、「機制認可的專家與提倡者」(in-stitutional / recognized subject matter experts and advocates)、「媒體精英」、「文化精英」、「社交聯結」(socially connected)五種影響者(WOMMA,2013)。

新媒體行銷所帶來的關係變革,既與新媒體時代資訊傳播的去中心化和互動特質有關,也與它所帶來的人際傳播方式和關係性質的變化密切相關。以社群化、行動化為兩大趨勢發展的新媒體,在改變人們資訊獲取方式的同時,也在迅速改變人們的人際交往模式。新媒體,尤其是社群媒體的蓬勃發展,不僅讓世界變得更小,而且進一步加深了人際關係的真實與虛擬相互交錯的特性。產品口碑訊息的擴散就處於人際傳播的複雜網路當中,因此,人際關係的交融與變化,勢必會改變口碑訊息的傳播路徑與影響機制。

新媒體的發展也直接催生出了一些新型的社會關係,比如,處於微信、QQ群等個人社群網路裡的陌生人,同屬一個論壇、百度貼吧的版主與留言者;或改變了原有的一些社會關係,比如微信、QQ群裡的熟人親友等強關係,也許會在社群媒體的作用下悄然發生一些變化。

在現實生活中,口碑的來源與傳播實際上是一個非常複雜的系統。資訊通路的多元化帶來口碑傳播形態的多樣化。這種多元與複雜同樣適用於網路社會裡的關係和影響。多樣化的口碑傳播平台,如搜尋引擎、第三方點評網、

電子商務網站、微博、微信等，在口碑傳播過程中亦可能發生交互作用。消費者做出重要的購買決策，可能需要多重影響者的確認和肯定。換言之，多重影響者對消費者的態度和行為很可能具有強化作用。

　　2013年，Volvo卡車的「極限挑戰」系列廣告片一經推出就在YouTube上引起極大迴響，該系列影片在YouTube上播放次數超過1億次，分享近800萬次。其中，由好萊塢動作巨星尚克勞范達美參與拍攝的「范達美一字馬」影片（如圖2-1），更憑藉驚人的視覺效果在YouTube上獲得了超過7300萬次的點閱數，成為YouTube有史以來觀看次數最多的汽車廣告，而且獲得網友的瘋狂模仿（如圖2-2、圖2-3），也令這支Volvo卡車廣告最終獲得2014年坎城國際創意節最高大獎。鑒於該影片所獲得的驚人播放次數及其所引發的模仿熱潮，該支影片被公認為一則成功的病毒影片。

圖2-1　Volvo卡車「范達美劈腿」影片截圖

圖2-2　Volvo卡車「范達美劈腿」模仿影片截圖（2）

圖2-3　Volvo卡車「范達美劈腿」模仿影片截圖（3）

那麼，作為一種並非以廣大普通消費者為主要消費對象的B2B產品，Volvo卡車為什麼要透過製作病毒影片的方式進行傳播呢？對於這樣的B2B產品來說，普通消費者的網路狂歡是否有行銷上的意義？其創意提供者、瑞典知名廣告公司Forsman Bodenfors指出，卡車司機並非生活在真空裡，他們的朋友、家人一樣會對他們的消費選擇有影響，因此，Volvo卡車的影片廣告使用了明星元素，而且畫面幽默、誇張，最終所引起的各種模仿和討論活躍於各大社群媒體、影片網站當中，關注和參與其中的網友，雖然大部分都不是Volvo卡車的使用者、消費者，卻是Volvo卡車消費者的影響者。

最後需要說明的是，本節對影響者的討論使用的是影響力行銷裡所談論的影響者概念，屬於影響者的狹義概念。若從關係行銷的廣義概念而言，影響者指一切雖不與企業產生直接的經濟、業務聯繫，卻是企業外部經營環境的重要組成部分、對企業的生存與發展具有重要影響的各類主體，包括金融機構、政府、新聞媒體、社區公眾，以及諸如消費者權益保護組織、環保組織等各式各樣的社會壓力團體。

三、關係行銷 2.0

「關係行銷」並不是一個最近才出現的概念，這一術語是 1986 年由李納·貝瑞博士在服務行銷的文獻中提出的，他將關係行銷定義為吸引、保持、增強客戶關係。在關係行銷文獻中反覆出現的多個主題包括：客戶滿意度、互信、承諾或許諾。其中許多觀點將關係行銷與婚姻相類比，認為兩者的共同特徵是雙方持續的共同承諾與共同利益。另有觀點認為，關係行銷的重點是全面提高客戶的忠誠度，其工作核心在於如何讓潛在客戶瞭解企業的產品和服務，並把企業放在其心目中的首選位置，讓客戶成為企業的終身客戶。關係行銷要求企業對客戶的需求與特徵有深入的、個別化的理解。

近年來，社群化成為新媒體發展的主導趨勢。大量社群媒體的出現與發展，不僅改變了人們的上網習慣，也對企業的行銷觀念與行銷方式產生持續影響，企業紛紛轉向消費者的新聚集地——社群媒體。社群媒體的流行改變了企業與消費者、股東以及其他潛在合作夥伴的聯繫方式，企業的關係行銷面臨新的挑戰和機遇。隨著行銷實踐和理論的不斷發展，關係行銷進入 2.0 時代。

瑪麗·史密斯在《關係行銷 2.0：社群網路時代的行銷之道》一書中對關係行銷 2.0 做了如下闡釋：「關係行銷 2.0」意味著真正關心所有人，建立穩定的、雙贏的關係。這些關係包括與潛在客戶、現有客戶、策略聯盟、媒體聯繫人、關鍵影響人士的關係，甚至還有與競爭對手的關係。最後，有效的關係行銷會創造可持續的、成功的、有頭腦的企業。

在新媒體時代，企業需要重新思考利益相關者，需要對影響者做出新的定義與理解。新媒體的發展讓利益相關者具有了新的特徵，讓權威與平民、線上與線下的影響者類型更多，而且各自發揮影響的方式和作用力大小各有不同。

「關係行銷」能起作用的原因在於，人們總是願意與他們認識、喜歡、信任的人做生意，關係成為「新的貨幣」。社群網路的急速發展促使全球溝通方式以及經營方式發生轉變，要求企業能夠透過微博、微信、電子郵件等社群媒體來培養關係。透過學習使用這些新的社群媒體和在關係行銷中取得卓越成果所需要的新的軟技能，企業才能取得新競爭環境下的優勢。瑪麗·史密斯指出，要想成為關係行銷專家，就需要在兩大領域磨練自己的技能：（1）正確地使用各類社群軟體的技能。（2）透過這些社群軟體有效地建立堅實關係的軟技能。須知，與新媒體隨之而來的是一個全新的世界，而且發展得非常迅速，一次失誤就會讓企業聲譽付出代價，因此，需要可靠的方式和路徑實現企業的關係行銷目標。

不過，儘管新媒體的確是當今環境下開展關係行銷的重要平台和一些新型關係的孵化器，但是，瑪麗·史密斯援引 Big Mark 創辦人班·格羅斯曼的話——「新關係行銷的核心是關係，而不是媒體」，以此強調在新的形勢下，關係行銷的根本特徵和目標仍然在於「關係」二字。

在社群聯結、人脈樞紐成為重要影響者類型的網路時代，企業行銷需要準確把握行銷的關鍵點，以更高的真誠度，「關注整個世界和世界中的所有人」，為他們量身打造行銷活動，讓貼心的感動化為購買的衝動，並且向朋友宣傳這樣難忘的體驗。因為，在新的媒體環境與行銷環境下，「平凡人就是新的大人物」。那些善用關係行銷的企業正是深諳此道，充分利用各類社群媒體，以各種建立關係的「軟技能」，做好對平凡人的行銷。

小米手機的社會化行銷一直為人們稱道，「米粉」（小米的粉絲）在其中發揮了至關重要的作用。那麼「米粉」從何而來？「米粉」正是小米透過論壇等社群媒體在廣大網友中識別、發展而來，並且小米還透過大膽吸納「米

粉」全程參與企業的產品開發、行銷及服務的全過程，與「米粉」建立起忠誠、密切的聯繫。

小米在做手機之前靠做 MIUI 維持經營，當時的小米一窮二白，為了節省成本，小米科技創辦人之一黎萬強帶領團隊泡論壇、大量發文、發廣告、尋找資深使用者。從最初的 1000 個人中選出 100 個作為「超級使用者」，參與 MIUI 的設計、研發、回饋。這 100 人成為 MIUI 操作系統的「星星之火」，也是最初的「米粉」。後來 2010 年開始研發小米手機時，同樣按照這個方式，黎萬強建立起小米手機的論壇，這也成為「米粉」的大本營。當時，MIUI 論壇的註冊使用者已超過 100 萬，遍布全球數十個國家，他們成了小米手機的第一批粉絲。另外，隨著 2010 年微博的流行，粉絲的陣地也從論壇向微博擴散。

MIUI 開發版每週五下午 5 點更新升級，小米的品牌色彩是橙色，於是小米公司把這一天定義為「橙色星期五」。在小米論壇上，眾多「米粉」參與討論產品功能，以便公司在下一個版本中改進，使用者可以決定產品的創新方向或是功能的增減，小米公司為此設立了「爆米花獎」：下一週的週二，小米會根據使用者對新功能的投票選出上週做得最好的項目，然後給員工獎勵，頒發「爆米花獎」。用這種將員工獎懲直接與使用者體驗與回饋結合的完整體系，來確保員工的工作動力不是基於任務編組或老闆的個人喜好，而是基於使用者的回饋。經過多年的持續開展，這個活動至今直接影響、左右著小米產品的設計和完善。

除了線上活動外，小米公司還有更為強大的線下活動平台「同城會」。目前「米粉同城會」已經涵蓋 31 個省市，各同城會會自發舉辦活動。此外，小米還設立了「米粉節」，是與使用者一起狂歡的 Party。在每年的「米粉節」活動上，雷軍會與「米粉」分享新品，溝通感情。「米粉」是小米手機最忠實的使用者，「米粉」重複購買 2 至 4 支手機的使用者占 42%。小米公司、米粉、小米供應商、小米電商（www.mi.com）、小米售後全程參與所有流程，最終圍繞「小米手機」各個流程的各個參與者高頻率互動，高度參與，造就了現在的小米。

另外，星巴克也非常重視社群媒體的關係行銷。星巴克設立了六人社群媒體行銷小組，他們已經把自己的社群壯大到 5000 萬會員，這就相當於有 5000 萬人在 Facebook、Twitter、Instagram 或 YouTube 上舉手贊同星巴克，並寫下「星巴克，我喜歡這個品牌，我允許你進入我的生活與我交流」。另外，星巴克獲得消費者好感度的另一種方式是他們的手機應用程式，這款應用程式讓顧客不須排隊便可以點單並為自己的拿鐵結帳，是在美國使用最多的電子錢包應用程式，這款應用程式是星巴克品牌與顧客交流的絕佳方式。

星巴克與小米的關係行銷正好體現了瑪麗·史密斯在書中所提出的兩種關係行銷方式：一是直接的行銷廣告，如星巴克的做法；二是利用品牌在粉絲中的影響力成為名人，獲得出書、上電視等其他盈利機會，如小米手機。小米憑藉其出色的行銷獲得了不少宣傳、介紹其成功經驗的機會，而雷軍也因其成功地總結出了一套富有特色的行銷模式並頻頻出席各種場合進行「布道」，而獲得了「雷布斯」的雅稱。

第三節 科技視角下的新媒體行銷

科技對於新媒體行銷的意義是不言而喻的，如果沒有區別於傳統行銷的科技技術，新媒體行銷也不可能具有精準、互動等典型特徵。可以說，科技是新媒體行銷得以實現的基礎條件與保障，科技在很大程度上決定了新媒體行銷的能力、效果與未來發展的方向。

一、大數據

近年來，新的計算與通訊技術不斷湧現，蒐集數據、分析萃取資訊的能力不斷提高，資訊的來源、種類變得越來越複雜，數位資訊也呈指數型成長。因此，在網路、行動網路、雲端運算、物聯網、數位匯流、4G 等成為人們廣泛追逐的概念之後，大數據開始吸引大眾目光。

從政治層面看，大數據受到政府的廣泛關注。2012 年 3 月，歐巴馬政府投資 2 億美元啟動「大數據研究和發展計畫」，意味著美國已將大數據技術提升至國家科技策略。大數據已經向製造業、金融、醫療衛生、商業及涉及

國計民生的各個領域滲透,它將為思維、商業、公共衛生、時代轉型帶來巨大的變革,它的開發與應用將為現今社會帶來無盡的價值,未來我們的生活將因此發生巨大改變。

對於大數據的定義,從字面上看,是指數據「數量龐大」,但數量大小只是區分大數據的一個面向,無法看出大數據與「大量數據」、「大規模數據」、「數據流」等概念之間的區別。據國際數據公司預計,2020 年全球資料總量將超過 40ZB(相當於 4 兆 GB),這一資料量是 2011 年的 22 倍。過去幾年,全球的資料量以每年 58% 的速度成長,未來這個速度會更快。如果按照現在儲存容量每年 40% 的成長速度計算,到 2017 年需要儲存的資料量甚至會大於儲存設備的總容量。

麥肯錫定義的大數據,是指無法在一定時間內用傳統資料庫軟體工具對其內容進行抓取管理和處理的數據集合。IBM 將大數據總結出以下特點:大量化(Volume)、多樣化(Variety)和快速化(Velocity)。所謂大量化,是指網路資料集的體量不斷擴大,資料規模從 GB、TB 上升到 PB、EB、ZB。多樣化是指資料種類繁多,既有慣常的結構化資料,即儲存在資料庫中,具有一定邏輯結構與物理結構的資料,也有音頻、影片等非結構化的資料。快速化是指資料處理速度快,以雲端運算為基礎的訊息儲存、分享和開發手段,可以非常迅速、高效地分析和計算大量多變的終端資料,具有即時性的特點。此外,國際數據公司認為大數據還應當具有價值性(Value),即價值密度低的特性,這是指有用的資訊並沒有伴隨著大數據的急遽膨脹而呈現相對比例的成長。

數據資料是溝通企業與使用者的資訊,具有重要的行銷價值。一直以來,透過各種調查手段蒐集客戶資料、瞭解客戶需求、建立顧客資料庫,是企業行銷的一項重要內容,而大數據的數據蒐集方式迥異於傳統方法,其量化能力和數據處理能力遠遠超越傳統方法。大數據能夠即時回饋和預測社會行為,可透過對目標群體網路瀏覽歷程的分析獲取其生活方式及消費習慣等方面的數據,獲取大量的消費者訊息,進而幫助企業瞭解消費者,做出決策,調整行銷策略。

在網路普及的現在，社會化應用以及雲端運算，使得網友的網路瀏覽歷程能夠被追蹤、被分析，而這個數據是大量的以及可變化的，企業或第三方服務機構藉助這些數據為企業的行銷提供諮詢、策略、廣告投放等行銷服務的行為，就被稱為大數據行銷。

資料顯示，淘寶目前每天的活躍數據量已經超過50TB，有4億則產品資訊與2億多名註冊使用者在上面活動，每天超過4000萬人次訪問。百度擁有EB級別的超大數據儲存與管理規模，並達到100PB／天的數據計算能力，可達到毫秒級反應速度。百度已收錄全球超過一萬億個網頁，相當於5000個國家圖書館資訊量的總和。

大數據產生的商業價值正不斷吸引企業改變行銷模式。譬如沃爾瑪，透過分析消費者購買行為的資料，得出「男性在購買嬰兒尿片時常常會搭配幾瓶啤酒犒賞自己」的結論，於是將嬰兒尿片與啤酒綑綁式銷售；亞馬遜根據顧客的瀏覽紀錄，為其推薦「可能想購買的書」；淘寶透過記錄使用者的搜尋行為，為不同的顧客推薦商品。

大數據行銷主要透過以下幾個方面吸引企業。

1. 基於大數據洞察內容的宣傳活動

第一，目標人群鎖定。企業透過對大數據的分析定位出有特殊潛在需求的閱聽人群，並對該群體進行定向宣傳，來達到刺激消費、傳播品牌的目的。淘寶的「千人千面」計畫就是利用資料開發實現精準化的行銷和產品推送，透過「個別化搜尋」服務（即根據消費者自身屬性，如性別、年齡、購買力等，以及消費者行為，如瀏覽、加入購物車、成交記錄等），鎖定具有某些特徵的消費者，向其推薦產品。

第二，目標人群區分。針對已有消費者，則是根據其網頁瀏覽紀錄以及網路搜尋行為，分析消費者的購買偏好與購買特性，進而進行產品與活動宣傳。百度在對P&G旗下品牌玉蘭油進行大數據分析時，發現消費者在搜尋「玉蘭油」這個關鍵詞後，通常會接著搜尋「適合幾歲」，進而得出玉蘭油

年齡定位比較模糊的結論，為此，P&G 推出了玉蘭油 25 歲妝，來解決這一問題。

第三，目標人群畫像。透過消費者的個人特徵，將其細分為不同的類型，比如「時尚達人」、「辦公室女性」，再對不同的消費者類型特點進行整理和總結，最後對其進行針對性的行銷宣傳。麥當勞攜手百度發起「讓我們好在一起」的主題行銷，就是一次基於大數據洞察的宣傳活動，透過對百度平台的大量資料分析，百度清楚描繪出「憧憬未來的畢業生」、「在外打工的年輕人」、「尋找幸福的青年們」、「準備結婚的情侶們」、「供養家庭的爸爸」、「關愛孩子的媽媽」等六類人群，結合他們的搜尋模式，以發表專題資料的形式，鼓勵大家尋找同類，引發共鳴，並由此實現品牌與消費者最直接高效的溝通。

2. 基於使用者需求製作與改善產品

對一個注重與消費者溝通的企業來說，消費者遺留下來的資料訊息會成為它下一輪開發和製作產品的根據。《紙牌屋》並非由傳統電視台製作，而是由影片網站 Netflix 投資並製作，只在網路上播放。Netflix 在美國有接近 2700 萬訂閱使用者，這些人每天在 Netflix 上點閱 3000 多萬次，例如暫停、重播或者快轉，使用者每天還會給出 400 萬個評分，以及 300 萬次搜尋請求……最終，觀眾決定了此劇的題材、導演、演員、播放平台。

從閱聽人洞察、閱聽人定位、閱聽人接觸到閱聽人轉化，每一步都由精準細緻高效的資料引導，從而實現大眾創造的 C2B，即由使用者需求決定生產。在該劇的播出過程中，專業的技術人員還對使用者的收視行為進行即時監測和資料開發，幫助製作團隊根據閱聽人回饋進行相對的調整與修改。而究竟這樣的投入與變革能收到什麼樣的效果？《紙牌屋》的收視佳績給了我們答案。

3. 提供對未來的預測和決策的依據

大數據技術能夠透過統計與分析資料，再結合一定的模型，預測未來某個事件的走勢，為企業決策提供依據。2009 年 H1N1 流感爆發前，Google

透過分析使用者的搜尋紀錄和最頻繁檢索的關鍵字，與美國疾病控制與預防中心在 2003 年至 2008 年間流感傳播時期的數據進行比較，成功預測了流感在美國境內的傳播，而且比官方數據提前了兩週。

微軟在 2014 年世界盃淘汰賽中，基於微軟 Bing 大數據，結合數據模型，綜合考慮過往比賽結果、比賽時間、天氣狀況與主場優勢等因素以及一些其他資料，來判斷每場比賽的結果，準確率達 100%。

二、新科技浪潮與數位行銷

新科技浪潮是菲利普・科特勒等人在《行銷革命 3.0：從產品到顧客，再到人文精神》一書中提出的概念，是 2000 年以來，由資訊科技不斷滲透到主流市場發展而來的。

新科技浪潮指的是能夠幫助個體與群體保持互動的科技，包括三個主要組成部分：廉價的電腦與手機、低成本的網路存取以及開放原始碼軟體。伴隨新科技浪潮而不斷發展的社群媒體，如微博、微信、部落格、QQ 空間等，其所產生的文字、照片、聲音、攝影催生了大量訊息成長，蓬勃發展的電子商務、網路搜尋、論壇，記錄了大量使用者的使用紀錄，由此產生巨量具有重要行銷價值的資料和訊息。

新科技浪潮正在改變生產者與消費者的行為，並帶來顯著的經濟變革。以行動互聯技術為例，從最早的智慧型手機誕生到如今的行動裝置的大規模普及，行動互聯技術改變了人們即時通訊的習慣，手機不再作為簡單的通訊工具存在，而成為小螢幕的「掌上電腦」，直接推動了這一產業的飛速發展。

除此之外，伴隨著行動互聯技術而來的，還有各種行動支付、手機 APP、手機導航、線上教育、可穿戴裝置等，新興行業乘勢而起。近幾年來圍繞網路平台、跨界技術滲透的行業重組併購活動頻繁，科技型企業的規模不斷壯大，科技研發的投入力度不斷增加。

在技術上，物聯網的逐步探索，虛擬化技術的成熟以及雲端運算的興起，再到行動網路的蓬勃發展，在應用模式上，從電子商務的成熟到社群媒體的興起，無不體現著新科技浪潮下的技術創新。

每一次技術創新都預示著下一個市場爆發的臨界點，而技術帶來的經濟意義遠遠超越了簡單的財富增加。新科技浪潮推動了數位行銷的發展壯大。所謂數位行銷，就是利用網路技術、通訊技術和數位媒體互動技術，以精準、有效、即時、節省成本的方式來開發新的消費者、維繫消費者關係、達到行銷目標的行銷活動。數位行銷與新媒體行銷這兩個概念所指的通常是同一種類型的行銷，因為數位行銷大多都是基於網路技術的應用，離不開網路新媒體這一重要介質。不過兩者對概念的側重點有所不同，前者著眼於數位化技術以及由此帶來的資訊處理能力和計算能力的飛躍，後者強調行銷開展的新場域——新媒體的作用與價值。

可口可樂「暱稱瓶活動」堪稱數位行銷方面的一個經典案例，無論是在線上還是線下都得到了消費者的大量參與與廣泛傳播，同時也直接促進了銷售。而這一活動的成功開展正是藉助於數位化手段才得以實現的。

為確保瓶子上的暱稱詞彙能引起消費者興趣，AdMaster 作為這個活動的大數據服務商，根據全網社群媒體資料，選取使用頻率最高的詞，然後從傳播深度、廣度、聲量、互動性等多個面向進行比較，最後 AdMaster 與可口可樂從 100 個熱門詞彙中選出了具有積極性並能引發互動的詞彙，將它們印在可口可樂瓶子上。可口可樂歌詞瓶同樣利用這種方式篩選出最受歡迎的歌詞，印在可口可樂的瓶子上。

由於數位行銷具有整合性、個別化服務、更豐富的產品資訊、更大的選擇空間、更低廉的成本優勢、更靈活的市場等特點，越來越多的企業開始嘗試運用數位行銷方法。各大企業如消費日用品巨頭 P&G 公司、汽車巨頭通用汽車公司、飲料巨頭百事可樂公司等都縮減了在傳統媒體上的廣告投放比例，轉而增加互動式數位行銷活動的預算；各大網路公司如百度、阿里巴巴、京東更是實現大宗併購。數位行銷已成為大勢所趨。

第四節 行銷革命 3.0

行銷大師菲利普・科特勒教授及其合作者提出的行銷 3.0，也許是目前最適合於指導新媒體行銷和數位行銷的行銷理念。這一行銷理念緊扣當前參

與化和創造性成為社會趨勢、同時又充滿著全球化矛盾的整體社會環境，提出在行銷 3.0 時代應以合作行銷為內容、以文化行銷為背景，透過提供精神行銷的方式來進行行銷。行銷 3.0 將行銷理念提升到一個關注人類期望、價值與精神的新高度，認為在行銷 3.0 時代所需要的是「價值觀驅動的行銷」。

一、行銷思維的轉變

菲利普・科特勒等人將行銷分為三個時代，分別是行銷 1.0、行銷 2.0 與行銷 3.0 時代。

行銷 1.0 時代，即以產品為中心的時代，這個時代認為行銷就是一種純粹的銷售，是一種關於說服的藝術。產品中心時代下的生產者並不關注消費者的意願，而是理所當然地認為消費者追求的是質量最好、價格最低的產品，此時的行銷策略是企業不斷透過標準化與規模化的生產，來降低成本，形成價格優勢，獲得市場競爭的成功。這一時期的典型代表是福特汽車，它盛行一時的廣告語是：不管你要什麼車，我們只有黑色的！

行銷 2.0 時代，即以消費者為導向的時代，這個時代出現在資訊時代，資訊科技是核心技術。對於行銷 2.0 時代而言，企業獲得成功的黃金法則是「顧客即上帝」，消費者由於需求得到滿足而在買賣中享受到了一些優勢。此時企業的行銷策略就是盡可能地滿足消費者的各種需求，分析消費者的行為與購買偏好，提供符合他們需要的產品和服務，注重消費者的體驗。生產商在生產產品時也會更加注重產品的差異化，行銷者在注重突出產品的功能性特徵的同時也注重其情感化特徵。

目前大多數企業在行銷思維上都還處於這一時代。家用電器巨頭海爾集團的著名理念「顧客永遠是對的」，就非常極致地體現了這一行銷思維下，企業將顧客視為一切活動的出發點與目標的特徵。從行銷理念上看，行銷 2.0 的最大不足是，即便以消費者為中心，但消費者仍然被當作被動的行銷對象，他們在行銷活動中並不是主動方。

行銷 3.0 時代，即人文中心主義的時代，是價值觀驅動行銷的時代。這個時代的顛覆性主張在於，行銷者不再把顧客僅僅視為消費的人，而是將他

們視為具有獨立思想、心靈和精神的完整的人類個體。行銷者向消費者提供價值，突出產品的功能化、情感化和精神化的特徵；消費者不再被動地接受企業的行銷，而是主動參與到行銷過程中。

行銷 3.0 時代的企業與消費者共同有著對於自身、人類未來與世界和諧的期待，這些企業幫助消費者尋找讓世界變得更美好的方式，因而他們與消費者能夠產生高度的情感共鳴。目前只有少部分企業進展到這一階段，但不可否認的是，行銷 3.0 將是企業未來的行銷走向。

二、行銷模式的轉變

在過去六、七十年裡，行銷經歷了三次大轉變。在早期的工業化時代，產品是競爭的中心，所謂的行銷模式主要以產品管理為主，例如在此階段誕生的 4P 理論。同時隨著生產力的極大發展，產品競爭「紅海」出現，原有的行銷模式逐漸向消費者管理偏移，STP 理論的提出充分展現了在行銷策略中消費者地位的反轉。

而在行銷的第三次大轉變中，行銷的核心由單純的販售轉化為品牌的管理，企業與消費者之間不再是單純的買賣關係，而是一種更真切的情感維繫。企業希望透過塑造自身的品牌形象、建構自身的品牌故事，與消費者建立情感上的關聯，進而建立更深的行銷關係。在此階段，品牌塑造成為流行的行銷概念。

隨著網路的廣泛應用與快速發展，行銷進入 3.0 時代，菲利普·科特勒等人指出，企業必須將消費者視為一個完整的人來看待，而不僅僅是行銷的對象。史蒂芬·柯維認為，一個完整的人包括四個方面：健全的身體、可獨立思考與分析的思想、可感知情緒的心理，以及可傳達靈魂或世界觀的精神。與之相應，行銷模式將向人文精神行銷轉變，在此基礎上，菲利普·科特勒等人創造性地提出了行銷的 3i 模型（如圖 2-4）。在此模型中，行銷被重新定義為由品牌、定位、差異化構成的等邊三角形，而品牌標誌、品牌道德與品牌形象（3i 概念）的引入，則完善了這個三角形。

圖 2-4　行銷的3i模型

　　菲利普·科特勒認為，未來的行銷將呈現水平化而非垂直化趨勢。其中，產品管理將由簡單的產品打造轉變為協同創新。網路連接的不僅僅是資訊，還有無數終端裝置前的人，因此，行銷的顧客管理將向社群化轉變。而隨著資訊流通通路的增加，資訊鴻溝將呈縮小的趨勢，網路就像是消費者的另一雙眼睛，敏銳地觀察著產品的質量和企業的誠信度，只有真正高質量、差異化的產品才能贏得消費者的青睞。企業的品牌管理將向品牌特徵塑造突圍。

　　因此，在消費者水平化時代，簡單的品牌定位是徒勞無益的，品牌不僅要尋求在消費者頭腦中占據一定的印象，還需要確保這一印象是正面的、積極的、具有品牌差異的。只有這三者同時滿足，該行銷模式才是完整的。

　　品牌識別是根據品牌的定位所確立出的標識，是消費者對品牌形成印象的依託，往往以具象的事物來呈現。品牌識別的目的是將品牌定位在消費者心目中。因此品牌識別需要具有強力吸引消費者目光、扎根消費者心理的特點。品牌誠信是一個企業社會責任感的表現，是企業在品牌定位與差異化的過程中必須始終遵循的主張。品牌誠信是贏取消費者信任、獲得消費者心理認同的根本，也是企業得以長遠發展的精神根基。品牌形象是品牌與消費者形成的強烈精神共鳴，是品牌識別與品牌誠信獲得消費者認可後所形成的消費者印象。

行銷 3.0 時代，消費者作為一個完整的個體而存在，企業的品牌價值不能僅僅停留在產品功能層面，而應關注品牌在消費者心裡所占據的地位，以及品牌與消費者產生的情感共鳴。

3i 模型是對品牌識別、品牌誠信、品牌形象的完整融合。透過研究 3i 模型，我們不難發現，品牌定位、差異化是突破點。品牌識別、品牌誠信是對品牌形象由外在到內在的全方位闡釋。其實，行銷在將消費者作為完整個體看待的同時，也在對品牌價值做深度開發，力圖從人文精神的層面給予闡釋。透過獨特的品牌識別，加之可靠的品牌誠信，實現建立強大品牌形象的目標。

三、行銷新法則

1. 法則一：從被動的「接收者」到主動的「體驗者」

行銷 3.0 時代之前的消費者被視為被動的行銷對象，雖然其需求和購買偏好受到行銷者的關注，卻並沒有主動地參與到行銷之中。在行銷 3.0 時代，消費者購買產品的目的不是為了占有，而是為了體驗，是實現自身價值的需要，所以對行銷者而言，建構相同價值觀的顧客體驗，並滿足消費者的多樣化需求，是行銷成功的關鍵。

隨著網路與行動網路的發展，這個時代同樣是一個分享與體驗的時代，人們利用網路平台，將自己的消費體驗與感受分享到自己的人際圈，進而引發更多人的關注。所以，行銷者必須將顧客視為體驗者，而不是單純獲取資訊、互不溝通的接收者。同時，行銷者必須正確對待體驗者對其產品和服務的體驗結果，接受體驗者對其產品和服務的直觀感受傳播，並利用這樣一種體驗模式提供更加獨特的體驗，重視消費者之間的傳播。

2. 法則二：推廣認同的價值觀、願景與企業使命

行銷 3.0 時代的行銷方針應該是推廣被廣大消費者認同的價值觀、願景與企業使命，在這個時代，行銷關注的應該是消費者的需求、情感與精神，尤其是精神層面。

行銷 3.0 時代是伴隨著資訊科技發展起來的，也就是說，資訊科技為消費者的改變提供了奧援，例如消費者能夠透過手機網路瞭解到許多關於企業的訊息，而社群媒體的發展則為消費者發表對企業資訊的認同態度或反對態度提供了平台。人們在選擇購買某一企業的產品與服務時，會查看別人對它的意見和評論，並且尤其關注其中的負面評價，因此，選擇受到廣大消費者認同的價值觀、願景與企業使命至關重要。

3. 法則三：從消費者到企業傳播者

前面已經提到，消費者變成體驗者，進行一定的體驗之後與他人分享經驗，在這個過程中，自然產生了對產品與服務的直觀感受，不論這種感受是積極的還是消極的，它都將成為消費者回饋給企業或其他消費者的直接內容，這些內容將對企業的行銷結果和品牌偏好產生不可忽視的影響。事實上，當消費者習慣於將他們對產品與服務的觀感進行分享和傳播時，他們就變成了企業的傳播者。一旦他們進入到這一階段，企業就必須更加注重與他們的聯繫，對待他們的意見也必須更加即時地回覆，同時改進或更新產品，使這部分體驗者成就感十足，願意以更大的熱情投入到對該企業的宣傳中去。

4. 法則四：關注人們生存的環境

在行銷 3.0 時代，消費者關注的不僅僅是自身發展，還有人類未來與世界的發展，企業要與消費者產生共鳴，同樣要關注這些內容。在這個時代，要實現讓世界變得更美好的目標前提就是，關注人們的生存環境，包括政治環境、經濟環境、文化環境和社會環境。

行銷 3.0 時代的企業應為解決貧困問題、環境汙染問題、疾病問題等目標而努力，在這一過程中，由於企業的行銷不再只圍繞自己的品牌而進行，因而能夠獲得更多消費者的認同。

5. 法則五：重視傳播，善於傳播，努力尋找和維護、增加潛在顧客

在全球化知識經濟時代，企業對資訊科技和網路的掌握與運用，已經成為必不可少的內容。別讓消費者四處尋覓你的產品，企業應當跨越數位鴻溝，主動發現未來的顧客。如果有可能，企業還應該幫助縮小消費者之間的數位

化差距，即數位科技下網路使用者與非網路使用者之間的社會文化差異。因為企業與消費者之間的傳播，以及消費者與消費者之間的傳播，對於企業行銷來說具有重要價值。

此外，在消費者關係日益水平化的今天，口碑行銷變得越來越重要。企業應重視並善用傳播，對每個顧客做到如親友般熟悉，這樣才能全面瞭解他們各自不同的需求、期望、愛好與行為模式，才能真正維繫客戶並增加潛在客戶。

【知識回顧】

資訊科技與新科技浪潮為行銷所帶來的變革絕不僅僅只表現在行銷工具和行銷方式的變化上，其更深層、更具意義的變革乃是它對整體行銷環境的改變，以及由此所導致的行銷思維與行銷理念的變化。

以網路為核心的新媒體，其去中心化的傳播結構與開放性的平台特質，迎來一個行銷的參與化時代，行銷開始演變為邀請消費者參與產品開發和訊息溝通的階段。在此背景下，「合作行銷」的概念被提出。合作行銷並不單純只是一種行銷宣傳的方式，而是整合在「價值觀驅動的行銷」觀念下的全新理念。對於企業來說，在經濟高度互聯化的背景下，合作行銷包括了與其他企業、股東、通路合作夥伴、員工以及消費者的合作，在這個意義上，「行銷 3.0 就是企業與所有具有相似價值觀和期望值的商業實體之間的密切合作」。消費者與企業的合作行銷就屬於這諸多合作行銷關係中的一種。

新媒體行銷之所以能成為一種明顯有別於以往的行銷形態，一是因為它所帶來的技術變革，二是因為它所帶來的關係變革。從關係的角度來看，在新媒體時代，企業需要重新思考利益相關者，需要對影響者做出新的定義與理解。新媒體的發展讓利益相關者具有了新的特徵，讓權威與平民、線上與線下的影響者類型更多，而且各自發揮影響的方式與作用力大小各有不同。從技術的角度來看，大數據和新科技浪潮奠定了新媒體行銷和數位行銷的技術基礎，科技在很大程度上決定了新媒體行銷的能力、效果與未來發展方向。

在新的科技條件與社會文化環境下,「價值觀驅動的行銷」成為最適合於新媒體行銷的指導性行銷理念,行銷者需要透過轉變行銷思維與行銷模式、遵循新的行銷規則,來適應環境,融入行銷 3.0 時代。

【複習思考題】

1. 簡述行銷 3.0 的提出背景與主要內容。

2. 合作行銷和參與式行銷有何區別與關聯?

3. 對於企業來說,利益相關者包括哪些主體?在新媒體時代,提「多重影響者」的概念有何意義?關係行銷 2.0 的核心是什麼?請試著從關係的角度剖析兩則新媒體行銷案例。

4. 如何理解大數據的行銷價值?請舉例說明。

5. 新媒體時代的行銷思維與行銷規則發生了哪些變化?

第三章 新媒體行銷策劃

【知識目標】

☆新媒體行銷策劃的主要內容。

☆新媒體行銷策劃的步驟與方法。

【能力目標】

1. 理解進行新媒體行銷策劃的要點與困難處。

2. 瞭解、掌握界定行銷參與者的方法。

3. 掌握打造數位行銷平台的要點與意義。

4. 理解資料管理與整合行銷對於新媒體行銷的重要性。

【案例導入】

肯德基（KFC）剛進入中國市場時，由於產品種類較少，原味炸雞TMOR的知名度幾乎等同於Hamburger的知名度，成為KFC的「代名詞」，使一代人有了炸雞情結。而近年來，KFC更加本土化，種類也更豐富，再加上中國消費者的飲食習慣，炸雞類產品作為小吃類的選配食品，遂導致TMOR的銷售量始終低迷。

因此，2014新年期間，KFC推出新品「黃金脆皮雞」，邀請了陳坤與柯震東分別來代言原味炸雞（夠經典，才是肯德基的味道）與咔啦脆雞（美味，需要新爆點），針對兩款炸雞口味發起網路投票，看誰最受歡迎，以做出炸雞品項的市場下架選擇。

如何將本次活動變得更加有趣好玩、使用者易於互動、門檻低，且願意主動參加投票？基於本次活動目標閱聽人是「七年級生」、「八年級生」粉絲群體，公司最後決定將選擇權交給消費者，由他們來投票決定哪種產品最後可以留在肯德基的菜單上，不斷增大消費者對這個活動的投入。

以網路和社群平台為導向，並憑藉明星話題效應，加深使用者對 KFC 經典炸雞產品的品牌記憶，帶動新品上市品嚐。兩款炸雞明星代言人，分別代表不同的產品特性，同時吸引「七年級生」、「八年級生」兩個不同的粉絲群體，透過明星炸雞 PK 話題炒作，將使用者喜好轉向產品，並加入全程投票。

根據目標使用者在騰訊平台的瀏覽紀錄與內容偏好，利用明星號召力、影響力，多通路觸及全網炸雞吃貨幫助 KFC 找到真實的消費使用者，透過投票成功獲取「吃貨」真實口味偏好，並激發網友試吃慾，推升新品炸雞的銷量。

KFC 在執行過程中注意了以下幾個方面。一是洞察騰訊平台集中曝光，參與引導。挑選「七年級生」、「八年級生」主流使用者平時愛玩的遊戲平台、愛看的電視劇、影片節目、明星娛樂資訊等進行針對性宣傳，最大範圍地在全中國告知 KFC 的活動資訊，吸引使用者投票並到店試吃新品。二是引導兩大粉絲陣營微博熱議，為活動造勢。結合兩位明星代言人在微博上的不同粉絲，對各自粉絲團進行活動宣傳，配合階段性活動（新年、情人節），騰訊微博會自動給粉絲一定的獎勵作為回饋，引發更多使用者參與。

據統計，此次活動共吸引全中國 170 萬「死忠粉絲」參與投票，原味炸雞獲 1009 萬次的總投票數，咔啦脆雞獲得 900 萬次的總投票數。炸雞「吃貨」加入兩大粉絲陣營參與討論，引爆微博「口水戰」，共產生 220 萬則相關話題。

第一節 確立行銷參與者及目標

在新的行銷形勢與傳播環境下，企業應該將自己視為消費者集體體驗的彙總。肯德基推新的成功在於對行銷參與者的準確界定與合理規畫，重視和激發使用者的積極性與參與性。因此，活動不僅受到消費者的歡迎，而且有力地進行了品牌傳播。

一、確立行銷參與者

　　企業應該認識到消費者不是被動的旁觀者或目標對象，而是品牌積極的參與者。企業必須以消費者為中心來組織協調使用者需求，因為公司的聲響不是指這間公司有多時尚和多酷，而是這個公司是否關心他們的消費者，是否瞭解消費者，是否積極與消費者互動，是否能充分激勵消費者參與。小米的成功在很大程度上就得益於它把使用者的參與感看成整個小米最核心的理念，透過使用者參與來完成產品研發、產品行銷與宣傳以及使用者服務。

　　進行新媒體行銷策畫，行銷者首先需要確立誰是行銷的參與者。從「消費者」到「參與者」，這一概念的轉變體現了行銷理念的重要轉變：第一，消費者同時也是行銷者，也是企業生產的參與者，是行銷資訊的傳播者和內容的製造者；第二，行銷的參與者包含但不限於目標消費者，因為在新媒體時代，尤其是伴隨著社群媒體的興起，消費者的消費決策受到更多因素的影響，比如，某些匿名網友並非產品的目標顧客，但他們對產品的評論卻實實在在地對潛在消費者發生影響。在新媒體時代，企業行銷需要比以往更多地考慮到消費者之間的人脈樞紐、社群聯結以及網路口碑的作用，合理地界定行銷參與者的範疇。

二、界定行銷參與者

　　新媒體環境下，企業需要用網路思維代替傳統思維來思考消費者行為，必須站在消費者的立場來理解他們，於是，界定參與者就顯得非常重要。好的行銷規畫總是從消費者或顧客的角度出發，這也是數位行銷的起點。

　　肯特・沃泰姆和伊恩・芬威克將這一環節稱為「參與者寫真」，認為參與者寫真的要素主要有三種：一般檔案、數位檔案與個別檔案。一般檔案指顧客的基本資料，包括人口統計學、交易行為資訊、顧客的生活形態資料、參與者的特有語言，以及對先前促銷與行銷活動的回覆率等。

　　做好一般檔案，對數位行銷的主題、內容、資訊傳遞及啟動策略都十分有幫助。數位檔案指身為數位媒體使用者的顧客資料，包括他們的數位媒體使用習慣、內容使用偏好及消費者自創內容檔案。個別檔案是以資料庫為基

礎所建立的關於顧客的個人資料，這要求行銷者竭盡所能地瞭解個別顧客，分辨出擁有高終身價值的顧客，實現一對一行銷。企業應該利用大數據，追蹤顧客現有的網路活動，從中找到有價值的資訊，透過掌握客戶占有率、客戶忠誠度與客戶終身價值達到獲利性成長。

開展新媒體行銷，要求企業學會從消費者的角度出發，瞭解目標參與者的新媒體使用習慣，瞭解他們如何回覆、評論與傳播訊息，捕捉其需求和特點，以找出如何與他們對話、如何與他們產生持久互動的方法。

（一）參與者的新媒體接觸習慣

新媒體已經成為現代社會人們生活不可或缺的一部分，因此，制定市場策略時，參與者的新媒體接觸習慣是品牌無法迴避的一個問題。企業應當瞭解以下幾個問題。

（1）參與者平均每天在新媒體上停留多久？

（2）參與者喜歡瀏覽哪些網站？

（3）參與者的上網時段為何？

（4）參與者中男性與女性的新媒體接觸習慣是否有差異？

假設 X 運動品牌的市場定位是「八年級生」，那麼制定市場策略時，「八年級生」的數位媒體使用習慣是品牌必須回答的問題。只有瞭解目標消費者的數位媒體行為習慣，才有可能利用有效媒體通路進行品牌傳播，有效地實現行銷目標。

ComScore 關於中國大陸「八年級生」網路行為的調查結果顯示，「八年級生」上網時間與瀏覽網頁數量比平均值更高如（如圖 3-1），是網路影片的主要閱聽人，每月上網收看影片每人平均 121 部，總時長 840 分鐘。「八年級生」最喜歡的影片平台是「優酷」與「土豆」（兩家公司於 2015 年合併為一家公司），最歡迎的社群網站是動感地帶、新浪微博和人人。他們在淘寶和天貓上最喜歡的網購項目主要是女裝、男裝、女鞋、保養品和手機，他們最喜歡的電視節目是「中國好聲音」。

第一節 確立行銷參與者及目標

ComScore 的調查顯示，八年級生，是重要的網購群體（如圖 3-2），是網路影片的重要市場，特別是綜藝類影片的主要觀看群體，是社群網路的主要閱聽人，主要在淘寶上網購，且女性比例稍高。

再回到前面談的問題，X 運動品牌目標市場是「八年級生」，那麼企業就可以在動感地帶、新浪微博和人人網建立自己的社群，經常與參與者進行溝通，拉近與使用者的距離，增加品牌好感度。此外，淘寶與天貓也是企業產品發表促銷資訊的關鍵平台。

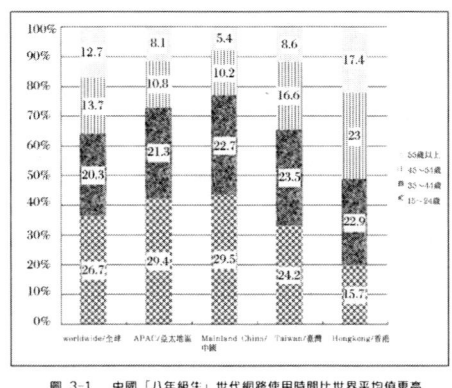

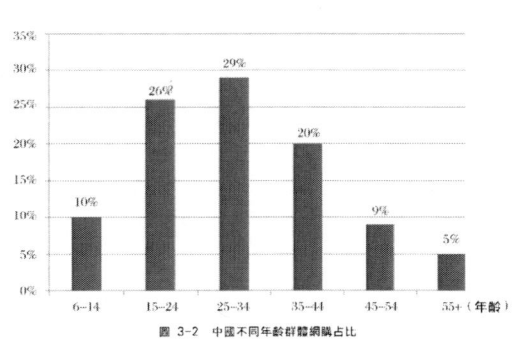

圖 3-1 中國「八年級生」世代網路使用時間比世界平均值更高

圖 3-2 中國不同年齡群體網購占比

（二）參與者內容偏好

新媒體的超文本與多媒體特性，決定了其內容不但大量，而且豐富精彩。新媒體成了獲取高質量、可靠可信內容的主要來源。當傳播無處不在，當訊息應接不暇，參與者喜好什麼樣的內容，就是企業必須思考和掌握的。參與者內容偏好是行銷成功的關鍵之一，企業應考慮以下幾個方面。

(1) 參與者偏好的訊息來源是什麼？

(2) 參與者對競爭對手內容的態度如何？

(3) 參與者如何評論、回覆、傳播品牌相關的訊息？

(4) 參與者如何分享自己的消費體驗？

(5) 參與者偏好的內容是什麼？

(6) 參與者創作什麼樣的微博或微信？

這裡還是以 X 運動品牌為例。企業透過對「八年級生」新媒體接觸習慣的分析，瞭解到「八年級生」喜歡動感地帶、新浪微博和人人網等社群，對網路影片、遊戲和社群網路內容感興趣，對新聞和商業、金融資訊冷淡。因此，企業可以在動感地帶、新浪微博和人人網建立自己的社群，經常與參與者進行良好溝通，而且交流的話題不能太嚴肅，否則他們會不感興趣。因此，最好製造一個他們感到有趣的話題，並且以影片的方式表現出來，激發參與者的興趣。

鑒於調查顯示「八年級生」最喜歡看《中國好聲音》，企業可以利用這個綜藝節目進行品牌傳播。在關鍵詞設定時，巧妙地將《中國好聲音》融入裡面，提高品牌搜尋機率，也可製作相關影片，或者最好鼓勵他們參與製作有趣的影片，進行病毒傳播。

當然，企業要深層地瞭解消費者，而回答這些問題的過程，就是蒐集和分析處理消費者資料的過程。這將有助於企業正確選擇媒體類型和贊助的節目，透過分辨出擁有高終身價值的顧客，更好地實施會員制行銷與一對一行銷。

三、制定行銷目標

在確立行銷的參與者，完成對參與者的描畫之後，企業應深入市場，制定一個清楚的行銷目標。目標可以是獲得新顧客、提高銷售量、建立顧客忠誠度，也可以包括改變現有顧客的觀念、習慣或者解決未滿足的客戶需求，還可以是建立詳細的參與者資料庫、提升客戶服務、加強消費者內在認知及反應等。

如前述的 X 運動品牌，如果之前在社群媒體上投入不足，導致「八年級生」對 X 運動品牌瞭解較少，那麼現在就可以制定獲得新顧客的行銷目標，借社群媒體之力，利用消費者的力量完成行銷目標。

第二節 打造新媒體行銷傳播平台

在 2008 年 Facebook 的 F8 開發者開幕大會上，馬克祖克柏提出一個網路分享公式，後來被稱為佐伯格定律：網路社群就是聯繫我們所認識的人，網站會朝著協助人們分享與合作的方向發展；相應地，網友們的行為也隨之演進。

這一定律強調，網路改變了人類的傳播與行為方式，企業必須打造自己的新媒體行銷傳播平台。新媒體行銷平台透過整合性高、互動性強的行銷活動，吸引特定人群造訪數位目的地。

可口可樂在數位行銷方面屢出經典作品，與其新媒體行銷平台的打造密不可分。2013 年，可口可樂與新浪微博聯手，在其官方微博上開始試用微博錢包進行其「暱稱瓶」（訂製版）的行銷宣傳，300 瓶可口可樂在 1 分鐘內被迅速搶光。

新媒體行銷時代，使用者在社群網路中的動作、反應、關係網的擴展與收縮都表現了這些個體的社會資本狀態，而社會資本同樣也是使用者社交圖表的大小、質量和範圍表現，同時也能透過其在社群網路中言論的情感傾向及對生活帶來的影響來衡量。因此，當消費者分享內容時，他們也在以社會資本進行投資，有意義的聯繫源自共同的價值取向。為此，新媒體行銷平台的打造不是憑空想像的，而是一系列的生態系統建構。

一、新媒體行銷平台

新媒體時代，媒體的數量與類型大大增加，為此，企業應整體布局，建構良好的新媒體行銷平台框架，合理利用每一種媒體平台的力量，充分發揮整合的作用。

在打造平台的基礎上，提出企業明確的行銷主張，貫穿所有新媒體行銷平台。平台主張應根據消費者利益來界定，消費者透過互動在平台上看到什麼、擁有什麼樣的體驗以及做些什麼。企業能清楚回答這些問題，就能吸引消費者，使線上的關係在線下得以發展。另外，新媒體行銷平台也可以視為

品牌定位的延伸，因此平台主張應該提供明確的平台定位，用文字清楚地表述，說明企業新媒體行銷平台的長期發展方向。

（一）為新媒體行銷平台確定整體行銷主張

新媒體行銷平台包含了多個新媒體單元，所有的新媒體單元都應該服從新媒體行銷平台的整體行銷主張。企業正是從這一整體主張出發，安排、布局平台內的所有媒體，使平台成為一個有機的整體。企業在擬訂平台主張時，必須考慮以下幾個關鍵因素。

1. 形成市場區隔

今天，市場競爭十分激烈，企業處於相互競爭中，要在競爭中勝出就需要個別化，與競爭對手形成市場區隔，提供與競爭對手不一樣的服務，樹立與競爭對手不一樣的品牌形象。因此，企業必須清楚瞭解這個平台為何獨特，以及消費者為何予以關注。

如 Nike 在微信公眾號上有一個 RunClub 社群，不僅提供運動，而且提供友情陪伴。Nike 發現，消費者在跑步時其實很寂寞，需要有同伴，所以願意在附近利用適地性服務找到同樣喜歡跑步的一些朋友，或者是能夠真正組建一個實體的群組去跑步，或是利用線上聊天的方式進行分享交流，持續發散其運動熱情。Nike 的 RunClub 推出 10 天，就有 16000 多個使用者參與。當使用者提到運動就想到 Nike，Nike 已經是需求中的一分子，因為 Nike 品牌懂使用者。

2. 考慮相關使用情境

沒有消費者的參與，就沒有數位行銷。企業如果將產品或服務與消費者緊密結合，就會激起消費者的積極性。當企業希望持續與消費者互動時，更不能忽視消費者與產品及服務之間的關聯。

比如嬌生賣的雖然是嬰幼兒產品，但其廣告口號卻是「因愛而生」，強調成就生命的意義，這正是因為觀察到產品的使用情境，媽媽們關注的是如何育嬰、如何呵護好寶寶，所以，嬌生用這句有著濃厚人文關懷的話語，贏得了使用者的好感。

再比如 X 運動品牌，考慮到「八年級生」追求獨立自由、發揮個性的特性，X 運動品牌的行銷重點應是生命個體，而非著眼於運動本身，所以相對地，其數位平台主張應沿著這種思路制定。

3. 提供個別化服務

企業應該在大數據的基礎上，將企業平台的服務個別化、私人化，從而增強企業對消費者的凝聚力，使企業與消費者保持更為緊密的聯繫，以實現企業對消費者的有效控制。

（二）展開新媒體行銷平台主張

平台主張一旦確定，就能進一步界定創意途徑，制定內容計畫。儘管新媒體行銷平台主張可以視為企業須長期依循的藍圖，但在發展過程中，行銷者如果發現該主張不切實際時，就必須回頭修正平台主張，使之更切合現實，以更好地發揮作用。

二、媒體組合

媒體組合策劃階段，行銷者必須根據平台主張選擇媒體組合。換言之，行銷者需要以更宏觀的角度考慮行銷通路，包括網站、手機網站、微博、個別化的音樂網站等，接著再考慮如何透過精彩的創意概念，為各種媒體注入靈魂，為每件傳播作品設計正確的基調、外觀，以實現平台主張。

（一）媒體組合計畫

什麼樣的媒體組合最可能接觸足夠多的參與者，最大程度地實現品牌傳播，這是企業必須思考的問題。媒體組合計畫實際上就是實現媒體組合最佳化、實現新媒體平台傳播的最佳化。由於溝通通路繁多，企業在設計媒體組合計畫時必須設定媒體優先等級，這意味著要致力於規劃最佳的媒體組合，包括通路種類、通路比例以及通路之間的關聯性等。下面是媒體組合計畫應考慮的幾個方面。

1. 參與者數位行為

觀察參與者數位行為，不僅能確定參與者喜歡哪種媒體通路，瞭解其數位媒體使用習慣，而且能協助行銷者排定溝通通路的優先順序，使媒體組合達到最佳化。最佳化媒體組合有助於企業與關聯消費者進行溝通。企業可以全方位地引領消費者互動，使之在互動過程中自然形成對企業的印象及相應的體驗。

企業應進一步瞭解，相關新媒體通路在參與者決策過程中的不同階段將以何種方式扮演何種角色；因為產品屬性不同、參與者特質不同，參與者旅程也大相逕庭。以手機購買為例，買主的參與者路徑通常是查詢網路消費者評價—瀏覽相關評論—與銷售人員互動—分享消費者體驗；但買車卻不同，其參與者路徑通常是查詢網路消費者評價—瀏覽汽車部落格—造訪汽車經銷商—與銷售人員互動—試駕汽車。同樣地，買房子和買衣服的參與者旅程必定不同，買衣服的參與者旅程較短。

2. 媒體衡量機制

沒有媒體資料的分析，就沒有參與者數位行為的洞察。即使是同一媒體，不同的參與者旅程所運用的機制也可能有異。舉例來說，如果行銷的產品是房子，則使用手機媒體的目的就可能是為了與買房的業主進行後續聯繫。但同樣是手機媒體，如果是要行銷零食，則很可能採取的做法是，透過電子優惠券的促銷活動促使消費者購買產品。

企業的媒體組合計畫要真正實現最佳化，還必須根據行銷目標判斷哪些通路更有可能發揮效益。這就涉及界定各媒體通路的衡量機制。企業必須清楚知道每個媒體所希望達成的目的是什麼，是吸引潛在消費者，還是提升消費者忠誠度等等。為了更清楚地說明想達成的目標，行銷者一定要先設置衡量活動成效的標準，即媒體衡量機制。以汽車行銷為例，行銷者透過手機和已購車的車主進行後續聯繫，手機媒體所肩負的任務便是提供客戶服務以提升客戶忠誠度，行銷者所設定的衡量機制則可能是客戶服務滿意度分數，或透過手機回覆購買售後服務的人數。

3. 進行媒體的選擇與組合

進行媒體的選擇與組合，即透過對各種類型的新媒體進行選擇與組合，打造一個理想的新媒體平台宣傳通路。新媒體通路豐富多彩，企業要瞭解哪些是參與者偏好的通路。為此，企業需要蒐集大量資料，並隨時保持與消費者的聯繫，定期追蹤參與者對企業訊息的反應，有效地評估參與者的興趣，最後根據他們的新媒體通路偏好決定究竟選擇哪些媒體作為自己的行銷宣傳通路，根據他們對訊息的需求來決定資訊傳播頻率。

如今，新媒體的發展為企業提供了諸如影片網站、入口網站、搜尋引擎、微博、微信、論壇、百度貼吧、網遊、APP 等多種媒體形式，它們都各有優點和特色。企業應根據自身情況、各媒體的特點以及目標使用者的新媒體使用習慣，選擇合適的新媒體通路。

（二）創意概念

與其他行銷方式一樣，新媒體行銷也需要好的想法，需要能觸動消費者的新鮮點子以獲取消費者的注意和興趣。當企業選擇媒體通路後，首先要做的就是決定平台呈現的基本內容，即行銷的主題與主要創意概念。出色的創意，是實現新媒體行銷平台主張的關鍵所在。創意，始終是品牌傳播的靈魂。行銷者提出的創意概念應該做到以下幾點。

1. 彰顯品牌形象

不管採取如何酷炫的新媒體形態、多麼新奇的互動方式，新媒體傳播的本質仍是品牌傳播，其目的仍是提升品牌的影響力與價值。企業不管是開設網站、微博、微信、手機網站，還是舉辦其他活動，新媒體行銷仍只是整體行銷的一環，必須服務於企業的整體行銷。

2. 表現形態多樣

事實上，連新媒體自身的發展都可說是創意、創新的結果，與創意密切相關。企業在運用新媒體進行行銷時，同樣也須把創意擺在足夠重要的位置上。企業必須不斷思考自己的創意是否能持續吸引參與者。

新媒體創意概念可以是幽默的、感人的、或權威的、平易近人的，等等，可以採取多種風格和取向。由於新媒體種類繁多，特色、優勢各不相同，所以相對地，企業的新媒體行銷創意概念的表現形態也應當是多樣化的，應針對不同類型的新媒體施以不同的創意風格與概念。例如，微博行銷的創意需要出其不意，需要幽默大膽以引起消費者的好奇心，而微信行銷的創意則是需要拋出一些「乾貨」（實用的方法），強調內容的價值，或設計好玩的互動，以使之能引起消費者的自動轉寄與參與；如果是搜尋引擎行銷，則其創意的核心在於關鍵字的設計，需要根據使用者行為特徵合理規劃關鍵字。

三、官方內容規劃

各媒體通路都需要相關內容，因此內容規劃相當重要。企業應該從一開始便實事求是，謹慎評估自己提供內容的能力與參與者可配合創作的內容。企業進行內容規劃的目的就是為了詳細分析內容資源，包括有什麼可用的內容、從何處獲取內容，以及如何持續更新、如何規劃真正吸引參與者的內容。

（一）規劃官方內容

規劃官方內容，即規劃得以支撐平台主張的內容類型。在策劃階段僅須勾勒出內容的大致輪廓，但到了執行階段，企業就需要進一步針對特定內容規劃進度及更具體的內容。以下是企業在規劃官方內容時需要考慮的幾個方面。

1. 內容安排彰顯平台主張

在數位科技不斷發展的今天，網站可以承載更多的訊息。但用大量訊息填滿網站，只會使平台既龐雜又毫無章法，不利於實現平台主張。因此，內容安排一定要合理，以助於新媒體平台行銷主張的傳播。不管是以文字形式，還是影片方式，在內容規劃時，務必使內容能夠新鮮、有趣地呈現行銷主張。例如，蘋果官方網站就良好地體現了蘋果品牌的精髓所在：時尚、有創新感。消費者只要登入此網站，就會沉浸到設計合理的美妙體驗中去，就會感受到最新的數位生活方式。

2. 內容優化提升使用者體驗

當訊息成為生活環境的一部分時，如何抓住並留住消費者就成為行銷者關心並思考的問題。新媒體行銷平台內容可以形式多樣，但要使參與者滿意而且願意持續回訪，就應該根據消費者的內在需求，優化內容，使其能夠輕鬆地在平台上找到自己所需所愛。

百度音樂是中國第一音樂門戶，為使用者提供大量正版高品質音樂，最權威的音樂榜單、最快的新歌快遞、最契合使用者的主題電台、最人性化的歌曲搜尋，讓使用者更快地找到喜愛的音樂。僅百度音樂分類就有：情歌、紅歌、勁爆、天籟、經典老歌、歐美、網路歌曲、80 後、民歌、兒歌、傷感、懷舊、勵志、激情、古典音樂、廣場舞、鋼琴曲、對唱、純音樂及輕音樂。透過使用者的搜尋紀錄，可以看出哪些內容成功引起了使用者的興趣，這樣便可以進一步優化內容。

3. 內容形態動靜結合

內容形態宜根據不同情況採取不同方式，或動態，或靜態，或動靜結合。對於產品的介紹，多以靜態內容呈現。對於新聞的傳播，則應以動態內容呈現，而有些內容則應兼具動態與靜態的特性。例如，基本醫藥資訊不須每日變更，但一旦有新的醫學研究問世便須更新，因此可以視為動態訊息。不少網站根據使用者個人需求或身分的不同而動態呈現不同內容，以避免參與者因平台資訊了無新意而流失。

新媒體行銷環境下，消費者對內容相當挑剔，保證有效的內容來源很重要。內容來源有企業自身的，也有政府單位、學術機構、私人基金會、活躍於某個領域的專家、沒有競爭關係的公司等。若平台內容需要第三方提供，那麼應該保證內容來源相對固定、值得信賴並且可信。在引用內容時，企業應發表必要的免責聲明及法律保障聲明，同時，必須隨時監控是否有人在未經允許的情況下「借用」內容。將媒體內容或資料庫訊息互通，是十分有效的內容管理方式。換言之，所有新媒體和傳統媒體都透過同一來源獲取最新資訊，只要更新一個資料庫的數據，就能夠輕鬆管理大量內容。

（二）展開內容規劃

內容規劃好比藍圖，當企業將數位行銷計劃付諸執行時，就該參考內容規劃，如設計企業的網站、開發廣告遊戲、開展微部落格和微信公眾號等工作。企業應在大的內容框架之下，對新媒體行銷平台內的每一個具體媒體，進行詳細、深入的內容規劃。

四、消費者自創內容規劃

對消費者自創內容進行規劃，是新媒體行銷最具特色的部分。畢竟，消費者自創內容是到了新媒體行銷時代才會出現的新課題。新媒體行銷時代是一個由企業與消費者共創品牌的時代。

當購物成為社群話題，消費者客觀上就會觸發、引導更多參與者和行銷者之間展開互動。在新媒體行銷時代，消費者分享購物體驗與產品評論，都將影響到品牌口碑。換言之，企業的未來，取決於消費者在社群網路所分享的內容。因此，行銷者的角色在於如何嘉獎、鼓勵消費者創造和品牌相關的內容，尊重消費者，發揮消費者的活力。

（一）規劃消費者自創內容

消費者可以透過各種開放式數位媒體創造他們希望創造的各種事物，不過，行銷者能夠運用各種工具與行銷手法來刺激消費者參與，根據平台主張設定主題，讓消費者成為創造者和參與者。以下是規劃消費者自創內容時應考慮的重點。

1. 展現平台行銷主張

參與者能夠創造的內容種類繁多，企業策劃的所有環節應該都緊扣平台主張，引導消費者創造和品牌相關的內容。企業參與社群網路傾聽消費者的心聲，追蹤並辨識出不同的接觸點，可以有意識地將企業價值推薦給消費者，保證新媒體行銷的前後一致。

2. 創造分享環境

企業充分利用數位媒體通路接觸消費者，發展自己相關的網路，形成良好的社群生態環境。在這一目標下，企業應該不僅提供一個簡單的影片上傳系統以鼓勵參與者輕鬆分享影片，還可以提供更複雜的工具與消費者深度互動。例如，LEVI'S 的「活出趣」活動，鼓勵參與者參與創作過程，並在完成作品後與朋友分享。

人並不會滿足於獨自創作，他們渴望分享。企業應該創造環境，讓人與人之間的分享更簡單，使參與者創造的內容更容易被分享。為消費者提供一個能夠彼此分享的空間，讓病毒傳播「大行其道」，實現行銷價值最大化。

3. 建立激勵機制

要想最大化地激發消費者的積極性，企業還需要開展適當的激勵及推銷之類的活動。因為即使在網站上提供實用工具，也難以保證消費者一定會參與其中，人的熱情是需要激發的。如美國多力多滋與雅虎影片頻道合作的行銷活動，消費者創造的廣告片贏得比賽後，就可以在全球最昂貴的 30 秒廣告時段「2007 年歐洲超級盃」時段播出。

企業可以從消費者自創內容中有效獲悉消費者想法，當企業即將推出新產品時，不妨運用數位行銷平台蒐集消費者對產品的想法，與消費者交流，鼓勵他們分享圖片、表達他們的看法。這些意見對企業而言可能深具洞察力且相當有用。小米的成功就在於激發了消費者的參與感和創造性，讓使用者擁有更多的社群資本。

（二）展開消費者自創內容規劃

在很大程度上，企業所進行的消費者自創內容規劃是一種有策略的引導與未雨綢繆。企業需要事先設計對自己最有利，同時又最能被消費者所接受的傳播內容，綜合利用各種線上線下的媒體平台設計互動的方式與橋段，為消費者提供參與的通路，創造分享的氛圍與環境。同時，企業還須設計必要的激勵措施。所有這些都是為了引導、促進消費者對行銷形成積極參與的熱情，以消費者自創內容的形式，傳遞更大價值，讓消費者產生非凡體驗。

在確定基本思路後，行銷者須詳細分析消費者可能會出現的各種情況，針對各類人群、每種情況，進行詳細的內容設計，並給出應對突發狀況的措施和方案。

第三節 資料管理與整合行銷

在消費者充權的行銷時代，消費者會前所未有地參與整個行銷過程。企業較之前更容易掌握大量消費者資料的同時，也面臨著龐大數據的困惑。資料管理、分析與優化是數位行銷的基石，對於一個成功的企業來說，資料管理、分析與優化不可或缺，否則遲早面臨被淘汰的風險。在經營環境發生巨變的情況下，只有在大數據規劃上做好準備，企業才能搶先競爭對手發現市場新的趨勢。因此，當創造出數位平台時，要在千千萬萬的網站中發出自己獨特的聲音，行銷人需要做好資料管理與整合行銷。

一、資料管理

資料不僅是數位時代的貨幣，也是數位行銷的命脈。資料管理需要好的資料規劃，從而做到內外部的整合，完善資料管理基礎架構。

（一）資料規劃

資料規劃是數位行銷策劃的核心，企業將利用這些資料更詳細地描繪出消費者的心理及行為特徵，形成自己的市場競爭力。

1. 規劃目標

結合自己的市場定位，設下相應的目標，尤其是關鍵績效指標，以便企業在大量訊息中分辨出所需資料並進行管理。舉例來說，如果某企業的預設目標是招募新客戶，那麼新客戶率就是關鍵績效指標；如果預設目標是讓更多既有客戶參加所辦的活動，則活動的參與率就是主要表現指標。

2. 資料準確

數位行銷年代，各種行銷方式無不強調了資料的重要性，但是如果資料不準確，不僅浪費資源，不能有的放矢，而且還會對品牌形象造成傷害。因

此，企業要保證資料的準確性，定期更新資料必不可少。企業可保持與消費者的互動，以期掌握最新的資料。

3. 資料保密

2013年末，「支付寶資訊洩密」事件引起了使用者對於資訊安全問題的關注，在「大數據」時代，要保護消費者的資訊安全，相關法律的完善必不可少。但企業不能以此為理由，無視消費者的隱私安全。為了讓參與者放心企業對於個人資料的使用，企業應該尊重消費者，做好資料保密工作。否則，憤怒的消費者會使企業的形象毀於一旦。

(二) 資料分析

資料分析是指對蒐集來的大量第一手資料和第二手資料進行分析，以求最大化地開發數據資料的功能，發揮資料的作用。企業必須根據消費者自創的內容和對他們行為的分析，隨時準備更改先前的計畫。利用即時的資料分析做出迅速判斷，不斷地根據實際情況來修正數位行銷策劃活動。

以前面假設的專注「八年級生」的X運動品牌每週客戶成長率為例。每週客戶成長率是受很多因素影響的，「八年級生」喜歡社群媒體，如果企業先前在社群媒體上的活動不多，那麼接下來的重點之一就是占領社群媒體訊息高地，並分析他們在社群媒體上喜歡的話題，找出關鍵字，進行關鍵字搜尋行銷，以刺激參與率。

如果企業在每週客戶成長率上還是收效甚微，那麼就要分析其他因素的影響：計畫是不是真正落實，媒體版面要不要改進，分析的話題內容是不是已經跟不上時代，「八年級生」真實的內容喜好是什麼。透過相關資料的分析，不斷優化行銷計畫。

Nike透過「Nike+」平台，掌握大量有價值的資料，包括使用者的運動習慣、運動頻率、運動時間、位置訊息等。藉由這些資料，Nike可實現更加精準的廣告投放。因為Nike+Running的產品具備預測使用者何時購買新鞋的功能，即使用者可以在每次跑步完成後標注自己穿著的鞋子，當一雙跑鞋

已跑過 300 至 500 公里的時候，功能性就會大打折扣，也就到了該購置新鞋的時候了。

其次，藉由可定位的通路，發現運動人群相對集中區域。Nike 可以將這些資訊開放給自己的代理商，優化代理商的門市位置，並且指導他們在運動人群集中的區域定期舉辦促銷活動。此外，使用者的運動資料可以幫助 Nike 設計出更加貼合消費者需求的產品。當「Nike+」的使用者規模進一步增加的時候，它甚至可以幫助 Nike 預測市場的走勢。

目前，「Nike+」平台的全球註冊使用者已經達到 1800 萬，透過一定的數學模型，Nike 可以瞭解到使用者運動情況的變化。

二、行銷計畫的實施

提高網站的知名度與影響力，是行銷計畫順利實施的必要條件。在消費者自創內容的時代，建立知名度的起點就是透過傳播訊息直接接觸參與者，鼓勵每個參與者訪問品牌網站以獲取更多資訊，並且激勵他們轉發和評論，與更多的人分享。在資訊傳遞過程中應注意的問題包括以下幾個方面。

1. 遵從參與者自主意願

在這個逐漸被消費者掌控的世界裡，專制是沒有前途的。企業要瞭解他們的渴望與需求，運用數位科技製作個人化訊息，不僅要與競爭對手形成市場區隔，而且應深受消費者的喜愛。這也有利於吸引更多的自願參與者參與各種創意活動。

2. 傳播反應迅速

新媒體讓訊息的傳播範圍與傳播速度都大大提升。有些訊息一經發表，便產生病毒般迅速、瘋狂的傳播效果，所以，行銷者必須快速反應。在人人都是自媒體的時代，沿用傳統通路的管理方式來管理網路上的言論是絕對行不通的。企業如果想要影響一個新聞事件，就得在大眾開始討論時迅速跟進。

3. 溝通語氣活潑

現在企業都注重與消費者的溝通，當直接面對消費者溝通時，語氣是非常重要的。消費者不僅注意企業說了什麼，更注意企業怎麼表達。在虛擬世界裡，網路流行什麼詞，就有與之相應的語氣。如時下流行疊詞加尾詞「噠」，語氣很萌很迷人。如果企業打官腔，消費者會更反感，甚至遷怒到品牌。因此，保持坦誠且接地氣的語氣至關重要。

4. 資訊公開透明

新媒體特徵決定其資訊公開透明，企業選擇新媒體作為資訊傳播平台，說明企業願意與消費者分享資訊，是一個值得信賴的企業。當企業遇到公關危機時，消費者希望看到企業開誠布公，而不是一味地掩飾。

三、行銷計畫的監控

行銷計畫的監控能幫助企業隨時掌握情況、發現問題，以便及時調整策略。新媒體為行銷計畫的監控提供了更多方式與條件。

（一）行銷計畫的引導

在新媒體時代，企業應該做的不僅是利用數位媒介與大眾對話，而且要以最快的速度跟上話題，試著去影響話題。用大眾易於接受的方式和語氣，自然地將品牌融入網路討論中，在與消費者互動時不斷增加品牌威望，才有助於提升自己的信譽，強化品牌的正面形象。

1. 企業溝通策略

除了網站之外，企業還可以透過微博、微信公眾號、手機裝置來與消費者保持聯繫，隨時分享資訊，交流溝通。在交流時必須與消費者坦誠相見，在討論的過程中，可以澄清八卦或似是而非的消息，也可以直接表達出公司在討論中的觀點或態度，無形中塑造自己的企業文化，提升品牌形象。戴爾公司使用 Twitter、Facebook、Wiki 等社群媒體，與消費者進行溝通，有效地塑造了自己的公司文化，使品牌形象深入人心。

2. 激勵品牌愛好者

　　品牌影響力不光來自企業本身，更多時候，品牌的愛好者能扮演更有力的角色。企業完全有必要激勵品牌愛好者來建設自己的品牌。企業可以設法推動那些有群眾影響力的活動產生，並激起顧客參與的慾望，擴大品牌影響力。吃貨、純爺們、喵星人、大咖、天然呆、技術男、小蘿莉、文藝青年……2013 年 5 月，有不少 KOL（Key Opinion Leader，關鍵意見領袖）在社群媒體上展示了可口可樂贈送的訂製版暱稱瓶，他們所扮演的正是意見領袖、「消費先驅」的角色。

　　到了 5 月 29 日，可口可樂的官方微博高調證實了這一「換裝」消息，並發布了其中 22 款「暱稱瓶」的圖片，也宣告著這一波聲勢浩蕩的社會化行銷正式展開。隨後，可口可樂又與新浪微博聯手，在其官方微博上開始試用微博錢包進行其暱稱瓶（訂製版）的行銷宣傳，300 瓶可口可樂在 1 分鐘內被迅速搶光。

　　製造資訊焦點，藉助意見領袖的力量，透過社群媒體引發活躍粉絲的跟進，進而利用社群媒體的擴散作用影響到更多普通消費者，這是 2013 年可口可樂行銷成功的關鍵所在。

（二）行銷計畫的監控

　　奧美公關亞太區總裁柯銳思認為，部落格上的氣氛可以視為品牌的預警系統。實際上，消費者的抱怨和問題會第一時間出現在網路上。因此，企業需要制定網路監督計畫，否則有可能錯過公眾的討論。

　　企業可使用數位工具來監督數位論壇，第一時間瞭解消費者的所想所感，掌握消費者關心的問題。透過資料開發找出消費者提起次數較多的關鍵字，分析消費者討論的核心所在，在與消費者溝通時就能做到有的放矢。戴爾公司的社群媒體傾聽指揮中心每天監測超過 2.2 萬則論壇帖子、Twitter 上所有提及戴爾的言論，以及美國最主要 12 家報紙的訊息。

　　當企業執行數位行銷計畫時，必須監控消費者所創造的內容，引導和回應消費者的言論。畢竟，消費者自創內容雖然可以由企業先行進行規劃、為

之創造和提供條件、實施一定程度的引導，但是，消費者自創內容畢竟是由消費者所自創的，因此可能會發生許多意想不到的狀況和結果，所以企業的監控與應對就顯得特別重要。例如，企業必須監控消費者所創造的內容是否粗俗不雅、違法或泛政治化。

企業監控包括：消費者的參與度、實際參與狀況與預期是否有落差、最好及最差的活動成效、何種促銷或激勵的方式造成最好或者最差的參與狀況，透過分析參與者分享訊息，進一步修正、優化原先的內容規畫。

（三）危機處理計畫

任何公司在其營運過程中都可能遇到許多突發事件，如果處理不當，不僅損害公司的形象與聲響，甚至會影響公司的生存和發展。因此透過危機處理計畫的制定與對損害組織形象的危機進行預防和處理，並化危機為轉機，是現代組織管理工作的重要內容。

制定危機處理計畫時要分析企業面臨的潛在危機，檢查所有可能對企業與品牌產生影響的問題或事件，分析這些問題或事件與組織生存、發展與利益的相關性，以及對社會的潛在影響。例如對交通運輸部門來說，交通事故的可能性總是存在的；對飲食行業來說，食品安全問題總是潛在的。

另外，企業應設立應付危機的常設機構，由專業人士負責，並保持通暢的聯繫通道。一旦危機出現，企業可以第一時間與消費者進行溝通，贏得消費者信心。

2012年，麥當勞北京三里屯餐廳違規操作問題在大陸央視「3·15」晚會上被曝光後，麥當勞第一時間透過微博做出回應，表明態度，與消費者積極溝通，化危機為契機，使消費者更加信任它。

四、整合行銷

整合行銷包括通路的整合行銷與內容的整合行銷。

（一）通路整合

在資訊龐雜、消費者時間碎片化的時代，唯有以多通路涵蓋目標消費者，才有可能形成傳播的聲勢，捕捉到消費者稍縱即逝的注意力。從通路本身的特性來說，新媒體雖然在精準、互動和參與性方面有其絕對優勢，但如果缺乏線下的親身體驗，恐怕消費者參與的程度和類型會大打折扣。如果缺乏傳統媒體或人際傳播的印證和呼應，網路上的口碑也難以一力支撐起整個品牌形象。何況，線下及傳統通路畢竟也還是拉動銷售、產生令人難忘體驗的重要途徑。

有鑑於此，現在的新媒體行銷通常都會與線下的實體通路相整合呼應。為了充分發揮每種行銷通路的優勢，實現最大化行銷，企業通常都會考慮是否可以在傳統媒體與新媒體、線上與線下的通路間進行整合，以盡可能強化傳播和溝通，為消費者帶來更深刻的印象和更全面的體驗。

伊利「金領冠」透過線上與線下的結合，成功進行了品牌傳播。線上透過與湖南衛視的合作，獲得了目標閱聽人最喜愛、最關注的《爸爸去哪兒》第二季節目的獨家花絮版權。以媽媽的視角，在電視節目之外開發更多新時代媽媽所關心和好奇的明星花絮、有趣的番外篇、專業的育兒指導，取得了良好的傳播效果。《爸爸去哪兒》第二季獨家花絮共 348 支，這就為傳播提供了充足的素材，在 PC 端優酷平台和手機端搜狐新聞客戶端播放量超過 1.7 億次。

線下，伊利「金領冠」則注重門市陳列形象，透過說明會、展售、訂製贈品等方式促銷，同時開展親子活動，透過邀請知名專家進行育兒講座，增加家長對產品的信任、對品牌的好感。愛兒俱樂部以「爸爸去哪兒」為主題，展開親子戶外裝備禮品積分兌換活動，共有 21983 個會員參與兌換，兌換產品數量達 30962 個，兌換數量占同期積分兌換總量的 9%。透過線下與線上通路的整合，強化行銷力度，提升消費者體驗。

再以星巴克為例。2011 年，星巴克 APP 整合了行動支付功能，使用者透過會員卡號登錄帳戶後，不僅可以查詢所有個人帳戶資訊，還能直接完成

會員卡加值服務。在星巴克門市消費時，在收銀台直接掃描手機應用程式中的會員帳號二維條碼，就能完成支付。

星巴克「第四生活空間」，實現實體的零售與數位通路融合，成功獲得消費者，在 Facebook 上得到超過 3400 萬個「讚」，在 Twitter 上擁有超過 360 萬個粉絲。在中國，星巴克在微博、微信上已擁有 200 萬粉絲。

（二）內容整合

近兩年內容行銷如火如荼，內容整合越來越受到企業關注。企業可以整合傳統行銷與數位行銷的內容，增加與消費者的互動，提升品牌傳播力。大陸央視春晚與新浪微博「讓紅包飛」的台網聯動新嘗試，貫穿整個播出期間的新媒體創新，吸引了更多年輕使用者參與，為馬年大陸央視春晚帶來了可觀的全媒體收視率。

仍以伊利「金領冠」為例。伊利「金領冠」獲得《爸爸去哪兒》第二季節目的獨家花絮版權後，為激起消費者的參與興趣，進行了多平台的內容整合，活動主題為「爸爸去哪兒，科學母愛保護到哪兒」。活動主要在「伊利愛兒俱樂部」會員平台（PC 官方網站和手機微信服務號），以及網上論壇和百度貼吧。論壇主題有：（1）看過《爸爸去哪兒》第二季半成品奶爸的三大疑問；（2）想要陪你長大：爸爸 2 萌娃成長記；（3）乘著《爸爸去哪兒》第二季的風，818 明星爸媽的育兒經。

每週官方百度貼吧配合明星百度貼吧進行直播、《爸爸去哪兒》第二季大電影猜想有獎徵答活動。所有的行銷平台都採取了更為柔性的行銷方式，不易引起參與者的反感，此外，所有行銷平台的內容都緊緊圍繞統一的活動主題展開，進而真正實現了內容的匯流。

【知識回顧】

新媒體行銷策劃架構包括確立與界定行銷參與者、制定行銷目標、打造新媒體行銷傳播平台、做好官方內容與消費者自創內容的規畫、做好資料規畫與管理，以及實施、監控行銷計畫等部分。

企業應根據自身的行銷目標、行銷參與者的新媒體通路偏好以及各個新媒體特點，合理選擇和組合新媒體，在此基礎上，打造最佳的新媒體行銷傳播平台，並為該平台確定整體行銷主張，根據平台整體行銷主張，安排、布局平台內的所有新媒體，使平台成為一個有機的整體。

消費者自創內容規畫是新媒體行銷最具特色的部分。新媒體行銷時代是一個由企業與消費者共創品牌的時代。企業所進行的消費者自創內容規畫是一種有策略的引導和未雨綢繆。企業須事先設計對自己最有利、同時又最能被消費者所接受的傳播內容，綜合利用各種線上線下的媒體平台、設計互動的環節和橋段，為消費者提供參與的通路，創造分享的氛圍與環境。此外，企業還須設計必要的激勵措施。所有這些都是為了促進、引導消費者的積極參與，以消費者自創內容的形式，傳遞更大價值，讓消費者產生非凡體驗。

【複習思考題】

1. 如何確立與界定行銷參與者？

2. 在新媒體行銷傳播中，企業應如何規劃官方內容和消費者自創內容？

3. 簡述新媒體行銷策畫的要點。

4. 選取兩則實際案例，從行銷策劃的角度，評述其新媒體行銷實踐的得與失。

第四章 新媒體行銷的媒體通路與方法概況

【知識目標】

☆新媒體行銷的常用通路。

☆新媒體行銷的常用方法。

【能力目標】

1. 掌握新媒體行銷的媒體通路，瞭解新媒體行銷的常用方法。

2. 理解、把握新媒體時代的整合行銷趨勢。

【案例導入】

2007年6月6日，在某知名廣告公司負責媒介投放的張麗打開手機，輸入3g.cn，她發現自己負責的百事「我要上罐」的活動已經推播到最大的無線網路門戶3G門戶首頁的重要位置。點下活動連結後，她更驚喜地發現已經有3000多位網友將自己的照片透過手機上傳參與報名，而活躍在手機上的網友們為這些照片投票的數量已經超過30萬。此時，距她將百事活動宣傳到手機新媒體行銷平台上才不到一週時間。

「你想跟王菲、張惠妹、古天樂、蔡依林一樣，做最閃耀的百事明星嗎？只要你敢SHOW出自己，『百事可樂』邀請的罐身明星候選人就是你！」

2007年5月30日，世界著名飲品百事（中國）有限公司在北京召開記者會，強力推出以「百事我創，我要上罐」活動，想要激發民眾參與百事可樂罐體圖案募集的狂潮。此次活動百事選擇的唯一無線合作對象是擁有5000萬網友的最大無線網路門戶——3G門戶，在這個年輕的、匯聚時尚潮流的平台上募集罐身明星。

經過15天的報名，共有7000名網友透過3G門戶的百事活動專區參與比賽，上傳了35000張圖片，發表留言10萬則，總計投票達100萬。選手

們除了上傳照片相簿外,還透過寫部落格、玩遊戲、社群互動等各種方式向自己的好友拉票,一時之間,百事活動專區成了當時3G門戶社群內最火紅的專區,網友們積極參與其中。張麗發現這種在新型的手機廣告新媒體上投放廣告的互動效果十分明顯,能讓品牌形象深植消費者心中,無線行銷的方式也逐漸受到各大品牌客戶青睞。

2008年4月,百事可樂的「我要上罐」海選正式開始,在3g.cn平台上報名參與的人數超過1萬人,經過幾天的激烈海選和投票,最終誕生了10名從手機網路上選出來的「上罐候選明星」。正如奧美創辦人大衛‧奧格威所說,「和消費者建立一對一的溝通,是我的初戀情人和祕密武器」。百事可樂在3G門戶這個擁有5000萬手機使用者的平台上,就這樣與他們一對一地完成了一次品牌行銷的對話,讓使用者參與到產品的設計中,讓他們對百事有了更好的品牌認同感和歸屬感,並將之直接轉化為關注力和購買力。

第一節 新媒體行銷的常用通路

無論我們是否願意接受,數位科技正在重塑社會與人類行為。今天,大部分的報紙都在積極推廣線上閱讀方式,推播到手機的新聞訊息,進一步加強了新聞媒體與讀者間的互動。廣播也正走向數位化,數位廣播可以透過衛星傳送更多元化的內容給聽眾,網路電視(IPTV)讓電視進入數位世界,數位電視擁有網路的功能性和參與性,所有內容都能被搜尋到,觀眾不僅可以隨時收看,還能邊看電視,邊在社群媒體中與其他人分享評論,甚至還能投票和聊天,瞭解其他人對某個節目的想法。

2010年11月,MTV電視網的羅賓‧史隆分享了一則訊息:Twitter的每日平均訊息數量已經達到了9000萬則,而且「很大一部分消息都是和電視節目有關的」。

隨著數位技術與新媒體發展,人們的互動方式、學習方式與成長過程都在改變。人們生活在用電子設備和網路服務來定義個性的時代,企業如果希望接觸和瞭解消費者,就必須研究變革、追隨變革並參與變革,只有融入新的消費社會,方可建立有效的溝通方式。

2014年6月，AdMaster聯合R3發表的《第四屆中國數位媒體行銷年度考察報告》顯示，83%的廣告主計劃增加數位媒體行銷預算，年度數位行銷預算約2500萬元，比2013年增加了9%。超過25%的受訪廣告主表示，他們公司在2014年的數位行銷預算將超過5000萬元。整體來看，數位媒體行銷花費仍是這一年總行銷花費的重頭戲。

新媒體時代，任何企業都不可以忽視數位媒體通路的重要性，遊戲、部落格、微博和網站等新媒體通路擁有所有性別、年齡及區域的閱聽人，新媒體因數位化而變得可定位、可測量。每個人的每一次點閱、停止或互動都可以透過數位媒體通路進行追蹤，或據此建立使用者資料庫。消費者與媒體的互動越多，測量的結果就越準確。企業需要充分瞭解這個新媒體世界，沒有任何企業可以置身事外。

新媒體行銷的常用通路都與網路媒體分不開，包括：以展示、搜尋、聯盟和贊助等形式出現的常規網路媒體、作為新生代的社群媒體，結合了行動網路技術、通訊科技和系列小螢幕裝備的行動平台，以及集網路、多媒體、通訊等多種技術於一體的網路電視（IPTV）等。

一、網路媒體：展示、搜尋、聯盟、贊助

網路媒體的超時空性和數位化，使其既可以涵蓋全球，也可以只針對特定人群。網路行銷的發展是以網際網路資訊科技的發展為基礎的，隨著數位科技發展，網路行銷的方式也在不斷地進行變革。在網路行銷的早期階段，企業透過展示廣告來獲取消費者的注意，搜尋以其精準的優勢後來居上，聯盟、贊助、置入等方式粉墨登場，在相互競合中成長。

（一）展示型廣告

展示型廣告就是廣告主在網路頁面上採取直接的品牌展示形式的廣告，為了吸引消費者注意，展示型廣告往往根據不同網站的不同特點，採取不同的展示方式。從1994年Wired.com網站上出現第一則橫幅廣告到現在，展示型廣告歷經20餘年的發展，內容由先前的枯燥、缺乏創意到現在的多媒

體展示，至今仍是多數人最為熟知的網路廣告形式，並依然具有很重要的行銷價值。其主要表現形式有以下幾種。

（1）文字連結廣告：文字連結廣告是最簡單直接的網路廣告類型，只須將超連結加入相關文字，便形成一個文字連結廣告，使瀏覽者看到並點閱就可進入企業想引導消費者進入的網站，如圖 4-1 所示。

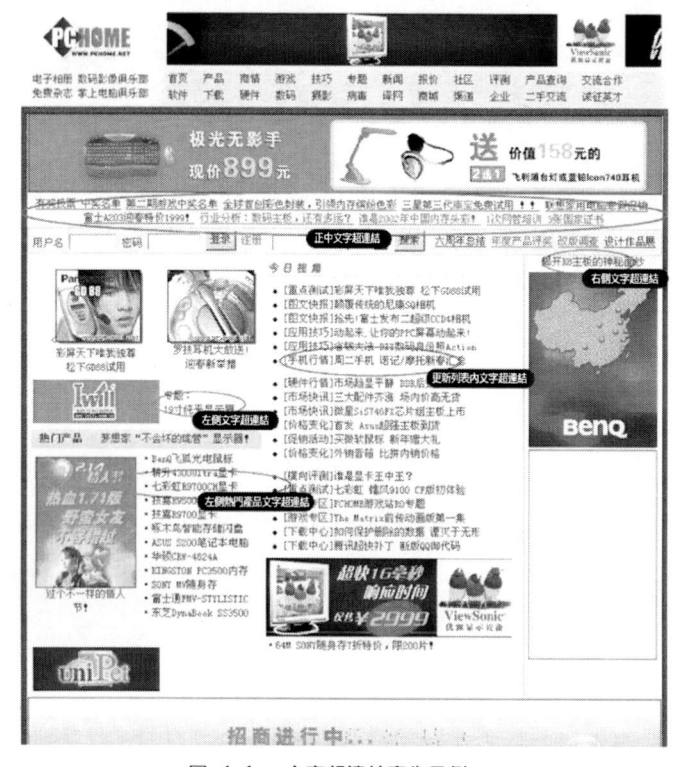

圖 4-1　文字超連結廣告示例

（2）橫幅廣告（Banner Ad.）：橫幅廣告又稱旗幟廣告，是橫跨於網頁上的矩形告示牌，當使用者點閱這些橫幅時，通常可以連結到廣告主的網頁，如圖 4-2 所示。

第一節 新媒體行銷的常用通路

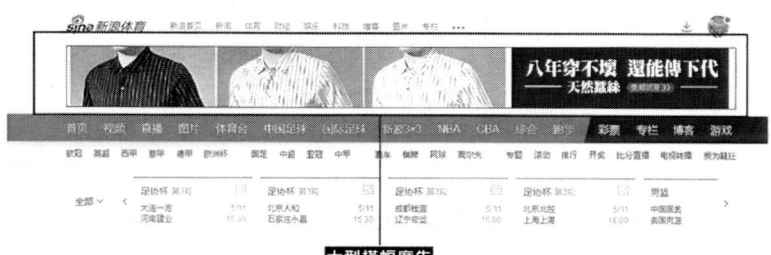

大型橫幅廣告

圖 4-2　橫幅廣告示例

（3）彈出式廣告：在使用者打開或關閉一個網頁時彈出的一個廣告頁面，該頁面沒有瀏覽器上常規的工具列，唯一關閉廣告的辦法就是點選頁面某處的關閉頁面圖示，如圖 4-3 所示。

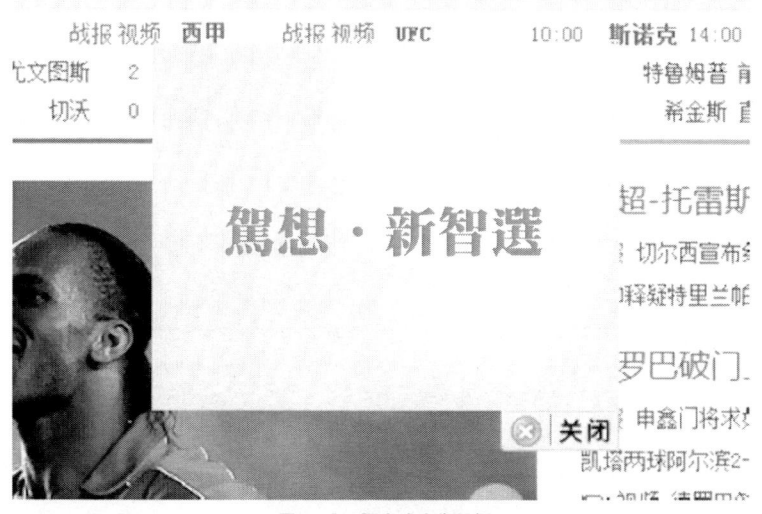

圖 4-3　彈出式廣告示例

（4）視窗廣告：以數位影片為主要表現形式的新媒體廣告業務，這裡主要指網路影片廣告，如圖 4-4 所示。

99

圖 4-4　視窗廣告示例

（5）Flash 輪播廣告：以不斷切換的圖文形式出現的、較容易吸引目光的一種網路廣告形式，如圖 4-5 所示。它出現在網頁的內容部分，占據著網頁的黃金位置，通常是 4 到 6 個圖文不斷切換。與其他網路廣告形式不同，由於 Flash 輪播廣告出現在內容的位置，它不會被廣告封鎖軟體過濾和封鎖。

圖 4-5　焦點圖廣告示例

（6）浮動式廣告：網頁捲軸走到哪就跟到哪，能吸引使用者注意，可以關閉。

（7）全螢幕廣告：打開瀏覽頁面有全螢幕展示廣告，逐漸回縮至消失，或回縮到一個固定的廣告欄位（橫幅廣告或按鈕廣告），具有較強的表現力。

（8）按鈕式廣告：從橫幅廣告演變而來的一種廣告形式，表現為圖示，通常是一個連結著公司網頁或網站的公司標誌，並註明「Click me」字樣，希望網路瀏覽者主動點選，如圖 4-6 所示。

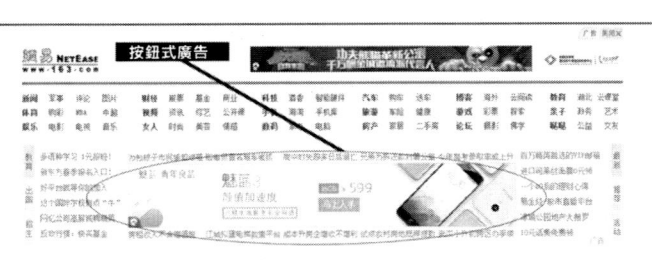

圖 4-6　按鈕式廣告示例

展示型廣告與其他的網路行銷形式相比，雖然在直接促進銷售上的優勢並不明顯，但有利於品牌傳播與形象展示。儘管按照現行的依照點閱數計算成效、按點閱數付費的廣告效果測評及收費模式，展示型廣告處於很不利的位置，但它具有展示的隱性傳播效果。

（二）搜尋引擎行銷

展示型廣告在網路出現的早期擁有絕對優勢，但展示型廣告基本上是由行銷者主導的，搜尋則是由消費者主導的，更能展現新媒體行銷的精準與使用者主導的特性。因此，隨著搜尋引擎的廣泛應用，搜尋引擎行銷自然也受到了行銷者青睞，搜尋引擎行銷的重要性與日俱增，一度成為網路行銷中成長最快的部分。

搜尋引擎行銷就是利用演算法，根據使用者的搜尋紀錄，推播與使用者搜尋相關的行銷訊息，進而達到行銷目的的行銷方式。搜尋引擎的使用者在搜尋時往往就已經有了比較明確的需求，所以搜尋引擎行銷鎖定的對象在行銷上具有更高的精準性。

（三）廣告聯盟

廣告聯盟通常指網路廣告聯盟，指集合中小網路媒體資源（又稱聯盟會員，如中小網站、個人網站、WAP站點等）組成聯盟，透過聯盟平台幫助廣告主實現廣告投放，並進行廣告投放資料監測統計，廣告主則按照網路廣告的實際效果向聯盟會員支付廣告費用。廣告聯盟同時也能跨網站追蹤使用者，透過使用者訪問網站的歷史紀錄來達到廣告的精準化。

目前中國知名度比較高的廣告聯盟有Google AdSense、百度聯盟和阿里媽媽（也叫淘寶聯盟）這三個聯盟。阿里媽媽作為一個廣告交易平台，延續了淘寶的C2C路線：淘寶交易的是各種商品，而阿里媽媽交易的是廣告。阿里媽媽允許使用者買賣廣告欄位，任何網站和個人，只要擁有管理權限且合法，就可以將自己網站的某個位置拿出來作為廣告位置，然後放到阿里媽媽這個平台上去賣。因此，可以將之定位為一個「C2C式」廣告平台。

（四）贊助與置入

贊助式廣告（Sponsorships）也是網路廣告的一種常見形式。贊助有三種方式：內容贊助、節目贊助和節日贊助。廣告主可對自己感興趣的網站內容或節目進行贊助，或在特別時期贊助網站的宣傳活動。Degree香體膏曾在MSN遊戲頻道裡贊助一個免費的線上遊戲《德州撲克》，並因此得到螢幕廣告，Degree for Men印的商標也明顯地出現在遊戲中的桌面及撲克牌上，這無疑提供了品牌曝光的機會。

置入式廣告是指將產品或品牌及其代表性的視覺符號甚至服務內容，策略性地融入電影、電視劇、電視節目或網路遊戲當中，透過符號或場景的再現，使觀眾對產品及品牌留下深刻印象，進而達到行銷的目的。

置入式廣告的應用範圍很廣，置入的形式也很多。在電視劇和娛樂節目中可以找到諸多適合的置入物和置入方式，常見的廣告置入物有商品、標誌、視覺識別、企業識別、包裝、品牌名稱、品牌LOGO、廣告語、廣告牌以及企業吉祥物等。

在《蜘蛛人：驚奇再起》中，當電光人將蜘蛛人擊倒在警車上時，背景中碩大的中國白酒品牌劍南春廣告看板赫然屹立。《變形金剛 3》中，男主角穿著美特斯邦威 T 恤，大黃蜂看的 TCL 電視螢幕變成了雷射鷹，聯想電腦變形為機器人，亞裔演員沒頭沒腦地對一位白人說出「讓我先喝完我的舒化奶」的場景更是讓人印象深刻。

但是，置入式廣告在置入的尺度和方式上須有很好的把握。如果過分追求商業效益，過分簡單粗暴，容易招致閱聽人反感，也容易破壞節目本身的藝術性和完整性，影響使用者體驗。

二、社群媒體

法國哲學家皮耶‧李維（Pierre Levy）曾預言「我們正從基於我認為（cogito）的單一思想的笛卡爾思想模型，發展到我們認為（cogitamus）的集體思想」。現在，我們正處於這樣的一個時代，與傳統消費者不同，新媒體環境下的消費者品牌喜好及購買決定，會很容易地受到社群媒體影響。今天，在網路世界中，品牌不是被企業單獨塑造出來的，而是被廣大網友們聯合塑造的。

圖 4-7　社群媒體時間軸圖譜

社群媒體，是人們彼此之間用來分享意見、觀點、經驗，以及建立和維繫社會關係的工具和平台。最開始以論壇等為代表的社群媒體，為使用者帶來了互動性的體驗，極大地豐富了網友的生活。接著，部落格、影片分享、社群網站、微博、團購、LBS（適地性服務）、微信等新的社群媒體形式不

103

斷湧現，共同迎來社群媒體空前繁榮的時代。圖 4-7 完整地展現了社群媒體的發展歷程。

2012 年，CR- 尼爾森發表了中國社群媒體全景圖，將中國的 100 多家社群媒體網站劃分為 20 大類型，包括論壇、微博類、問答類網站、電子商務類、相親類網站、即時通訊類、社群遊戲、商務類社群網站、音樂分享、圖片分享、簽到類網站、部落格、社群網站類、團購類網站、社會化書籤、RSS 訂閱類、百科類網站、消費點評類、輕部落格以及影片分享類。當然，不同的機構給出的劃分方式稍有不同。

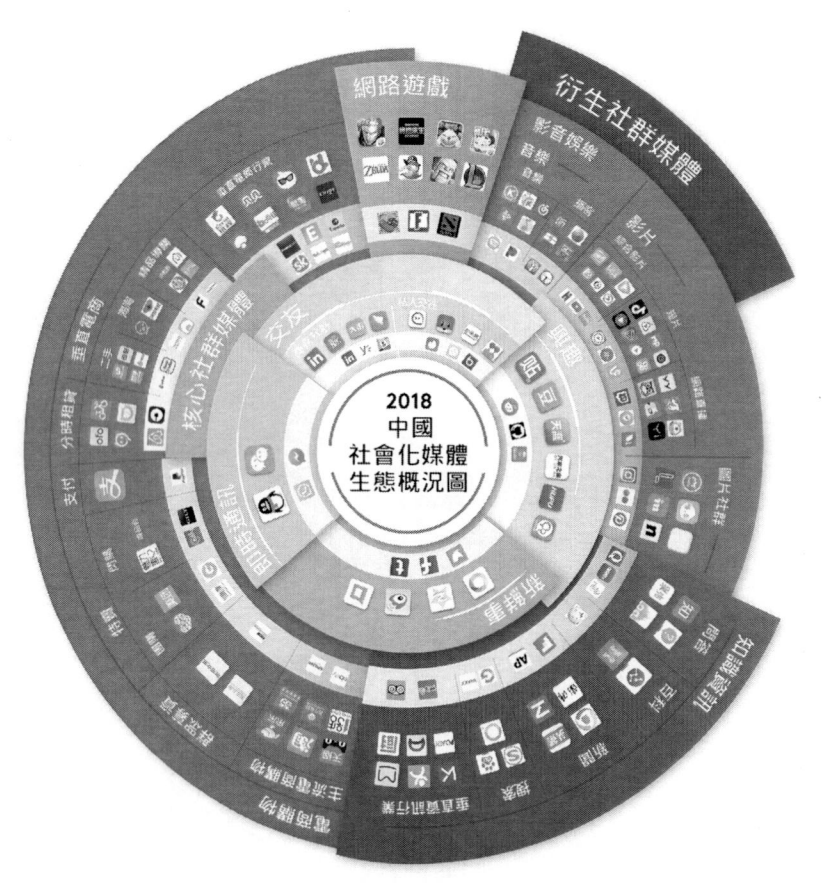

圖4-8 中國社會化媒體生態概況圖

社群媒體融合了參與性、開放性、對話性、社群性、關聯性，徹底改變了媒體的內容生產與傳播方式，也在很大程度上改變了行銷的作用機制。企業要摒棄以前的經驗，以更開放的思維來研究網友如何做購買決策、如何進行價格比較、如何分享體驗。因此，在社群媒體時代，企業需要花時間去瞭解由消費者創造內容的網站，並適時地在各類社群網站中發出自己的聲音，嘗試與消費者進行更深入的溝通。

　　為了在中國推廣洗碗機這一尚未被中國消費者普遍接受的產品類型，西門子瞄準「我不想洗碗」這一消費者痛點，以一個微博小號為導火線，進而引爆話題，激發每個人心底那股「我不想洗碗」的情結，同時藉助社群平台擴大和延伸這種情緒，從而達到拓展產品認知度、贏得消費者認同的目的。

　　一句戳中心底的話，再配合低門檻的參與方式，成功地激發了閱聽人的熱情和參與度，造就了出乎意料的傳播效果——不到兩週時間，媒體總曝光量破億，微博轉發過 10 萬次，評論破 5 萬次，微信閱讀量接近 8 萬次。

三、IPTV

　　IPTV（Interactive Personality TV）是基於寬頻網路的基礎設施，以網路影片資源為主體，以家用電視機（或電腦）作為主要終端設備，集網路、多媒體、通訊等多種技術於一體，透過網際網路協定（IP）向家庭使用者提供包括數位電視在內的多種互動式數位媒體服務的嶄新技術。IPTV 能根據使用者的選擇提供內容廣泛的多媒體服務。使用者在電視機前操作遙控器，就可以透過寬頻網路進行影視節目點播、電視互動、資訊查詢等操作，甚至可以進行家庭購物、遠距醫療、電視教育、旅遊指南、訂票預約、電子信件、股票交易等各種增值服務。

　　IPTV 兼具傳統電視與網路影片的核心優勢，在體驗上具有三大優勢：第一，專業、精準的頻道分類，直播、點播的雙重結合，以及豐富的內容聚合；第二，高畫質、流暢的畫質展現；第三，使用者參與到收視過程中，使用者與網路電視、使用者與使用者之間可以即時互動。該領域的代表媒體是 PPTV 網路電視。

IPTV 的出現，為人們帶來了一種全新的電視收視方式，它改變了以往被動的電視觀看模式，實現了電視以網路為基礎隨選收視、隨看隨停的便捷方式。

1992 年，中國開始發展數位電視，2000 年和 2001 年是中國數位電視廣播試驗年，在北京、上海與深圳三個城市進行數位廣播試驗。2002 年，中國數位電視系統標準最終確立；2011 年中國數位電視使用者突破 1 億戶。隨著網路科技與寬頻技術發展，網路電視集傳統電視和網路於一身，其共享性、智慧性和可控性迎合現代家庭娛樂需求，逐漸成為一種新興的家庭娛樂模式。截至 2014 年底，網路電視使用率已達到 15.6%。據尼爾森預測，到 2020 年，中國數位電視廣告營業額將達到每年 200 億元，占整個中國廣告市占率的 10%，中國的數位電視將得到長足發展。

IPTV 是一種集合了電視和網路兩種技術特徵的新型媒體形式，可以用網路的形式提供電視的傳播效果及各項增值服務。因此，IPTV 可以像網路一樣為合作夥伴量身打造豐富多樣的行銷形式，而不必拘泥於一般的電視貼片廣告等廣告形式。目前常見的 IPTV 廣告形式有以下幾種。

1.EPG 廣告

EPG 即 Electronic Program Guide 的縮寫，意為電子節目表。EPG 作為數位電視的一項基本功能，可提供豐富的節目預告訊息，使用者可方便地檢索和查詢節目簡介、演員訊息及精彩片段等相關訊息。因此，EPG 點閱率很高，這為廣播電視節目營運商和網路營運商提供了一個理想的廣告搭載平台，在 EPG 菜單用於基本服務和加值服務的介面中插入廣告。

2. 互動角標廣告

互動角標廣告是數位電視平台透過數據疊加影片技術的一種廣告形式。使用者在正常收看電視節目的同時，在電視螢幕上出現一個廣告角標。使用者如對角標提示的訊息感興趣，可透過遙控器，點選更多的廣告資訊，此時在電視螢幕的影片上方會出現一個半透明的圖片窗口，使用者可繼續透過遙控器，對窗口中的訊息進行選擇、退出等操作。

3. 直達推播式廣告

直達推播式廣告是基於支援即時消息自動接收、播放並顯示的消息系統所開展的一種廣告形式。其主要表現是在閱聽人收看電視節目時，廣告資訊以文字形式滾動出現在電視螢幕的上方或下方。

4. 電視電子信箱廣告

電視電子信箱廣告是透過後台管理系統，將廣告資訊直接發送到數位電視使用者的電視電子信箱的一種廣告形式。電視電子信箱廣告能夠支援附件的發送與接收，當廣告發送到使用者的電視電子信箱後，螢幕上會出現收到新郵件的提示，使用者打開郵件後，可選擇打開附件。電視電子信箱廣告附件支援多層靜態頁面、圖片、文字等形式的顯示。

5. 置入式廣告

數位電視有大量的背景設置，為置入式廣告提供了廣闊的運作空間。比如，在其線上遊戲中可以置入廣告。

四、移動平台

移動平台，指以智慧型手機、平板電腦和智慧可穿戴裝置為代表的行動裝置。4G 時代，行動電話已經不再是一種單純的通訊設備，它將成為一種集通信、娛樂、多媒體和行動網路等多種功能於一體的互動性傳播媒介。近幾年，手機受到社會各階層追捧，被譽為「第五媒體」；行動設備將在資料存取方面獲得領導地位，甚至將超越電腦。

艾瑞諮詢資料顯示，2013 年中國行動網路市場規模為 1060.3 億元，年增率 81.2%。2017 年，市場規模已達 6.89 兆元，其中，行動行銷市場規模在 2013 年達到了 155.2 億元，年增率 105%。

截至 2014 年 12 月，中國手機網友規模達 5.57 億，較 2013 年增加了 5672 萬人。網友中使用手機上網的人口占比由 2013 年的 81.0%提升至 85.8%。

新媒體行銷議：內容即廣告、流量變現金的新媒體時代！
第四章 新媒體行銷的媒體通路與方法概況

　　突破鍵盤的限制可以讓消費者真正體驗行動裝置的各種功能，而這也讓行動裝置逐漸成為不可取代的數位裝置。4G 時代的到來，網路速度的提升，將進一步推動行動網路的快速發展。藉助行動平台開展行銷，成為前景最被看好的行銷方式。

　　行動行銷是指以智慧型手機等行動裝置為主要傳播平台，在強大的資料庫支援下，直接向目標閱聽人定向和精確地傳遞資訊，透過與消費者的互動等方式來實現企業行銷目標的行銷方式。行動行銷具有個別化、互動性、參與性強的特點。根據不同標準可以劃分為以下幾種行銷模式。

　　1. 根據操作形式，可分為 MMS（多媒體簡訊）行銷、WAP（手機網頁）行銷及 APP（應用程式）行銷。

　　MMS 發展週期久，技術最成熟，使用者規模最大，同時是使用者行動通訊行為中唯一的大規模廣告形式。因此，MMS 的優勢明顯，但是技術有待改進，表現形式較為單一。

　　WAP 分為自建品牌 WAP 網站和投放 WAP 廣告兩種。主要廣告形式還是文字連結與橫幅展示，點選後呈現 Minisite。WAP 的技術成熟，使用者數龐大。但視點展現形式單一，所以下滑趨勢明顯。

　　APP 也分為自建品牌 APP 和投放 APP 兩種。APP 廣告可以實現全螢幕、半螢幕、延伸和懸浮等各種廣告形式，也可以實現深度置入的形式。APP 的互動能力強，形式極為豐富，不過流量費用稍高。

　　2. 根據廣播形態，可以分為 PUSH 類和 PULL 類。

　　PUSH 類的行動行銷包括兩大類：第一是互動行銷，主要以簡訊、多媒體簡訊為載體，可以與消費者進行互動；第二是手機報刊，主要以手機報或會員刊物為載體，發表廣告資訊。PULL 類的行動行銷也可以分為兩大類：第一是客戶端，主要以行動客戶端（APP）為載體，消費者可以下載所喜歡品牌的 APP，並可以與 APP 進行互動，進而購買、發現新的資訊，以及與朋友分享；第二是行動網頁，主要以 WAP 或 HTML5 網頁為載體，擴展了傳統的 PC 網路。

3. 根據表現形式，可以分為文字連結、圖片、影片、動畫、二維條碼和其他豐富媒體。

麥當勞曾在馬來西亞展開過一次有趣的解暑活動——麥當勞「拯救冰淇淋」活動。選一個開闊的場景，比如人來人往的市中心十字路口，找一個巨大的多媒體廣告看板。在這裡，只要使用者操作手機，快速滑動螢幕，就可以聯動廣告看板上的風扇，為冰淇淋君解暑。雖說此中物理原理完全錯誤，卻依然吸引了大量使用者參加，因為參與的人可以獲得免費冰淇淋一份。不過，即使拋開贏得冰淇淋這種蠅頭小利，單是用小手機控制大螢幕的這一「壯舉」，就足以勾起消費者的參與興趣。

行動平台充分利用資料庫的力量，建立與消費者的互動機制，真正做到與消費者保持聯繫，並且能夠友好地溝通，理解消費者的喜好，提升品牌的影響力。建構互動機制可以獲取顧客信任，可以直接與獨特的、受到認可而值得個別溝通的顧客聯絡，達到行銷目的。

2012 年，愛迪達發表了全新的 ClimaCool 酷涼系列跑鞋，以開發的手機遊戲 APP「奪寶奇冰」進行宣傳。上線僅兩週，「奪寶奇冰」下載量就迅速超越 10 萬，在微博上已有超過 10 萬次的轉發，傳播效果觸及近千萬人。愛迪達不僅在遊戲中內建了數百雙單價近千元的 ClimaCool 酷涼系列跑鞋供玩家搶奪，而且其掌握的所有宣傳通路都圍繞該 APP 展開：商場廣告看板、地鐵站 LED 液晶顯示器都置入了二維條碼，讓消費者便捷地下載該 APP。電視節目《開心挖寶》深入介紹「奪寶奇冰」APP 及相關活動，產品的輔銷物（POSM）上也印有二維條碼，甚至連破冰道具中最有破壞力的「能量斧」，也需要玩家到線下 100 多個愛迪達實體店中獲取。在活動設計上，「奪寶奇冰」運用了全球最熱門的 SoLoMo（Social／Local／Mobile）概念，利用社群媒體與行動平台，結合線上與線下，把使用者體驗延伸到線下實體店面或活動中。

五、其他新媒體行銷通路

除了上述方式，企業還可以透過其他新媒體行銷通路來實現企業的行銷目標，比如電子郵件、電子遊戲。

電子郵件是比較傳統的有效行銷方法，它既保留了推銷工具的優點，又增加了自動回覆及數位媒體追蹤的優點，所以不失為一種可供選擇的行銷方式。

電子郵件可用於行銷過程中的許多階段。許多公司在獲得新顧客或銷售商品的過程中使用電子郵件，例如寄送活動的電子邀請函，介紹新產品和提供優惠訊息。有的企業將電子郵件用於挽留客戶及增加忠誠度的方案。會員電子報是一種很常見的電子郵件行銷方式，它已經成為行銷組合的標準構成要素。

電子郵件行銷最大的優勢就是擁有龐大的、無時間和空間限制的網路路。使用者可以根據需求，在任何時間以任何方式進行閱讀，不具有強制性。同時，電子郵件行銷的互動回饋系統拉近了生產者與消費者的距離，可消除彼此間的隔閡，形成電子郵件行銷所特有的溝通模式。

不過，在實際運用中，由於許可行銷意識薄弱、電子郵件地址訊息不準確、更新不即時、產品宣傳的市場定位不準確等原因，致使許多消費者收到太多無價值的商業郵件，往往給消費者一種濫寄垃圾信件的印象，從而損壞了電子郵件行銷的形象。

電玩遊戲以逼真的立體動畫影像效果、環繞音效及動作感應遙控器、持續的互動與即時更新、虛擬有趣的世界，使人感同身受，對玩家具有很大的吸引力。虛擬實境不僅是提供廣告及建立品牌的場所，也可以銷售商品，創造虛擬世界中的消費行為。

企業可以依照行銷需求搭配適當的遊戲類型和該遊戲所提供的體驗，進行品牌行銷。遊戲讓行銷能夠同時展現產品的優勢，這在電視廣告中有時候是無法做到的。消費者可以體驗「駕駛」汽車高速行駛的感覺，實際感受這部車的性能，這可能是廣告中無法表現的。

隨著汽車市場不斷擴大，各類行銷方式也層出不窮，而隨著「七年級生」、「八年級生」群體的成長，受到年輕人喜愛的各類遊戲也成為汽車品牌行銷的「陣地」。2010 年，長安福特在成功衛冕中國房車錦標賽的冠軍後，順勢推出了《賽車經理遊戲》，這是汽車品牌在中國打造的第一個賽車遊戲平台。而近幾年，包括江淮瑞鷹的《巔峰越野競爭賽》、東風日產驪威《連連看》等遊戲也層出不窮。

作為行銷的一種方式，遊戲行銷已經成為越來越多汽車品牌宣傳的一種新通路，而這也讓參與遊戲的消費者逐漸感受到了該汽車品牌的影響力。

第二節 新媒體行銷的常用方法

隨著資訊科技的不斷進步，網路影片、社群網站、微博、行動媒體等各類新媒體形式隨之興起。數位時代的人們，不在電視上「看電視」，不在報紙上看新聞，不在雜誌上看圖片。

新媒體帶來了消費者行為的深刻變化，同時也改變了行銷的規則和思維模式。

一、新媒體行銷方法分類

新媒體行銷已經被許多企業運用，對新媒體上面的各種行銷訊息，人們已經習以為常。新媒體行銷方法層出不窮，按行銷策略的重點，可分為內容行銷、參與式行銷和個別化行銷。

（一）內容行銷

在新媒體領域，內容是達成與消費者互動的重要因素之一，又因為新媒體內容的生產相對較為方便，所以新媒體內容的創新生產與傳播正在成為一塊新的樂土，根據內容所進行的行銷有其獨特的魅力。自製劇、微電影正在成為品牌偏愛的新傳播形式。例如傳立媒體公司從 2010 年開始就為雀巢公司拍攝網路系列劇《咖啡間瘋雲》，第一季和第二季的節目都有破千萬的收視率。從品牌效果上看，目標消費者對產品的喜好度和預購度都有近 10%的

成長。品牌擁有內容的一個優勢是可以進行全方位的宣傳，例如為新劇進行選角、首映會、電視劇官微等，都可以作為連帶的行銷機會。

在新媒體通路裡，贊助可以隨著內容展開，將品牌內涵與形象置入相關內容中。作為金立重點打造的年輕化子品牌 ELIFE，近年來一直在品牌的內容行銷方面進行積極探索，包括：冠名各大時尚綜藝節目，與年輕人零距離接觸；置入網路火紅搜狐影片自製劇《屌絲男士》、《極品女士》；與騰訊影片聯合打造全球首部互動功能劇《快樂 ELIFE》；邀請金馬獎導演關錦鵬拍攝、代言人阮經天出演微電影《幸福 ELIFE 之給爸爸的照片》；以及再度攜手搜狐影片贊助首部網路 4K「大網劇」《匆匆那年》。

ELIFE 品牌在內容行銷方面的「嗅覺」越來越敏銳，品牌時尚年輕的形象日益深入人心。這種贊助方式不僅為廣告主和被贊助方創造了更多的連結，而且透過新媒體通路，消費者可以輕鬆地從贊助內容轉到對贊助品牌的偏好，進而跳轉到廣告主的網站，這也是傳統的贊助方式無法實現的。

（二）參與式行銷

新媒體，特別是其中的社群媒體，可以說是最具有參與精神的媒體。不論是部落格、微博、微信等表達性社會媒體，還是維基百科、知乎等合作性社會媒體，都以參與、互動或分享為基礎。

新媒體促使行銷加速進入了一個行銷的參與化時代，行銷最終引發了多少次互動、多少人參與，成為衡量新媒體行銷效果的重要指標。參與能為消費者留下獨一無二的深刻體驗，還能透過藉助消費者在虛擬世界與現實世界的社群關係，以網狀、鏈式傳播的效果迅速擴大行銷效力。

2012 年，英特爾與東芝電腦強強聯手，共同打造了一部微電影社群互動劇 The Beauty Inside（《內在之美》，如圖 4-9）。這部互動劇故事情節奇幻神祕，引人入勝，突破傳統電影體驗中銀幕至觀眾的被動單向式傳播方式，而是採用社群互動的全新方式，讓觀眾能夠參演劇中角色，並透過社群媒體與主角互動，大幅增加了電影與觀眾的互動性。

該劇透過劇中主角與東芝電腦超輕薄筆電的互動體驗，也將最新的技術與最出色的產品展現在觀眾眼前，讓觀眾體會到科技無時無刻都在改變著我們的生活。而《內在之美》也與英特爾的產品定位完美貼合。這部微電影一舉奪得 2013 年坎城廣告節直銷類銅獎，成為社群互動劇的典範。

圖 4-9　社群互動劇的典範：The Beauty Inside（《內在之美》）

體育品牌也極為重視網路上的社群行銷，以強化消費者的參與和互動。安踏就率先推出了安委會社群，成為中國運動品牌首個綜合體育互動社群。隨後，特步、361°等也都著手打造品牌網路論壇。安踏安委會、特步互動娛樂板塊就是一個個品牌俱樂部，為了更好地與消費者互動，安踏開展了「KG 中國行風暴」、「為年輕宣言，為 90 後加油」等活動；貴人鳥則展開了「玩運動」活動，百餘名優酷網友透過《玩泡泡》遊戲，獲得了貴人鳥提供的夏季最新款運動 T 恤和大禮。Nike 公司還專門設計了一款電腦遊戲，讓參與者在遊戲中與球王喬丹一起打籃球，從而使 Nike 的品牌形象在潛移默化中深深置入年輕消費者的心中。

2011 年春節前夕，聯合利華在 QQ 上為立頓做了一次互動行銷活動。立頓活動頁面訂製了一個屬於自己的動感拜年影片，這個影片別出新意、動感十足，完勝普通的新年祝福簡訊和留言，發揮消費者參與的積極性，把單向的影片瀏覽變成雙向的互動，立刻受到了廣泛歡迎。此次活動得到了數千萬的轉寄、上億的瀏覽量，取得了出乎意料的傳播效果。

（三）個別化行銷

所謂個別化行銷，最簡單的解釋就是量體裁衣。具體來說，就是企業面對消費者，直接服務顧客，並按照顧客的特殊需求製作個性化產品的新型行銷方式。

個別化行銷根據消費者的個別需求進行設計，最大限度滿足消費者個別需求。所以對於準備實施「個別化行銷」的企業來說，關鍵的第一步就是建立自己的「顧客資料庫」，並與「顧客資料庫」中的每一位顧客建立良好關係，為每位顧客訂製一件實體產品或提供訂製服務，滿足顧客的需要。

「黑人透心爽牙膏融合冰激珠子與漱口水成分，深入口腔每個部位，帶來 3D 激醒體驗」，圍繞「平面變 3D，唯有黑人透心爽」的產品利益訴求，騰訊為黑人透心爽牙膏設置了一系列有趣的活動，針對目標消費者，特別是 18 到 24 歲的網友，鼓勵其「拋開平淡 2D 生活，走向 3D 立體人生」，更樂於嘗試全新的體驗。

網友上傳自己的照片形成 2D 畫面（平面紙片人），如果要變成 3D 立體生活場景，就必須找到隱藏在房間裡的「激醒法寶」，而尋找法寶的過關祕笈就是黑人牙膏產品影片，要通關，網友必須按「畫」索驥，啟用自己的 3D 立體生活場景，整個活動充滿了尋寶樂趣，讓產品與品牌教育在網友歡樂的遊戲體驗中完成。可愛的卡通人物形象、尋寶祕笈、過關小遊戲，這些都是年輕使用者喜愛的形式，令本來呆板的影片廣告華麗變身為「尋寶圖」，大幅增加了網友的觀看興趣。這次活動最終有超過 140 多萬獨立使用者參與，註冊人數達到了 40 萬，註冊轉換率高達 28%，使品牌形象深入人心。

二、硬廣告與軟廣告

從行銷的顯性和隱性程度來看，新媒體與傳統媒體一樣，也有硬廣告與軟廣告兩大類型。

硬廣告就是明確地以廣告形式出現的廣告。它們採取了廣告的規範形態，有明確的廣告身分，如展示型廣告、影片插入廣告，有的甚至直接標註了「廣告」字樣。新媒體對硬廣告的使用，沿襲了傳統媒體的盈利思路：觀眾可以

免費觀看影片或免費獲取資訊,但前提是,必須同時也觀看一段廣告,以廣告收入補貼媒介營運成本。

另一方面,如前文所述,新媒體行銷時代是一個由企業與消費者共創品牌的時代,但硬廣告卻是由企業方(包含廣告代理公司)獨立完成的,由企業方控制其播放情況,消費者並不涉及其內容的製作,只須被動地觀看即可。因此,硬廣告可以說是一種典型的傳統媒體行銷思維的產物。不過,恰恰因為硬廣告的封閉性——其內容生產不對消費者開放,在完整傳達品牌理念與形象方面,硬廣告有其不可替代的作用,是行銷者可以控制的一種廣告方式。

軟廣告是指企業將產品、品牌的行銷資訊融入到諸如新聞宣傳、公關活動、娛樂欄目、網路遊戲、消費者自創內容等形式的傳播活動中,使閱聽人在接觸這些訊息的同時,不自覺地也接收到商業訊息。軟廣告具有目的的多樣性、內容的置入性、傳播的巧妙性、接受的不自覺性等特點。

無論是在傳統媒體還是在新媒體上,醫療保健產品都喜歡以類似新聞或專題報導的形式發布軟廣告,例如某些醫療機構在大眾媒體上常以人物傳記、訪談、科普講座等形式所進行的宣傳。企業的公關活動也常以新聞報導方式進行。

與普通廣告相比,這類廣告在形式上更具隱蔽性,但在內容上卻多是赤裸裸的推銷與宣傳,而且,往往充斥著未經證實的數據和案例。由於經常打法律的「擦邊球」,甚至直接違反相關法律法規,這類廣告實際上並沒有好的口碑,而且經常是市場清理整頓的對象。

在新媒體上,也大量存在著這種打法律「擦邊球」的軟廣告。例如許多美容護膚品、藥品在網頁右側或下方所做的文字連結廣告或圖文連結廣告,這些連結模仿新聞的方式製作標題,誘導使用者點閱觀看。從形式和內容上看,這就是傳統媒體「業配文」的移植。

除了以業配文形式出現的軟廣告,新媒體上還存在著其他軟廣告形式,例如置入式廣告,以及在部落格、論壇、微博上常見的使用者體驗報告。使用者體驗報告由使用過產品的消費者根據自己的親身經歷和體驗撰寫,企業

會對撰寫者給予一定的利益回報。由於撰寫者是同樣身為消費者的其他網友，而且有具體的情節，所以對於消費者來說，他們比其他訊息來源有著更高的可信度。加上有些使用者的文筆相當不錯，所以這種軟廣告有時也能以很少的投入產生不俗的口碑行銷效果。

　　置入式廣告當屬新媒體上最引人注目的軟廣告了。具體形式可分為影片置入廣告、遊戲置入廣告等，其中又以影片置入廣告的手段運用得最為純熟。在影片中最常見的廣告置入物有：產品置入（包括產品名稱、標誌、產品包裝）、品牌置入（包括品牌名稱、LOGO、品牌包裝、專賣店或者品牌廣告語、品牌理念等）、企業符號置入（包括企業場所、企業家、企業文化、企業理念、企業精神、企業員工、企業行為識別等），如圖4-10、圖4-11、圖4-12所示。

圖 4-10　產品置入

第二節 新媒體行銷的常用方法

圖 4-11　品牌置入

圖 4-12　企業標誌置入

　　遊戲置入廣告（in game advertising，簡稱 IGA），是指在遊戲中出現的商業廣告。具體是指以遊戲的使用者群為目標對象，依照固定的條件，在遊戲中某個適當的時間和某個適當的位置中出現的廣告形態，如圖 4-13 所示。

117

圖 4-13　遊戲置入廣告

三、新媒體時代的整合行銷

　　在新媒體環境下，資訊的爆炸式成長，使得閱聽人有限的注意力「淹沒」在無窮盡的資訊汪洋中，獲取消費者的有效關注變得更加困難。為實現行銷目標，企業需要整合運用多種通路、手段和方法，根據訊的內容、目標對象的媒體接觸習慣以及各種媒體通路的特點，以整合、合作的思維，跨越邊界、「不拘一格」地選擇媒體，進行協同傳播和行銷。

（一）實體接觸點和數位接觸點的統合

　　行銷者需要更豐富、有效、有趣的手法來連接實體接觸點和數位接觸點。目前，在手機媒介領域具備統合傳播特質的業務形態主要以二維條碼業務為代表。二維條碼技術是基於行動通訊網路環境，其應用能貫通生活圈媒介、

大眾媒介到手機媒介、網路媒介的整個媒介資訊生態，簡單有效地連接起了實體接觸點和數位接觸點，貫通從訴求點傳達、接觸點暴露、需求點溝通到消費點促銷的整個行銷價值鏈過程。二維條碼的生成也非常簡單，在行銷中得到了相當廣泛的運用。

將數位通路與實體通路結合才能產生最大的行銷衝擊。實體接觸點與數位接觸點應該是共生的對等關係，以此為起點，實體的接觸點應該直接與數位活動相連。當實體接觸點指引消費者進入數位通路時，便形成了消費者訊息的迴路。數位媒體的平台可以蒐集具體的消費者資料，並具有互動性，這是傳統通路所做不到的。

只要有巧妙的設計，每一個實體接觸點都可指引到數位關係上。例如，客戶服務處或顧客詢問中心可以鼓勵消費者自行訪問網站進行訊息查詢。產品包裝也可以成為導入網站的一個工具。不要只提供網址——那不是一個去瀏覽網站的理由。在包裝上給顧客一個條碼和一些進入網站的好處（積分、抽獎等）。活動或促銷宣傳時也可以部署路邊書報攤或手持讀取器，讓消費者以數位的方式現場報名。現在的手機都可拍下二維條碼來促使參與者進入網站參加活動。前面提到的 2012 年愛迪達「奪寶奇冰」APP 行銷，就是很好地整合實體通路和數位通路的例子。

（二）傳統行銷與新媒體行銷的內容整合

相對於傳統媒體，網路媒體整合了圖像、聲音、文字、影片等所有的資訊形式，實現了真正的融合。企業應利用新媒體的資訊聚合特性，整合傳統行銷與數位行銷的內容，提高消費者參與和互動的興趣，使行銷活動成為一段持續且無縫的參與者旅程，透過整合企業線上線下的內容，一致地與消費者不斷接觸，提升使用者體驗，加強消費者對企業的持續好感。

企業可以使用會員模式或俱樂部特惠之類的方式，要求消費者登錄網站或以其他方式互動，並以此獲得消費者基本資料，包括消費者的個人喜好或其他訊息。然後充分開發有用資訊，並進行整合，讓消費者每次接觸時的感受都能一致，保證消費者在品牌體驗上是整合、持續且具備關聯性的。

Nike 與蘋果的合作可謂經典。Nike+ 成功地整合了實體和虛擬的世界，它透過科技放大了品牌最核心的價值——體育運動。Nike 球鞋可記錄每個人跑步的速度與距離，然後傳輸給蘋果的 iPod，再上傳到 Nike+ 的網站。網站扮演了一個數位平台的角色，讓 Nike 與跑者持續溝通。

【知識回顧】

　　新媒體行銷的常用通路都與網路媒體分不開，具體包括：以展示、搜尋、聯盟和贊助等形式出現的常規網路媒體，作為新生代的社群媒體，結合了行動網路技術、通訊技術和系列小螢幕裝備的行動平台，以及集網路、多媒體、通訊等多種技術於一體的網路協議電視（IPTV）等。

　　新媒體行銷的方法有多種，按行銷策略的重點，可分為內容行銷、參與式行銷和個別化行銷。從行銷的顯性和隱性程度來看，新媒體與傳統媒體一樣，也有硬廣告與軟廣告兩大類型。硬廣告就是明確地以廣告形式出現的廣告，軟廣告是以業配文、使用者體驗報告、置入式廣告等形式出現的廣告。在新媒體環境下，企業需要整合運用多種通路、手段和方法，根據訊息的內容、目標對象的媒體接觸習慣以及各種媒體通路的特性，以整合、協作的思路，跨越邊界、「不拘一格」地選擇媒體，進行協同傳播和行銷。

【複習思考題】

1. 新媒體行銷通道有哪些？
2. 新媒體環境下企業如何進行整合行銷？
3. 在兼顧消費者體驗的前提下，你認為該如何製作「既少又好」的廣告？

第五章 網路廣告與網路行銷

【知識目標】

☆網路廣告的概念與類型。

☆網路行銷的社群化趨勢。

【能力目標】

1. 把握網路廣告的發展脈絡與趨勢,理解網路廣告在新媒體行銷中的地位。

2. 理解社群化行銷的內涵與影響,並能夠分析現實行銷問題和現象。

【案例導入】

2013年,趙薇導演的處女作《致我們終將逝去的青春》(以下簡稱《致青春》)最終票房破7億,首日票房超過了《泰囧》,締造了一個新的票房奇蹟。能夠取得這樣優異的成績,與它高超的網路行銷策略密不可分。

首先,電影官方微博即時與網友互動並發布動態。官方微博在花絮和海報的內容與形式上非常注重開放性和話題的吸引性。一是透過微博發布大量劇照以及電影籌拍、開機的全過程以引起大家注意。二是製造類似於「青春回憶」等互動性較高的話題,如「青春就是用來懷念的」、「愛自己,勝過愛愛情」這樣的話語,帶動網友參與,並在社群媒體上掀起一股熱烈討論,提高電影知名度。三是將電影中的台詞、劇照和精彩片段預先推向網路,還有對「青春」概念的大規模媒體行銷,使全民一起參與電影宣傳。

其次,充分發揮微博名人的明星效應。在《致青春》社群網路行銷中,「網路大V」——擁有眾多粉絲、影響力大的網路使用者力量,造成了空前的作用。趙薇在影視圈內的朋友為她吶喊助威,就連商業界的史玉柱、素人界的天才小熊貓、文化界的張小嫻、宗教界的延參法師等人也都參與了微博行銷。據統計,區區24個帳號,粉絲總數已經接近3.7億,在沒有移除重複資料的情況下已經占了微博總使用者量的80%。「微博大V」既引導了使用

者參與到相關話題的討論中，也讓使用者在不同時間、不同地點都能接觸到電影的資訊，並即時瞭解相關動態。在文章、何炅、黃曉明、陸毅、王珞丹、韓紅等影視明星的幫助，還有史玉柱、張小嫻、楊瀾、延參法師等各大跨領域知名人士的宣傳之下，這部電影在網路上形成了一個巨大的話題和影響力，有力地擴大了電影的知名度。

再次，藉助公益活動順勢行銷。在雅安地震的第一時間，趙薇代表劇組向一基金捐助了 50 萬元，劇組能在第一時間表態捐款 50 萬元，既是做慈善，又是很好的電影前導宣傳方式，也是這個電影製作單位對於雅安的愛心體現。這些對於電影來說都是有益的。

第四，不斷傳播大量影評。不少人並沒有看過網路原著小說，有的人則是看了電影後才去網上找小說來讀。於是，電影和小說的區別成為網友熱烈討論的話題，「改編得究竟好不好」成為眾人爭論的焦點，也成為吸引更多觀眾走進電影院的原因。有一部分人認為拍得普普通通，有人認為影片情節處理鬆散，不少人物走向交代不清，戲分又有些平均分配之嫌。但也有觀眾覺得影片好看，細細品味之後，能咀嚼出電影片名那樣的淡淡憂傷。也正是這種兩極化的評論，令影片成為更多觀眾觀影的首選。

最後，與手機遊戲合作。電影製作單位與「找你妹」合作，推出《致青春》關卡，增設了電影中幾位主角的漫畫肖像，也成為熱門話題。手機遊戲已經成為「六年級生」、「七年級生」、「八年級生」重要的休閒方式之一，這剛好與《致青春》鎖定的觀眾群三個年齡層相當吻合。藉助這一熱門手機遊戲，大大推動了電影的知名度和關注度。

▎第一節 網路廣告：從入口網站到搜尋

網路廣告是依賴網路技術而產生的一種廣告形式，網路廣告是指利用網路這種載體，透過圖文或多媒體方式發表的營利性商業廣告，是在網路上發表的有償資訊傳播。網路廣告是主要的網路行銷方法之一。

一、傳統網路廣告

最初的網路廣告就是電子郵件廣告和展示型廣告，尤以展示型廣告為代表，其具體形式包括文字連結廣告、橫幅廣告、彈出式廣告、視窗廣告、Flash 輪播廣告、跟隨式廣告、全螢幕廣告、按鈕廣告等。

與傳統媒體相比，網路媒體結合了大眾傳播、群體傳播、組織傳播、人際傳播和自身傳播的特點，極大地滿足了各類資訊傳播的需求。如今，網路媒體已經成為最具影響力和發展潛力的複合型媒體。與其他廣告形式相比，網路廣告有著許多先天的優勢。

1. 突破時空限制的大量資訊

超連結的出現使網路廣告打破了版面、時段對廣告的限制，在理論上透過超連結可以無限擴展網路廣告內容。網路聯結著全球電腦，它是由遍及世界各地大大小小的各種網路，按照統一的通訊協定組成的一個全球性的資訊傳輸網路。因此，透過網路發布廣告資訊，傳遞範圍廣，不受時間和地域的限制。

2. 視聽效果的完美結合

不同於傳統媒體單一元素的廣告訴求屬性，網路廣告是多面向廣告，多以多媒體和超文本格式文件為載體，能將文字、圖像和聲音組合在一起傳遞多感官的訊息，具有傳統媒體在影音、文字、動畫、三度空間、虛擬視覺等方面的所有功能，真正實現了完美的結合，讓閱聽人如臨其境。另外，電腦螢幕的精確度高，色彩分辨率也高，隨著新動畫技術的運用，網路廣告畫面的可見度也會越來越強，網路廣告與傳統媒體相比，在傳播訊息的同時，可以在視覺、聽覺，甚至觸覺方面給消費者全方位的震撼。

3. 即時性與持久性的統一

網路廣告突破了時間和空間對廣告傳播的限制，廣告主可以隨時修改廣告資訊及廣告形式，縮短了網路廣告更新的週期，具有很強的靈活性和即時性。網路媒體也可以長久保存廣告資訊，廣告主建立有關產品的網站，可以一直保留，隨時等待消費者查詢，進而實現了即時性與持久性的統一。

4. 費用低且收費方式靈活

在傳統媒體上發布廣告費用高昂，而且發布後很難更改，即使能更改也要付出很大的經濟代價。網路媒體不但收費遠遠低於傳統媒體，而且可按需求隨時變更內容或更正錯誤，使廣告傳播成本大大降低。

與傳統媒體相比，網路行銷的費用低廉且形式靈活，有按展示計費、按行動計費及按銷售計費等多種收費方式，能適應不同企業的各種需要，方便了企業，也提高了廣告效率。

5. 互動性

「互動性向來被視為是網路廣告媒體最具革命性的優勢」。網路為廣告主和消費者提供了有效的交流平台，一旦網路提供的網路廣告真正引起了消費者的興趣，消費者就可以透過網路連結瀏覽廣告主的公司網頁，主動瞭解企業和產品資訊，獲取他們認為有用的資訊，掌握資訊的主動權。而消費者回饋給廣告主的寶貴資訊也可以被廣告主善加利用，廣告主可以蒐集、追蹤分析或具體化這些資訊，以瞭解閱聽人的興趣、喜好與購買行為，改進產品或服務，甚至可以實現個別化服務，對消費者實施一對一的資訊發布和一對一的訊息回饋，最大限度地實現溝通。

6. 廣告效果可測量性

在網路空間裡，網友可以根據其喜好和興趣劃分為一個個使用者群。廣告主可以將特定的商品廣告投放到有相應消費者的站點上去，以增強行銷的針對性。而且，網路媒體可以很方便地統計一個網站各網頁被瀏覽的總次數、各網頁分別被瀏覽的次數、每個廣告被點閱的次數，甚至還可以詳細、具體地統計出每個訪問者的訪問時間和 IP 位址。這些詳細的資料，對廣告和廣告代理商瞭解某個網站媒體的傳播影響範圍，以及具體瞭解某一則廣告的效果和有效程度，具有非常重要的意義，有助於進一步優化廣告投放策略。

二、搜尋引擎的興起：競價排名與關鍵字廣告

網路與全球電信業的急速發展，使訊息資源的「生產」、「傳播」和「消費」都出現了新的格局。資訊的爆炸式增長，使普通網路使用者想找到所需資料簡直如同大海撈針，於是，專門解決大眾資訊檢索問題的專業搜尋網站應運而生。

（一）搜尋引擎的發展

第一代搜尋引擎以人工方式或半自動方式蒐集、整理訊息，往往以回饋結果的數量多少來衡量檢索結果的好壞。雅虎是第一代搜尋引擎的代表。第一代搜尋引擎檢索結果的相關性較差，資料更新緩慢。隨著網路資訊的日益增長，以人工分類整理的搜尋引擎已經不能滿足使用者搜尋訊息的要求。隨著 Google 的出現，第二代搜尋引擎誕生。它們不僅拓展了搜尋引擎的生存空間，還大幅地提高了搜尋的質量和效率。

第二代搜尋引擎依賴的是網頁蜘蛛。現在的主流搜尋引擎 Google、百度等均採用了網頁蜘蛛抓取、下載網頁以取代人工，這些網頁蜘蛛每一定天數（例如 Google 是 28 天）進行一次全網路的抓取，將所有網頁結果下載至自己的伺服器，再等待人們透過輸入關鍵字提出搜尋申請。

第二代搜尋引擎依靠機器抓取，建立在超連結分析基礎之上，提高了查準率、查全率和檢索速度。中國的搜尋引擎歷史基本是直接從第二代搜尋引擎開始的，百度、中搜等老牌搜尋引擎廠商從一開始就採用了網頁蜘蛛和排序演算法的組合。

2011 年，中國的搜尋引擎廠商中搜發表第三代搜尋引擎平台，中搜宣稱自己是第三代的原因是他們的搜尋引擎採用人機結合的辦法，允許每個網友參與搜尋過程。不同於百度使用者只能接受搜尋結果，中搜將整個搜尋開放，任何人對搜尋結果有不同意見、不同想法，都可以提出修改。中搜的搜尋結果呈現方式也有所改變，成為了針對某個關鍵字含義的類似門戶專題的多框頁面（有別於其他搜尋引擎的目錄式結構），同一關鍵字的不同含義分別由完全不同的專題頁面呈現。

2012年，Google宣布推出知識圖譜，與中搜的呈現方式類似，也具有很強的延展性，將與關鍵字相關的訊息展示在邊欄。2013年初，百度也做出了類似的調整。但兩者都是以技術方式實現的，沒有人工。Google更重要的新一代搜尋嘗試還包括將搜尋遷移進專門的硬體——Google眼鏡，雖然目前還不能確定是否能獲得成功，但方向已經清楚：未來的搜尋將與人們的生活離得更近，很可能不侷限於文字輸入需求和表達結果。未來的搜尋將在技術驅動下，往社群化、多元化、智慧化、個別化的方向發展。

（二）百度與Google

搜尋引擎已成為網路使用者獲取網路訊息的主要工具之一，如今全球搜尋引擎數以萬計，Google、百度是目前最有影響力的兩大搜尋引擎巨頭。百度是全球最大的中文搜尋引擎、最大的中文網站，Google目前被認為是全球規模最大的搜尋引擎。

百度使用率和占有率上都占據中國搜尋引擎的第一把交椅。2014年1月1日的資料顯示，其市占率為56.03%，2014年9月1日的資料為51.54%。而Google在退出中國市場4年後，儘管其在全球搜尋引擎市場的占有率持續下滑，從2010年的84.88%降到了2014年的67.6%，但仍然占據著全球搜尋引擎市占率第一的位置。全球市場除了Google以外，Bing和雅虎依然是主流的搜尋引擎，但在中國市場，這些外來的搜尋引擎在本土的適應性上依然是比較差的。

據美國市場調查機構eMarketer發表的《2015年度全球數位廣告市場考察報告》，搜尋廣告占全球數位廣告支出總額一半左右，在2015年將達815.9億美元。而預計到2019年，搜尋廣告仍會保持近10%的年成長率，預計將達1305.8億美元。

這份報告還顯示，Google將始終保持其在全球搜尋廣告領域的統治地位，在2015年，其搜尋廣告業務全球市占率54.5%，大幅超越排名第二的百度。不過，在中國市場，百度在搜尋廣告業務方面占據著絕對優勢，這一優勢甚至幫助百度在全國的網路廣告營運商市場收入排名上超過了阿里巴巴，位居第一，占比為31.2%，將近總體市場規模的三分之一。

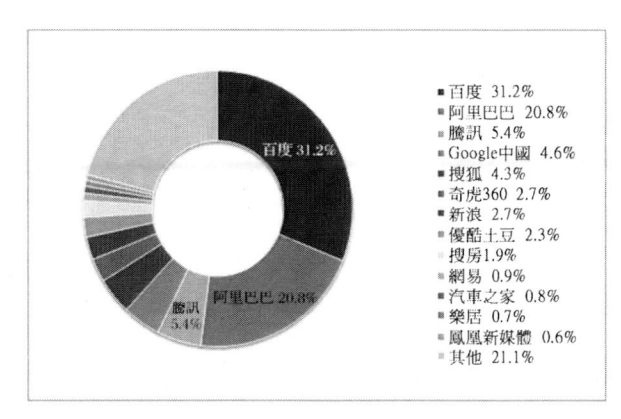

圖 5-1　2014年第1季中國網路廣告營運市場收入占比

　　搜尋引擎在導航與搜尋方面的作用突顯，基於搜尋引擎的廣告宣傳也因此快速增長，競價排名與關鍵字廣告等搜尋引擎廣告已成為主流的企業行銷方式之一，整體市場占比達到了網路廣告市場 30%以上。

（三）競價排名

　　競價排名於 2000 年被美國搜尋引擎 Overture 首次採用（該公司於 2003 年被雅虎收購），並申請了專利，時至今日，該技術已發展成為一種流行且成熟的網路行銷方式。

　　競價排名服務是一種網路加值服務，脫胎於搜尋引擎服務，具有技術和商業的融合性。競價排名也稱贊助搜尋廣告、位置付費廣告、關鍵字拍賣廣告，是指搜尋引擎透過拍賣的方式向廣告主分配有限的廣告欄位，優先顯示競價成功的廣告主資訊，進而顯著提高該資訊被關注或點閱的宣傳模式。競價排名的優勢表現在以下幾個方面。

1. 提高了市場精準度

　　競價排名廣告透過成千上萬的關鍵字搜尋，自動對顧客進行了分類，把廣告呈現給最相關的使用者，提高了市場精準度。

2. 低投入高報酬

競價排名按效果付費，完全按照為企業帶來的潛在客戶瀏覽數量計費，不點閱不計費，獲得新客戶的平均成本低。企業特別是中小企業可以靈活控制宣傳力道和資金投入，投資報酬率高。中國目前使用搜尋引擎競價排名行銷方式的多為中小企業，如淘寶網採用搜尋引擎競價排名進行市場宣傳等。

3. 針對性強、傳播範圍廣

企業的宣傳訊息只出現在真正對其感興趣的潛在客戶面前，針對性強，更容易實現成功銷售。企業可以將自己的任何產品或者服務名稱都註冊為關鍵字，向所有的潛在客戶進行宣傳。

由於競價排名的出現，使得在網路上刊登廣告的門檻降低，一些原本沒有計畫刊登廣告的中小廣告商找到了宣傳企業產品的最佳途徑。但隨之而來的還有一些帶有欺詐目的的廣告商，他們也看準了競價排名廣告的優勢，花錢購買關鍵字，力圖排在搜尋結果的前面，這不僅損害了消費者的利益，也降低了競價排名的公信力。2008年百度競價排名醜聞即是一例。因此，如何在檢索結果的公正性、客觀性與搜尋引擎自身的經濟利益之間取得平衡，是搜尋引擎需要解決的一個重要問題。

（四）關鍵字廣告

伴隨著網路科技的迅速發展與普及，網頁資訊大量增加，搜尋引擎的作用顯得越來越重要。關鍵字廣告可以幫助企業藉助搜尋引擎的功能和作用，尋找潛在客戶，宣傳和銷售企業的產品，為企業帶來利潤。許多企業都將關鍵字廣告視為一種重要的電子商務行銷方式，關鍵字廣告也逐漸成為搜尋引擎行銷的重要形式之一。與傳統的廣告模式相比，關鍵字廣告具有如下優勢。

1. 提升企業的知名度和形象

搜尋引擎可以為企業網站帶來大量流量，尤其是廣告排名前面的企業，會為搜尋引擎的使用者留下深刻印象，形成企業的品牌效應，從而明顯提升企業的知名度與形象。

2. 廣告費用可控

關鍵字廣告不是按既有模式固定收費，而是根據點閱率收費，只有使用者點選廣告了才收費，如果只顯示而沒點選，則不收取費用。這樣使花費更加理性，同時廣告的預算還可以自動控制，企業自主選擇廣告費用的高低。每個關鍵字的費用有幾個標準，企業可以自行選擇是低價位的還是高價位的，進而達到控制預算的目的。

3. 良好的投資報酬率

相對於報紙、雜誌、電視等傳統媒體廣告較高的投入費用以及較低的效率，搜尋引擎廣告更經濟，並且具有更高的投資報酬率。

三、網路廣告最新發展

隨著網路科技的發展，電腦網路廣告的形式和內容逐漸變得多樣化，單一的、傳統的網路廣告已不能滿足廣告主對廣告效果的期望。網路廣告從最開始簡單圖像的形式，發展到添加了動畫、音效等特效的華麗形式，同時，在媒體類型上也有不同選擇。

（一）部落格廣告

部落格廣告是指廣告主透過一定的策劃與創意，在部落格網站上發表有關商品和服務的訊息，以實現行銷目的的資訊傳播活動。由於部落格具有知識性、自主性、共享性等特點，因此決定了部落格廣告是一種基於個人知識資源的網路資訊傳遞形式，透過對知識的傳播傳遞廣告資訊。

部落格廣告形式主要有三種：一是與一般的網路廣告一樣，在部落格網站上發布廣告；二是企業募集專業寫手，在部落格網站上發表部落格日誌；三是在部落格網站上建立企業專題，由部落格網站負責版面的設計、注釋、連結和其他功能的設置，企業只負責提供內容。

（二）微博廣告

微博，即微部落格的簡稱，是一個基於使用者關係的資訊分享、傳播以及獲取平台，使用者可以透過 Web、Wap 等各種客戶端組建個人社群，以 140 字以內的文字更新訊息，並實現即時分享。

微博廣告是伴隨微博的發展而產生的新型廣告形式，它是基於微博平台，由廣告主發起，有目的地向閱聽人傳達一定的商品、服務和資訊，以此提高品牌的知名度、品牌偏好，從而實現促進銷售、提升品牌形象、獲得潛在客戶的商業目的的廣告。

（三）社群論壇廣告

社群論壇廣告，是指在網路社群論壇上投放的廣告。透過網路社群論壇這一平台，企業可以最大範圍地搜尋消費者和傳播對象，將分散的目標顧客和閱聽人精準地聚集，透過明示或暗示的方式，不經過第三方處理加工，傳遞關於某一特定產品、品牌及能夠讓人聯想到上述對象的任何組織或個人資訊，進而使被推薦人獲得資訊、改變態度，甚至影響購買行為，從而達到口耳相傳的口碑行銷效果。

（四）網路影片廣告

網路影片是一種新型的傳播工具，其視覺張力與互動效果具有很大的吸引力。網路影片廣告是網路影片的衍生物，一般常見的網路影片廣告包含兩個層面：一是狹義上的影片廣告，僅限於出現在影片網站上的廣告；二是廣義上的影片廣告，指以影片形式出現在網路上的廣告，包括在影片網站、入口網站等各類網路媒體上出現的影片形式廣告。

本書所指的網路影片廣告是廣義上的影片形式廣告。網路影片廣告的內容格式以 WMV、RM、RMVB、FLV 以及 MOV 等類型為主，結合圖像、動畫、音頻、文本等多種表現形式，是一種多媒體、互動式的網路廣告形式。網路影片廣告不但繼承了網路媒體傳播範圍廣、互動性強、投放精準等優點，還具備了傳統電視廣告的生動、直觀、圖文並茂等特性，大幅增強了網路影

片廣告自身的親和力和影響力,加強了廣告的勸說效果,具有明顯的傳播優勢。

第二節 網路行銷的社群化

近年來,具有社群屬性的網路應用程式呈現爆發式成長,社群化的網路生態環境已經成型,社群化網路的概念也已深入人心,網路行銷的社群化成為大勢所趨。

一、網路的社群化

社群媒體是 Web2.0 時代的代表,在網路發展歷程中具有革命性和里程碑式的意義。它的崛起與繁榮,不僅影響著人們的生活,改變人們的表達方式乃至社會關係,而且創造新的行銷觀念,將人們全面帶入了一個網路的社群化時代。

(一)社群媒體的概念與特性

社群媒體是依託 Web2.0 技術的互動虛擬社群,人們在上面基於社會交往的需要進行資訊的自我生產、自由分享和傳播。社群媒體在網路的沃土上蓬勃發展,爆發出令人震撼的能量,國外的著名社群媒體有 Facebook 和 Twitter。作為 Web2.0 的代表,社群媒體的特性表現在以下幾個方面。

第一,共享性。社群媒體的內容向所有使用者開放,所有使用者可以共享內容。

第二,自主性。使用者可以自己創造內容,並將其共享於社群網路中。

第三,互動性。使用者之間可以進行無間隔的交流、討論,甚至形成輿論。

第四,聚合性。主要表現為內容、概念上的聚集融合,以及根據不同內容或概念形成的一個個小眾。如豆瓣網是一個評論(書評、影評、樂評)網站,其中的豆瓣閱讀、豆瓣電影、豆瓣音樂分別聚合著有共同興趣的群體。

（二）社群媒體時代社交關係的變化

每一種新媒體的出現都會或多或少地影響人類社交關係，社群媒體也不例外。由於社群媒體的獨有特性，它對人類社交關係的改變主要表現在以下幾個方面。

（1）超時空性。社群網路服務能大幅地解決眾多個人社交的空間和時間限制問題，使得影響力和傳播範圍大大加強，理論上人們可以隨時隨地進行溝通。

（2）強互動性。網友可以自由進行資訊的共享、交流和溝通，在社交方面更高效地互動。

（3）強個體性。傳統社交關係中，個體的影響力範圍是有限的，但在社群網路關係下，個體可以在大範圍內產生極大影響力，充分展現其傳播能力。

（三）網路社群化的主要表現

社交在不同的歷史時期有著不同的表現形式及內容，歷史上每次交通工具和通訊工具的改變，都會對人類的社交產生很大的影響，不僅擴大了人們的社交範圍，而且也改變了社交方式。作為一種新型的社會交往方式，網路社群主要表現形式有兩種。

1. 以物質交換為主的網路社群

以物質交換為主的網路社群，主要目的就是買賣雙方在不見面的情況下，藉助網際網路實現各種商貿活動，最典型的就是電子商務。作為一種新型的商業營運模式，電子商務為人們的生活帶來了很多驚喜，人們可以進行網路購物、各種金融活動等。

近幾年中國的電子商務發展迅速，最著名的莫過於淘寶網了。據 CNNIC 統計，截至 2014 年底，中國網路購物人數達到 3.61 億人，較 2013 年底增加了 5953 萬人，成長率為 19.7%；中國網友使用網路購物的比率從 48.9% 提升至 55.7%。

2. 以精神交換為主的網路社群

以精神交換為主的網路社群主要作為現實人際溝通的輔助工具，強化人與人之間的情感聯絡，擴大人際交流的範圍與規模等。社群網路為使用者帶來了生活樂趣，人們樂意在網上「曬」自己的生活，談論自己的理想。有時，網路上的這種思想與情感交流，甚至會超越現實生活中的精神交流，成為有些人最重要的交流表達方式和生活狀態。

在日本，面對複雜的交際環境，年輕人更傾向於封閉自我，「御宅族」幾乎是伴隨著網路社群的流行同時出現的，這從另一層面說明現代人對於網路社群的熱愛程度。因為網路在網友面前所敞開的，不僅僅是一種硬體和軟體組成的資訊媒介，而是一種令人沉浸其中的生活情境。

二、行銷的社群化

社群媒體的繁榮，使上網成為人們生活的一個重要部分，人們透過社群媒體可以完成生活、消費、娛樂、情感交流、資訊共享等幾乎一切有關交往和生活的活動。行銷的社群化是伴隨社群媒體興起而出現的一種行銷新趨勢，表現為行銷更多地依賴於消費者與消費者之間、企業與消費者之間的社會關係，關係和口碑成為衡量行銷效果的兩個重要因素。

（一）行銷的社群化優勢

相對於傳統行銷方式，行銷的社群化具有如下優勢。

1. 對目標客戶精準定位

社群媒體上人們的豐富表達為行銷者真正瞭解市場、瞭解消費者的真實想法和訴求提供了很好的機會。社群網路擁有使用者大量極具價值的訊息資訊，分析使用者發表和分享的內容，可以有效地判斷出使用者的喜好、消費習慣及購買能力。此外，隨著社群使用者使用行動裝置的比例越來越高，行動網路基於地理位置的特性也為行銷帶來極大的變革。這樣，透過對目標使用者的精準人群定位以及地理位置定位，在社群網路投放廣告自然更容易做到有的放矢。

2. 增強客戶黏著度

互動性是社群媒體的主要特點之一，企業與使用者可以利用社群媒體進行順暢的溝通、友好的互動，建立良好的關係，增強黏著度，形成良好的企業品牌形象。微博等社群媒體是一個天然的客戶關係管理系統，透過尋找使用者對企業品牌及產品的討論或者埋怨，可以迅速做出回饋，解決使用者的問題。只要企業與顧客形成良好的關係，那麼，關係帶來的價值將是難以估計並且持久的。

2011年8月，TCL推出雲端電視，採取行銷社群化策略。TCL對相關業務進行了調整，比如在品牌管理架構上，特地增設新媒體行銷工作，負責相關內容策劃與媒體投放；在宣傳理念上，更加注重話題和策略與時俱進，使用「七年級生」、「八年級生」消費者認同的語言和溝通方式；在海外，選擇在Facebook、Twitter等社群網路上開設官方帳號；在中國，則運用了各種主要的數位平台和工具，包括官方網站、部落格、微博、微信、搜尋引擎優化、簡訊資料庫等，並與線下的戶外電視網、戶外LED媒體、機場電視媒體連動。

3. 便捷的市場調查

首先，企業透過分析與處理網路資料，能夠幫助預測企業產品或投放廣告的市場效果，透過使用者的回饋與評論，可以對市場進行一定程度的監控。其次，透過分析使用者資料，可進行市場調查，開發潛在市場。最後，如果企業出現危機，還可以利用社群媒體與消費者進行溝通，有效降低危機產生與擴散的可能性。

如2012年大陸央視「3·15」晚會曝光了麥當勞北京三里屯餐廳違規操作的情況，本來，在中國登上大陸央視「3·15」晚會，這對品牌而言可以說是一個致命的打擊，但是一小時後，麥當勞第一時間利用微博進行危機公關處理，成功地化解了危機。

4. 低投入高報酬

美國著名未來學家約翰・奈思比曾經說過：「未來的競爭將是管理的競爭，競爭的焦點在於每個社會組織內部成員之間及其與外部組織的有效溝通上。」透過社群網路，企業可以以很低的成本組織起一個龐大的粉絲宣傳團隊，以小投入實現大傳播。

小米手機成功可能有許多因素，但絕對離不開粉絲團隊的支持。每當小米手機有活動或推出新產品，粉絲就會奔走相告，而這些幾乎是不需要成本的。行銷的社群化可為企業節約可觀的行銷成本。另外，行銷的社群化還有助於企業識別以及利用使用者的類型，社群媒體上的公開訊息可以幫助企業有效地尋找到意見領袖，透過意見領袖的宣傳，獲得比大面積撒網更好的行銷效果。

（二）行銷的社群化策略

在人際關係水平化時代，每個人都既是訊息的接受者，又是訊息的傳播者，現代企業若想在市場競爭中取得成功，只意識到社群行銷的重要性是遠遠不夠的，還要結合社群媒體的特點與消費者行為模式，調整企業的行銷策略。

1. 確定目標群體，實施社群化行銷

隨著資訊科技進步、社群網路蓬勃發展，使用者活躍在一個相互交織的網路關係網中。在網路世界裡，使用者既可以保持其獨特的個性，也仍然可以根據其特徵和喜好被劃分為一個個群體。企業可以根據自己的市場定位，確定目標群體進行社群化行銷，讓被同一事物聯繫在一起的人聚起來交流，利用群體關係引爆某個傳播點。

小米成功的一大關鍵就在於它良好地利用了自己的粉絲群這一特殊群落。紅米手機發表時，小米攜手 QQ 空間聯合發表活動，讓大家猜測發表的產品是什麼，有 650 萬人參與此活動，有 750 萬使用者預約，首批 10 萬支紅米手機在 90 秒內銷售一空。

2. 加強互動溝通，形成病毒式行銷

企業在行銷中要強化互動溝通，一方面是企業與消費者之間的互動溝通，另一方面是消費者與消費者之間的互動溝通。透過對消費者的回饋與討論，瞭解消費者真正感興趣的是什麼，巧妙地投其所好，製造話題，透過使用者的討論與分享，傳播和擴散訊息，進行行銷傳播。例如喜力啤酒的「朋友之間的造謠運動」，就為消費者提供了很有趣的參與話題。活動充分利用消費者的社交圈，讓消費者自覺自願地參與傳播，自動成為活動的傳播者與行銷者，最後達到病毒般擴散的傳播效應。

3. 在利用社群媒體的基礎上，進行整合行銷

在充分利用社群媒體的基礎上，企業還應結合其他媒體進行整合行銷。這包括各類社群媒體之間，以及社群媒體與其他新媒體乃至傳統媒體之間的整合。以《爸爸去哪兒》節目的行銷宣傳為例，在前期宣傳、拍攝過程、節目剪輯等各個階段，節目製作單位利用電視台重點宣傳林志穎，藉助明星效應提升其號召力。隨著節目的熱播，節目利用下期預告片的一些精彩片段和本集節目中出現的笑點或感人片段，掀起觀眾在觀看節目後在社群網路上的熱議和與節目官方微博的互動。節目所帶來的話題討論日漸發酵，在微博、微信上引發了從最開始的萌、開心上升到全民熱議的親子教育、父愛不缺席等社會現象的討論。電視、網路、影片、微博、微信、業配文多種互動的宣傳方式，讓這個節目迅速紅遍大街小巷，帶動收視率節節攀升。「電視＋網路＋行動客戶端」是《爸爸去哪兒》重點使用的整合行銷模式。在新的行銷傳播環境下，行銷宣傳不能只靠一種方式，還要有針對性地進行組合行銷。

三、消費者自創內容與參與式行銷

隨著數位科技進步，社群媒體的個人表達性也愈來愈強，消費者的意見和體驗對其他消費者的影響也與日俱增，企業廣告對消費者購買力形成的作用正在逐漸下滑。行銷者已經無法全面控制自己的品牌，他們必須向日益強大的消費者團體妥協。威普弗斯（Wipperfürth）在其作品《非品牌》（Brand Hijack）中曾大膽預測，企業必須與消費者合作，企業必須學會傾聽消費者

呼聲，瞭解他們的想法，獲取市場訊息。當消費者開始主動參與產品和服務時，企業與他們的合作就會進入一個更深的層次。

2010 至 2011 年間，百事行銷總監更名為「首席消費者參與官」（Chief Consumer engagement Officer）；戴爾任命「首席傾聽官」（Chief Listeners），在中國榮獲「最佳消費者參與獎」。拒絕干擾式行銷，實施參與式行銷策略的現象越來越普遍，全球行銷界正進入一個參與式行銷的新時代。

參與式行銷的核心，就是企業以消費者為中心，透過與消費者的有效溝通，建立良好的關係，使消費者參與企業產品創新和行銷的過程，進而參與企業的成長過程，共同完成品牌使命。參與式行銷的作用表現在以下幾個方面。

1. 提升品牌形象

消費者參與式行銷，意味著企業與消費者建立良好關係，透過網路溝通平台，企業以開放的心態在社群網路平台上即時感知、發現消費者的需求，回應、了解並與其進行深度溝通，以提高消費者信任度，加深消費者對品牌的好感度，進而提升品牌形象。小米社群裡可以看到企業與「米粉」的順暢溝通。另外，小米老總雷軍每年定期與「米粉」見面，真誠溝通，讓消費者具有強烈的參與感，而參與感無疑會提升品牌形象。

2. 加強品牌創新能力

創新是任何一個企業立足市場的必備能力。在新媒體時代，企業想要長期保持良好的創新能力以吸引消費者，最好的辦法莫過於釋出權力給消費者。國外學者中最早關注消費者創新的是艾瑞克·馮希培，早在 30 多年前，他就開始研究顧客對新產品開發所產生的作用。透過對儀表、元件製造業等行業新產品開發的實證性研究，並分析了大量資料後，他發現 100% 主要新產品的發想與 80% 次要新產品的改進，都直接來自與使用者的合作，使用者是許多，或者說絕大部分工商業新產品開發的第一人。由領先使用者所開發的

產品概念往往更新穎、市場占比更高,更有潛力發展成一個完整的產品系列,並更具有策略重要性。

3. 優化整合行銷傳播

網路社群化時代,企業不僅可以利用傳統的傳播方式,而且還可以整合利用「@好友」、網路影片、社群遊戲等互動社群傳播的力量,打通社群網路上的行銷與線下的行銷活動,整合社群網路媒體與電子郵件、網站、廣告等傳統行銷方式,互為補充,形成一整套跨越線上線下的整合行銷方案。

四、社群媒體時代的口碑行銷

社群媒體時代,廣告對網友的作用日漸式微,加上虛假廣告泛濫,網友更願意透過「朋友圈」裡的意見領袖或有經驗的其他消費者,來獲取相對可靠的資訊。而社群媒體正是新媒體時代消費者口碑的重要集散地,口碑行銷成為社群媒體時代的重要行銷手段。

(一) 網路口碑行銷定義及特徵

口碑在消費者資訊蒐集、評價及購買決策中發揮著重要作用。網路的廣泛應用,為口碑創造了絕佳的塑造與傳播平台,推動了口碑行銷的進一步發展,開創了口碑行銷的新時代——網路口碑行銷。

口碑(word of mouth)是指沒有商業目的的人際間口頭交流的關於品牌、產品、服務的資訊或看法,網路口碑就是消費者之間透過網路進行的產品資訊交流。與傳統口碑相比,網路口碑的傳播範圍大為擴展,傳播頻率大為增加。

1. 成本低廉

相對於傳統媒體的廣告費用,社群媒體口碑行銷成本要低得多,一旦企業的產品或服務在消費者中形成良好口碑,消費者就會自發地對企業的產品或服務進行傳播,並很容易成為忠實顧客,大大節省了企業廣告成本。口碑行銷這樣廉價而簡單奏效的方式,無疑是企業吸引潛在消費者的最佳手段。

2. 具有群體性

社群媒體之所以如此引人重視，是因為它影響著人們的社交關係。在社群網路裡，每個消費群體都構成了一個相對獨立的生活圈。他們有相類似的購買趨向，有相近的品牌偏好，只要其中一個或幾個受到企業的影響，企業資訊便會在該消費群體中迅速傳播開來，甚至可能遍及其他的消費群體。

3. 傳播超時空

由於網路上網方便、傳播迅捷等特點，社群網路時代，人們之間的交流不僅突破了時空限制，身在異地同樣可以進行面對面的溝通，傳播範圍更廣，而且可以在任何時間進行訊息交流，資訊影響力增強。

4. 傳播多樣性

在行銷社群環境中，口碑訊息的傳遞不再侷限於口頭語言，也可以是文本、聲音、圖像與影片，資訊的內容變得豐富多彩。網路口碑傳播允許使用者既可以進行一對一的私密交流，也可以與許多人同時交流。網路口碑可以是同步傳播，即交流主體在交流時間上保持一致性，如聊天室、即時通訊等，還可以是非同步傳播，即交流主體不需要同時上線就能完成的網路口碑傳播活動，如 BBS、E-mail 等。

5. 傳播匿名性

傳播的匿名性意味著無法確認資訊傳播者的真實身分。網路中人們的匿名溝通使得弱關係數量劇增，由此網路溝通呈現出多面向互動的模式。網路的匿名性使傳播者有更大的言論發表自由，人們可以進行更平等、更純粹地交流，因而可信度較高。但另一方面，也因缺乏社會規範約束，導致傳播比較隨意，一定程度上降低了網路口碑訊息的可信度。

（二）網路口碑行銷的作用

口碑能夠影響人們的認知、態度與行為，網路口碑行銷越來越受到企業重視。從經濟效益與社會效益兩個方面來看，網路口碑行銷的作用主要包括以下幾個方面。

1. 建構良好品牌形象

俗話說「金杯銀杯，不如老百姓的口碑」，口碑行銷兼具通路促銷與品牌傳播的雙重功能。市場是試金石，只有受歡迎的品牌才能形成良好的口碑。良好的口碑是建構企業良好形象的必要條件。

2. 提高顧客忠誠度

企業有了良好的口碑，才能吸引消費者注意，在資訊泛濫成災的年代更是如此。良好的口碑能獲得消費者的信任，贏得回頭客。消費者會傾向於信任並喜愛有良好口碑的企業或組織，對其產品與品牌產生情感上的認同，進而從滿意體驗的層面上升到依賴與忠誠。

蘋果透過向消費者提供將要推出新產品的暗示，透過舉行下一代iPod、iPhone等新產品的發表會，不斷地維持住口碑傳播的熱度，提高顧客的忠誠度。可以說，口碑行銷對蘋果公司的巨大成功有著重要貢獻。

3. 開發潛在消費者

網路口碑對銷售的促進作用也是非常明顯的。首先，網路口碑資訊傳播方式的多元化特點，決定了網路口碑的傳播範圍廣、速度快。資訊的傳播有多種形式，使用者可以進行一對一、一對多，甚至是多對多的口碑資訊傳遞。其次，相較於廣告宣傳來說，口碑傳播的可信度明顯高於其他傳播方式。英國Mediaedge的調查發現，當消費者被問到哪些因素令他們在購買產品時更覺放心，超過3／4的人回答「有朋友推薦」。企業可以利用網路口碑行銷說服潛在顧客，促使其從潛在顧客轉變為現實顧客。

（三）口碑行銷時代的企業行銷策略

口碑行銷時代，企業必須從以下三個方面著手，才可能在消費市場中形成品牌威望，贏得市場競爭的成功。

1. 提高產品質量，提升消費者體驗

口碑行銷的前提是讓消費者談論你的產品或品牌。如果產品不好，消費者在使用過程中沒有良好的產品體驗，自然無法對產品或品牌進行正面口碑

傳播。因此，成功的口碑行銷不是來自完美創意的廣告，而是來自產品本身的優勢與良好的消費者體驗。

蘋果的口碑傳播好，最根本的原因是蘋果提供了最好的手機產品和產品體驗，所以才會有那麼多的忠實粉絲為其奔走相告，免費進行品牌傳播。

2. 善用意見領袖，提升口碑傳播效果

在口碑傳播中，意見領袖的作用是相當關鍵的。如果企業產品或品牌成為意見領袖關注與討論的話題，那麼口碑行銷想不成功都很難。因為網路意見領袖擁有龐大的粉絲群，其言行會得到大量的回覆、轉寄和評論，能產生強大的傳播效果。

3. 理性處理負面口碑，維護企業形象

網路的能量是巨大的，但同時它也會存在許多不可控制因素，企業應當建立監測負面口碑意識，不可掉以輕心。如果有負面訊息出現，企業要以負責任的態度，第一時間與消費者溝通，不能推諉，甚至掩蓋或不承認，應最大限度地維護企業形象。

美國亞特蘭大抱怨處理公司發現，只要在 24 小時內回應顧客的抱怨，96%的顧客會留下來。假如 24 小時內沒有回應的話，則每天會損失 10%的顧客。另有調查顯示，如果抱怨處理得當的話，有 98%的顧客將會再次光顧，甚至有可能成為忠誠顧客並傳播正面口碑。

2012 年，麥當勞曾成功地利用社群媒體進行了危機公關，既避免了公司負面訊息的擴散，還贏得了消費者信任。然而，2014 年 7 月 20 日，麥當勞採用過期肉的負面消息曝光後，麥當勞並沒有第一時間來誠心地處理這次危機，回應聲明與肯德基一樣，草草了事，導致事件持續發酵，讓不少忠實使用者深感失望。

【知識回顧】

與其他媒體的廣告形式相比，網路廣告有著許多先天的優勢。突破時空限制的大量資訊、視聽效果的完美結合、即時性與持久性的統一、費用低且

收費方式靈活、互動性及廣告效果的可測量性，使其在行銷中發揮著重要的作用。

社群媒體時代，傳統廣告對網友的作用日漸式微，加上虛假廣告的泛濫，網友更願意透過親友圈與意見領袖或輿論達人來獲取相對可靠的訊息。企業追求品牌成功時一定要學會透過社群行銷，在社群網路中會形成自發式的群眾傳播，達到口碑行銷的效果。這不但為企業節省了高昂的廣告費用，而且拉近了與客戶之間的距離，建立了良好的口碑，樹立或鞏固了自己的市場地位。

網路口碑行銷具有成本低廉、群體性、傳播超時空、傳播多樣性、傳播匿名性等特點，口碑能夠影響人們的認知、態度與行為，網路口碑行銷也越來越受到企業的重視。

【複習思考題】

1. 什麼是網路行銷？

2. 網路廣告有哪些表現形式？

3. 行銷的社群化有哪些表現？

4. 試述口碑行銷在社群媒體時代的意義以及具體策略。

第六章 搜尋引擎行銷

【知識目標】

☆搜尋引擎行銷的概念及特徵。

☆搜尋引擎行銷的基本方法。

☆搜尋的多元化及其行銷前景。

【能力目標】

1. 瞭解搜尋引擎行銷的基本方法。

2. 探索分析搜尋的多元化及其行銷趨勢。

【案例導入】

自 2010 年啟動品牌升級計畫之後，伊利進一步強化消費者體驗，倡導全民健康的生活方式，而「健康」正是伊利與奧運的緊密連接點。2012 年，伊利提出「一起奧林匹克」口號，將「全民奧運」的理念貫穿始終。倫敦奧運期間，伊利集團帶領四組素人明星登陸倫敦 400 輛紅色雙層巴士，使其倡導的「一起奧林匹克」理念得到詮釋。伊利與搜狗發起「伊利—搜狗大巴桌面行銷」，訂製搜狗輸入法面板，再現伊利倫敦巴士，藉著奧運的強勢曝光，將健康的生活方式與健康理念傳遞給每一個人。

1. 以輸入法為入口，涵蓋 80%以上桌機

在這一活動中，伊利創建了虛擬的倫敦街景專題，消費者上傳照片，即可將自己的照片刊登在行駛中的倫敦雙層巴士上。伊利還聯手搜狗輸入法，訂製了倫敦雙層巴士元素的搜狗輸入法背景圖，形成持續口碑，搶占網友關注的奧運焦點時刻。

同時，透過桌面彈出式視窗，結合奧運即時焦點，曝光大量資訊，並開發 Flash 背景圖與互動介面，打通資訊、微博、影片、社群、簡訊，實現大平台互動。

2.《奧運早新聞》掀起輿論話題

配合線上「伊利搜狗大巴」互動活動，搜狐奧運原創影片《奧運早新聞》，主持人帶隊走上倫敦街頭，直擊倫敦街頭的伊利紅色雙層巴士，呼應線上互動火熱人氣，並擷取倫敦街頭的中國元素，掀起伊利「中國式奧運」輿論話題。

活動期間，伊利奧運雙層巴士背景圖的總下載量達到 2496803 次，線上互動參與量 3990163，線上 Minisite 總流量 2164562，奧運原創節目《奧運早新聞》播放次數 450 萬次。

在 2012 年的奧運策略中，伊利主打情感牌，大膽而獨具創意地採取「最親民的奧運行銷」策略，將「全民奧運」的理念貫穿始終。而此次新媒體行銷方式，伊利依靠涵蓋 80%以上電腦的搜狗輸入法互動設計，吸引網友主動參與輸入法背景圖中倫敦雙層巴士設計，讓伊利的倫敦雙層巴士「開」上了網友桌面，形成持續口碑，這樣「接地氣」的行銷方式有效地提升了伊利的品牌親和力，拉近了伊利與消費者之間的距離。

第一節 搜尋引擎行銷概述

伊利與搜狗的成功合作，足見搜尋引擎行銷的力量所在。隨著企業對搜尋引擎行銷的青睞，搜尋引擎廣告占據將近一半的網路廣告市場占比，其中垂直式搜尋的發展速度已經超過傳統的綜合搜尋。

一、搜尋引擎行銷的概念與特點

企業可以透過購買關鍵字廣告與網站優化等方式開展搜尋引擎行銷，透過使用搜尋資料改善企業與產品策略。

（一）搜尋引擎的概念與分類

搜尋引擎（search engine）是指根據一定的演算法，運用特定的電腦程式從網路上抓取資訊，在對資訊進行加工與處理後，將使用者檢索請求的相關資訊返回，為使用者提供檢索服務的系統。

搜尋引擎依照其工作方式主要可分為三種，分別是全文搜尋引擎（Full Text Search Engine）、垂直搜尋引擎（Vertical Search Engine）和元搜尋引擎（Meta Search Engine）。

全文搜尋引擎是名副其實的搜尋引擎，它們藉助程式自動抓取各個網站的資訊，建立起索引資料庫，根據使用者的查詢條件，比對資料庫中的紀錄，按一定的排列規則返回查詢結果。國外著名的有Google，中國知名的是百度搜尋。

垂直搜尋引擎是針對某一個行業的專業搜尋引擎，是搜尋引擎的細分和延伸，是針對網頁庫中的某類專門訊息進行一次整合，照順序分字分段抽取出需要的資料進行處理後，再以某種形式返回給使用者。具體的垂直搜尋領域有圖片搜尋、影片搜尋、微博搜尋、購物搜尋、旅遊搜尋等。

元搜尋引擎與一般搜尋引擎最大的區別是，元搜尋沒有自己的資料庫，它是將使用者查詢請求同時向多個搜尋引擎遞交，將返回的結果進行重複排除、重新排序等處理後，作為自己的搜尋結果返回給使用者。

在這三種搜尋引擎中，全文搜尋引擎是網友最熟悉、使用最廣泛的搜尋引擎，而「微博搜尋」、「購物搜尋」等垂直搜尋引擎則在人們需要做特定領域的搜尋時十分有效。

（二）搜尋引擎行銷的概念與特點

搜尋引擎行銷（Search Engine Marketing，簡稱為SEM）就是利用演算法的力量，根據使用者的搜尋紀錄，推播與使用者搜尋相關的行銷資訊，進而達到行銷目的的行銷方式。

企業開展搜尋引擎行銷，有兩種常見途徑：一是購買收費的搜尋引擎廣告（商業排序），如百度的競價排名廣告、Google的Adwords廣告等；二是搜尋引擎最佳化（Search Engine Optimization，簡稱為SEO），就是利用技術，讓企業網站進行最佳化，使網站的內容更容易被搜尋引擎搜尋到，並且讓各網頁在搜尋引擎中獲得較高的評分，進而在自然搜尋結果中獲得最佳排名。

截至 2014 年底，中國已有 53.7% 的企業使用搜尋引擎行銷這一宣傳方式，在各種網路行銷方式的使用率中排名第二（參見圖 1-2）。與其他行銷方式相比，搜尋引擎行銷具有以下兩個創新特點。

（1）增加了演算法的力量，使得廣告顯示更相關、更精準。搜尋引擎廣告背後依賴的是搜尋巨頭們先進的廣告演算法和技術，能夠精確地把廣告放置在相關的內容頁面上，能夠讓廣告主自行對關鍵字進行購買、調整和出價，並且是所有廣告主都渴求的按點閱（效果）付費。

（2）是一種「反向廣告」，避免了傳統的「廣告死亡漩渦」。搜尋產業專家丹尼‧沙利文（Danny Sullivan）將搜尋獲取過程稱作「反向廣告」。你只需要弄清楚目標群體在尋找什麼，然後滿足他們的需求，等著他們來找你。相對於坐在沙發上觀看歐普拉脫口秀節目的那些人而言，在 Google 搜尋列裡輸入「節能汽車」的人，更有可能在考慮購買汽車。

二、搜尋引擎行銷的優勢與作用

搜尋引擎具有得天獨厚的商業模式，吳軍在《浪潮之巔》中稱讚 Google 的商業模式是一種最佳的商業模式，並將其貼切地比喻為「印鈔機」。Google 雖然與雅虎同屬網路公司，但是兩者的廣告模式有著本質上的不同。Google 不僅在關鍵字廣告比對的技術上領先對手，更關鍵的是它的商業模式比包括雅虎和微軟 MSN 在內的傳統網路廣告業領先了整整一代。

搜尋廣告在投放上是完全自動的，而且，搜尋廣告根據搜尋的關鍵字來決定廣告的內容，廣告的針對性很強。至於向網頁投放的廣告，雖然沒有搜尋關鍵字，但搜尋引擎從網頁的內容中提取關鍵字，依然能夠保證廣告內容和網頁內容具有高度相關性。

（一）搜尋引擎行銷的優勢

具體來說，搜尋引擎行銷具有顯著、精準、成本低且可控、行銷效率高以及可整合等優點。

1. 顯著

搜尋引擎比其他大多數網路應用程式都擁有更大的閱聽人基數和普及率，是絕大多數網友上網的第一入口。據 CNNIC 的調查，中國搜尋引擎使用者規模高達 5.22 億，使用率為 80.5%，僅次於即時通訊；手機搜尋使用者達 4.29 億，使用率達 77.1%，僅次於手機即時通訊，是網友的網路與手機網路第二大應用。

以百度為例，百度涵蓋了 95% 的中國網友，每天回應超過 50 億次的搜尋請求。搜尋引擎基於龐大的使用者群，透過全面整合搜尋背後的消費需求，為企業打造高價值的行銷通路。

2. 精準

搜尋引擎不僅可以根據使用者搜尋的關鍵字，在頁面上方或右側比對相關的廣告，使廣告與使用者需求相符，獲得更有價值的使用者點閱率，成為更有實效的廣告，還可以透過地域、時間的篩選，讓行銷宣傳更精確。

3. 成本低且可控

成本低且可控這一特點使搜尋引擎行銷不僅適合行銷預算充足的大企業，也適合資金有限的中小企業。傳統媒體廣告費用高昂，小公司失去了發聲宣傳行銷產品的機會。而搜尋引擎行銷則擁有伴隨大量搜尋關鍵字和資訊的廣告長尾，資金雄厚的企業可以花重金在搜尋引擎頁面做宣傳，中小企業也可以購買特定的關鍵字做宣傳。

4. 行銷效率高

與其他行銷形式相比，進行主動搜尋的使用者，其消費指向更明確、行銷相關度更高，再加上按點閱付費的收費模式，使得搜尋行銷的效率更高，浪費更少。

5. 可整合

搜尋引擎公司的首頁是搜尋，但同時也有音樂、影片、百度貼吧、社群等各種業務，企業在搜尋引擎公司除了投放搜尋關鍵字廣告之外，還可以針

對產品的目標客群，選擇搜尋引擎公司的其他平台進行整套投放。此外，搜尋行銷也可以和線下行銷相結合，可以在線下進行品牌宣傳，線上為消費者提供更詳細的資訊並鼓勵購買。

（二）搜尋引擎行銷的作用

在幫助使用者檢索資訊，實現行銷資訊傳遞的基礎上，搜尋引擎行銷的作用可以進一步延伸到以下方面。

（1）網站宣傳。即透過搜尋引擎宣傳實現網站瀏覽量增加的目的，提升企業網站的網路品牌影響力。

（2）產品宣傳。與網站宣傳類似，搜尋引擎行銷可以對具體產品進行有針對性的宣傳，讓更多使用者發現產品資訊，尤其是透過購物搜尋引擎等方式，可以對多種產品進行比較，為使用者獲取購買決策資訊提供支援。

（3）由於搜尋引擎擁有眾多使用者，因此也成為一種網路廣告媒體，並且比一般基於網頁的網路廣告具有更高程度的定位。

（4）搜尋引擎作為線上市場考察的工具，在競爭者研究、使用者行為研究等方面均具有重要作用。以百度為例，百度提供「百度指數」、「百度統計」、「百度移動統計」、「百度輿情」等多種基於大數據的統計監測工具，免費向普通網友和企業開放，可以成為企業很好的考察工具。

（5）發現商業機會。透過搜尋引擎可以獲得網上發表的各種商業訊息，從中篩選後可能會發現有價值的資訊。

▍第二節 搜尋引擎行銷的方法與策略

搜尋引擎為企業提供了一個把線下傳播的影響力延續到線上，增加線上瞭解與消費的機會，這就要求企業必須掌握搜尋引擎行銷的基本方法。

一、搜尋引擎行銷的基本方法

搜尋引擎行銷的基本方法包括購買關鍵字廣告、進行搜尋引擎最佳化等開展搜尋引擎行銷。

（一）關鍵字廣告

企業可以透過購買關鍵字廣告開展搜尋引擎行銷，這種廣告形式最早出現在美國。1998 年美國 Goto.com 開創了拍賣搜尋引擎關鍵字廣告的新理念，後來美國 Google 公司借鑑並改進了前進公司的關鍵字拍賣模式，將其發展為重要且成熟的營利手段。

1. 關鍵字廣告的概念

關鍵字廣告是指展現在搜尋引擎搜尋結果中的廣告，由廣告主購買關鍵字，以使相關資訊展示給搜尋查詢者，是付費搜尋引擎行銷的一種形式。

這些廣告在 Google 的搜尋結果頁面上被標為「廣告」，在百度的搜尋結果頁面上被標為「宣傳連結」，而廣告出現的先後順序須考慮多個因素，包括廣告商願意為每次點閱支付多少費用，廣告和查詢的相關性以及廣告連結的網頁質量，如圖 6-1 所示。

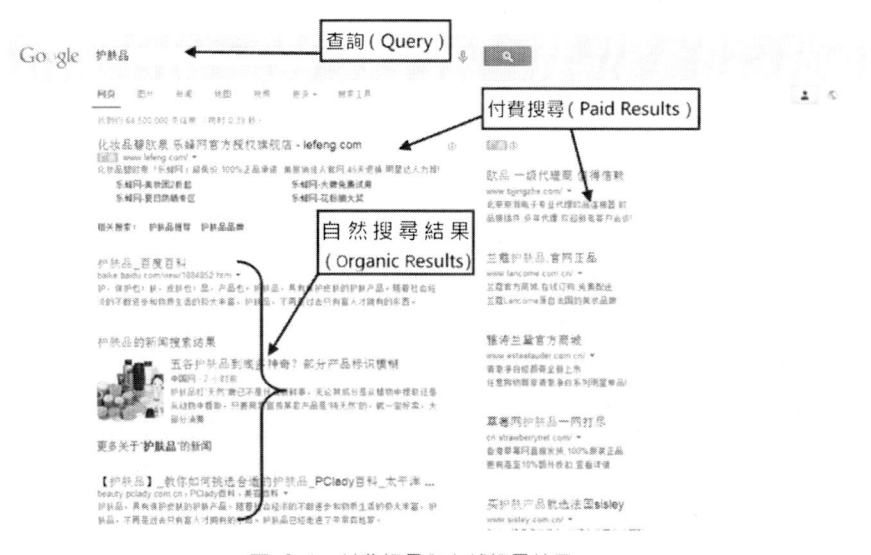

圖 6-1 付費搜尋和自然搜尋結果

這種模式的核心概念是將搜尋引擎的關鍵字作為廣告資源，廣告主透過拍賣系統線上即時投放關鍵字廣告，當使用者使用某個關鍵字搜尋頁面時，搜尋引擎將搜尋結果與廣告內容整合在一起，供使用者瀏覽。

2. 關鍵字廣告的主要特點

關鍵字廣告之所以受到企業關注，主要是因為它具有以下三個主要特點。

第一，是精準投放的逆向廣告。由於關鍵字廣告是消費者主動檢索相關關鍵字時才會出現的廣告，所以相對傳統的廣告主將廣告資訊傳遞給消費者的模式而言，關鍵字廣告是一種消費者主動檢索廣告資訊的逆向廣告，它能減少消費者對廣告的反感心理，是一種基於消費者需求精準投放的「逆向廣告」。

第二，形式簡單。關鍵字廣告通常是文字廣告，其中主要包含廣告標題、簡介、網址等要素，一般在搜尋結果頁面中與自然搜尋結果分開，如Google、百度等搜尋引擎都採取這種模式。由於關鍵字廣告的形式簡單，不需要相對複雜的廣告設計與製作，所以大大提升了廣告投放效率，節省廣告成本，進而獲得廣大中小企業的青睞。

第三，按點閱付費且成本可控。與一般付費收錄搜尋引擎按年度收取費用相比，關鍵字廣告的定價模式並非固定收費，而是按點閱量收費，只有使用者點選廣告後才開始計費，只有顯示而沒有點選的情況並不需要付費，因此所有的費用都是「有效的」。除了每次點選費用之外，使用者還可以自行設定每天、每月的最高廣告預算，而且這種預算可以方便地進行調整，為控制預算提供了極大方便。

3. 如何選擇關鍵字

關鍵字的選擇是否正確，決定著廣告投放性價比的高低，並且與最終的廣告效果優劣直接相關。事實上，不僅是關鍵字廣告的行銷方式，其實對於所有搜尋引擎行銷方式來說，關鍵字的研究和選擇都是至關重要的一步，因為搜尋引擎主要提供與關鍵字有關的內容。大多數人在搜尋時平均使用2到5個關鍵詞。

在選擇關鍵字時，第一，要站在客戶的角度考慮，調查目標客戶的搜尋習慣，考慮他們在搜尋產品時最有可能使用的關鍵字有哪些。

第二，將關鍵字擴展成一系列字組，勿用單一字彙，因為根據單一字彙進行搜尋會產生太多結果，所以多字詞組比單一詞彙更有用；可以進行多重排列組合，比如改變字組中的字序以創建不同的詞語組合、使用不常用的組合、使用其他限定詞來創造更多的組合等。

第三，使用專業概念詞彙以限定來訪者，使關鍵字組足夠明確專業、不至於太廣泛，勿用意義太泛的字或詞組。

第四，如果已經是具有一定品牌效應的企業，則可在關鍵字中使用公司名稱，否則就不必包含公司名。

第五，如果地理位置很關鍵，那麼可以把它加入關鍵字組。

第六，回顧競爭者使用的關鍵字，檢查一些可能遺漏掉的字組以進行有益的補充。

第七，最好的關鍵字是那些沒有被濫用而又很流行的字，即那些搜尋量大但是競爭小的關鍵字。雖然現在這種字越來越少，不過關鍵字的量是巨大的，總是會有尚未被開發或運用得比較少的關鍵字。

總之，企業需要根據自己的實力語資源，選擇自己能力範圍之內的、和自己網站主題內容相關的關鍵字，只保留能夠帶來「有效流量」的關鍵字，這才是選擇關鍵字的根本。

(二) 搜尋引擎最佳化

搜尋引擎最佳化，就是在分析、瞭解各類搜尋引擎的搜尋、頁面抓取和搜尋結果排名的規則基礎上，對網站進行有針對性的調整與優化，使之更易於被搜尋引用，並且在搜尋引擎的自然搜尋結果中排名靠前的一種技術。搜尋引擎最佳化的最大優勢在於，它沒有絲毫廣告和行銷的痕跡，可以在不損害使用者體驗的情況下提高搜尋引擎排名，進而提高網站瀏覽量，提升網站的行銷宣傳能力。

搜尋引擎最佳化策略可分為以下四個方面。

1. 關鍵字策略

關鍵字的選取是最佳化的第一步，在網站策畫階段就應該考慮。網站定位、欄目設置、產品所屬行業的特點、目標群體所在區域等因素，都會在一定程度上影響關鍵字的選取。此外，關鍵字的選取須考慮上述所提及的通用規則，比如，關鍵字不能過於廣泛、應從客戶角度考慮其搜尋習慣、選用搜尋量大但競爭性小的字，等等。

2. 網站內部最佳化策略

網站內部最佳化是整個搜尋引擎最佳化工作最核心的部分。搜尋引擎最佳化人員需要透過站內優化，把網站結構做得更容易被搜尋引擎抓取；設計整體內部連結架構，把站內權重導給最重要的頁面；最佳化頁面內容使得搜尋引擎更容易識別和比對等等。具體來說，站內最佳化可以從以下幾個方面著手。

（1）網站標題的編寫。網站標題編寫越精練越好，一般控制在 25 個字以內比較妥當，太多了不僅不利於搜尋引擎最佳化，而且影響使用者體驗。當然，網站標題要展現一個網站的核心關鍵字。

（2）網站內容最佳化。即做好網站內容的規畫。網站的資訊內容應主要以文字為主，輔以必要的圖片。不要只顧頁面美觀而大量使用圖片、Flash等，這樣會不利於搜尋引擎抓取。此外，搜尋引擎最佳化主導下的網站在編寫內容時應考慮以下三個問題：目標使用者在透過什麼關鍵字尋找目標訊息？目標使用者在尋找指定訊息時，除了直接找對應的關鍵字外，還會搜尋什麼？目標使用者真正需要什麼內容？搜尋引擎最佳化人員須在上述思考的指引下，進行網站內容的編寫，豐富網站內容。

（3）網站導覽的最佳化。網站導覽的主要目的，就是引導使用者和 Spider（網頁蜘蛛）更好地瀏覽網站內容。所以應盡力從網站瀏覽者的角度去規劃導覽列，最好能讓使用者一進來就能瞭解網站的結構。常見的網站導覽有主導覽、多級導覽、底部導覽和麵包屑導覽等。這些導覽連結在搜尋引擎最佳化中，不僅可以引導使用者和 Spider 瀏覽全站內容，告訴使用者和

Spider 自己所在網頁的位置，還可以布局整站內鏈架構，控制站內權重的流動及向 Spider 聲明站內各個頁面的重要程度等。

（4）網站內部連結最佳化。網站內部的連結要保證其完整性，從內頁到首頁、首頁到欄目頁、欄目頁到文章、文章到欄目、文章到文章等，採取一些相關連結，保持內部連結暢通，這樣既不會使瀏覽者迷路，也不會使搜尋引擎抓取不到很深的頁面。同時也要注意內部的死連結和無連結，去除不必要的連結。

（5）製作網站地圖。在搜尋引擎最佳化中切不可忽視網站地圖，大多數人在網站上找不到自己所需要的訊息時，可能會將網站地圖作為一種補救措施。同時網站地圖也為 Spider 提供了可以瀏覽整個網站的連結。

以上所述之網站導覽的最佳化、網站內部連結最佳化、製作網站地圖均屬於網站結構最佳化的範疇。良好的網站結構不僅可以引導 Spider 快速高效地抓取全站內容，還可以輔助站內權重的合理導向，最重要的是，良好的網站結構是使用者體驗的基礎。

3. 外部連結策略

對於一個網站來說，其外部連結也不容忽視。外部連結的重要性源於搜尋引擎的演算法，在搜尋引擎的演算法中，如果一個網站被其他很多網站所引用，那麼說明這個網站有一定的權威性和重要性，而連結這個網站的關鍵字被認為是對這個網站的描述，當這樣的連結在網路上比較多的時候，搜尋引擎將會視連結的質量給予這個網站相應的加權和提高排名。

外部連結的方式很多，常用的有與其他網站交換友情連結，購買著名網站的單向連結，透過發表業配文添加網站連結，直接在其他網站、論壇上發布自己網站的首頁連結，或把自己網站提交到開放目錄，等等。

4. 圖片和影片搜尋的最佳化

主流搜尋引擎現在差不多都開設了圖片和影片垂直搜尋業務。除了圖片垂直搜尋引擎外，其實在普通的網頁搜尋中也會有大量包含「圖」的搜尋字，

如果網站有豐富的優質圖片，大可以設計專門的網頁優化「** 圖／圖片／照片」之類的關鍵字。

與圖片最佳化一樣，除針對垂直搜尋引擎外，影片類網站同樣可以在網頁搜尋上，最佳化相應影片類搜尋字。現在大部分電影下載站都瞄準這類關鍵字，也有不少網站採用引用大型網站影片的方法來最佳化相關關鍵字，透過其他廣告獲取收益，這一切都是透過網頁搜尋進行的。

（三）其他搜尋行銷方法

除了關鍵字廣告和搜尋引擎最佳化外，搜尋行銷還有網站廣告聯盟宣傳、網址列搜尋廣告、品牌專區等多種方法。

1. 網站廣告聯盟宣傳（網盟宣傳）

Google 的 Google AdSense 就相當於一個廣告聯盟，分為 AdSense For Content 和 AdSense For Search 兩種。前者是一種獲取收入的快捷而簡便的方法，適合於規模不一的網站發布商，在相關網站的內容網頁上展示相關性較高的 Google 廣告，當網路使用者在 AdSense 加盟網站上點選相應的 Google 廣告後，加盟網站便可從 Google 獲得廣告收入分成；後者則可供聯盟成員用來直接從任一網頁向其使用者提供 Web 搜尋功能，對於 Google 增加自身搜尋引擎流量不可或缺。

百度網盟以 60 萬家優質聯盟網站為宣傳平台，透過分析網友的自然屬性（地區、性別）、長期興趣喜好、短期特定行為（搜尋和瀏覽行為），藉助百度特有的閱聽人定向技術幫助企業主鎖定目標人群，當目標閱聽人瀏覽百度聯盟網站時，以固定、貼片、懸浮等形式呈現企業的宣傳訊息。

百度網盟是百度搜尋引擎行銷的延伸和補充，突破了僅在網友搜尋行為中實施影響的限制，在網友搜尋行為後和瀏覽行為中全面實施影響。網盟宣傳與搜尋宣傳一脈相承，當網民使用百度時，搜尋宣傳將企業的宣傳資訊展示在搜尋結果頁面，而當網友進入到網路大量的網站時，網盟宣傳可以將企業的宣傳資訊展現在網友瀏覽的網頁上，涵蓋了網友更多的上網時間，對網友的影響更加深入持久，有效幫助企業提升銷售額和品牌知名度。網盟宣傳

和搜尋宣傳相結合，能夠達到對潛在目標客戶的全程、全方位深度影響，幫助企業獲得更好的行銷效果。

2. 網址列搜尋廣告

網址列搜尋廣告屬於第三代的中文上網方式，使用者無須記憶複雜的網域名稱，直接在瀏覽器網址列中輸入中文名字，就能直達企業網站或者找到企業、產品資訊，為企業帶來更多的商業機會。

網址列搜尋因為方便、易用，已成為常用的網路搜尋服務之一。中國的 3721 公司和中國網路信息中心（CNNIC）都曾提供這項服務，分別被稱為「網路實名」和「通用網址」服務，購買這項服務需要按年付費。自 2009 年微軟推出新一代搜尋引擎 Bing 以來，Bing 也提供這項服務，而且因微軟在瀏覽器入口方面的強大優勢，所以其網址列搜尋服務對於使用者來說也就顯得更為自然和便捷。

3. 品牌專區

品牌專區是百度針對品牌客戶所提供的服務。過去，搜尋引擎 80% 的營業收入都來自中小企業，僅有 20% 來自品牌客戶。2011 年，百度推出品牌專區服務，對品牌客戶具有很大的吸引力。

百度品牌專區「是為品牌量身定做的專屬諮詢發表平台，是為提升網友品牌搜尋體驗而整合文字、圖片、影片等多種展現結果的創新搜尋模式」，百度品牌專區位於搜尋結果首頁最上方，占據了搜尋結果頁面的大部分位置（如圖 6-2 所示）。企業還可以同時在品牌專區下方的關鍵字廣告欄位展示客戶的關鍵字廣告，廣告中包含客戶的品牌名稱和核心產品名稱。透過這種方式，企業可以為使用者提供良好的搜尋體驗，並且將他們引導至企業希望宣傳的頁面，如官方網站、產品網站或客戶的電子商務網站，以此實現對品牌的保護。

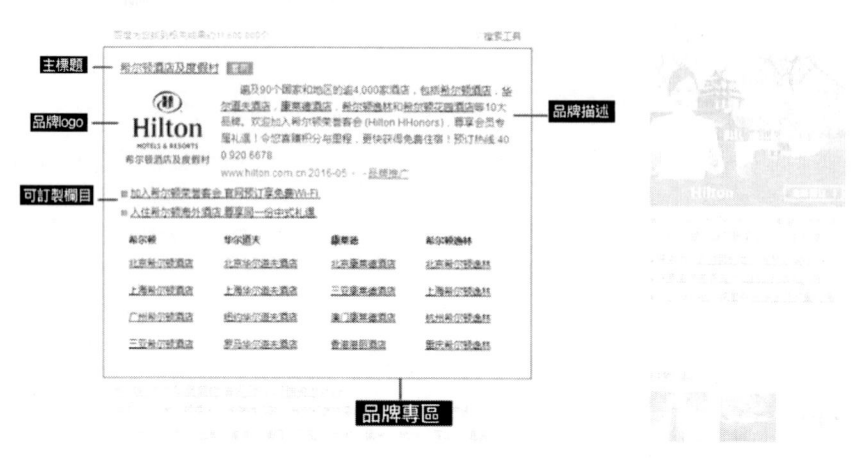

圖 6-2　百度品牌專區範例

二、搜尋引擎行銷的應用策略

企業可以透過兩種主要的方式和搜尋者建立聯繫——付費搜尋和自然搜尋。搜尋引擎最佳化是透過優化網頁來提高產品的自然搜尋排名；而購買關鍵字廣告，讓產品出現在搜尋頁面上方或右側，或購買網盟宣傳服務，讓產品宣傳資訊出現在搜尋引擎廣告聯盟的其他頁面中，則是常見的付費搜尋方式。在具體應用上，搜尋引擎行銷還可進一步深化其策略。

（一）使用搜尋數據改善企業與產品策略

大多數企業只把搜尋當作行銷手段，而沒有利用搜尋平台所積累的大數據進一步改善自身。搜尋平台上聚集了大量的使用者搜尋資料，這些資料刻畫了一幅幅潛在消費者的畫像，他們用搜尋關鍵字告訴企業自己希望得到的產品和功能。企業可以透過研究搜尋資料改進企業的產品與策略，有針對性地開發產品、推銷產品。

Better Camera 是美國一家不算知名的數位相機製造商，該公司預備推出一款滿足市場需求的相機。公司的產品考察小組準備從使用者的搜尋日誌中尋找線索。該公司首先透過搜尋數位相機的使用者推測出數位相機的潛在

市場，進而透過分析使用者搜尋相機時使用的關鍵字，來判斷使用者對相機的哪些功能最為關心，並結合公司的生產技術與資金能力選擇自己可以進入的領域。透過分析搜尋使用者的地理位置和搜尋時間，該公司發現搜尋次數在夏季飛速上漲，同時夏威夷州、佛羅里達州、阿拉斯加州的搜尋者對水下相機最感興趣。

根據這一現象，產品考察小組推測防水數位相機的潛在消費者很可能是想要到夏威夷州、佛羅里達州的網友。但是這些人只是在渡假的短短幾週內使用數位相機，不準備在相機上大量投資，因此該公司決定為顧客提供低成本的防水相機。他們放棄生產數位相機，轉而生產相機的防水外殼。Better Camera 透過分析使用者的搜尋行為和搜尋者的特徵來開發新產品，調整產品計畫，靈活地運用搜尋引擎和使用者的大數據，這樣的考察方式不僅時間和金錢成本更小，而且也更為貼近使用者的真實需求。

(二) 線上搜尋行銷與線下傳播相結合

在網路出現以前，潛在客戶透過觀看電視廣告、收音機廣告、報紙廣告等走進商店。如今，潛在客戶會在觀看電視廣告後上網搜尋產品資訊，或直接在網上搜尋自己需要的產品相關訊息。

例如，蘋果公司在 2006 年開始推出「I'm a Mac」廣告後，也對蘋果官網進行最佳化，保證其在蘋果電腦相關的關鍵字搜尋結果中排名靠前。潛在消費者看完蘋果的電視廣告後上網搜尋蘋果電腦，發現 apple.com 位居「I'm a Mac」搜尋結果前兩位，這種結果非常有利於增加消費者對蘋果電腦的正面印象，提升其購買機率。

(三) 整合搜尋行銷

搜尋引擎的低價與精準使其成為小企業青睞的行銷平台，與此同時，搜尋平台具有很強的使用者聚合性和平台的廣闊性，越來越多的大品牌願意在搜尋引擎上進行品牌傳播和線上銷售。以百度為例，百度的搜尋引擎掌握和蒐集了大量的使用者和使用者資訊，百度的各種百度貼吧、空間，都以精準的小眾群體為對象，具有精準的行銷價值。

Nike 曾在 2009 年與百度展開全方位的品牌行銷合作，除了在百度的搜尋頁面、MP3 頁面上放置關鍵字和頁面廣告外，Nike 還與百度共同打造 2008—2009 屆中國高中足球聯賽官網，在多個高中生和體育相關的百度貼吧置入「Nike 地帶」，實現官網、產品線、廣告、活動等多重訊息同步曝光，與 Nike 所瞄準的高中生這一目標人群進行品牌溝通與互動。

Nike 透過百度貼吧、百度知道，與中國超過 12000 所高中建立了聯繫，在百度的社群中為網友提供包括籃球、足球、女子健身等多種運動類型的資訊。正是搜尋行銷的多元整合、多方位合作的創新方式，才令越來越多的知名大品牌開始青睞搜尋行銷。這一創新的行銷方式被稱為一個集促進銷售、品牌宣傳、社群互動、話題傳播等多功能於一體的「大搜尋」行銷模式。

第三節 搜尋的多元化及其行銷前景

隨著搜尋技術的不斷發展與人們網路使用習慣的變化，搜尋逐漸呈現出比較明顯的多元化趨勢，其中，行動搜尋和垂直搜尋都是非常引人注目的變化。

行動搜尋是搜尋技術基於行動網路在行動平台上的延伸，隨著手機等行動裝置的普及運用，行動搜尋已成為搜尋引擎巨頭的關注重點，Google 和百度都已推出相關的行動搜尋服務。

2007 年 9 月，Google 發表了「Adsense 行動搜尋廣告」，使已針對手機瀏覽器進行最佳化的網站能夠展示標準網站上的所有廣告。百度的行動搜尋應用程式則包括行動搜尋、掌上百度、手機輸入法、百度搜尋、百度行動應用、百度手機地圖、百度易平台等。

在垂直搜尋方面，購物搜尋、社群搜尋和地圖搜尋的應用前景非常令人看好，這些新的搜尋方式均不同於傳統搜尋的特點和行銷方式，應成為企業進行搜尋引擎行銷重點關注的內容。

一、購物搜尋

近年來網購市場保持持續成長的態勢，中國的網路購物發展得尤其引人矚目。2012 年，中國網購占社會零售總額已達 5.5%，超過了美國的 5.1%。另外根據 CNNIC 的統計資料顯示，截至 2014 年 12 月，中國網路購物使用者達到 3.61 億，中國網友使用網路購物的比例，從前一年的 48.9%提升至 55.7%。隨著網購的普及，購物搜尋亦逐漸興起。

（一）購物搜尋的含義

購物搜尋是從比較購物網站發展而來的，所謂「比較購物」，是指為網購消費者提供多個購物網站中同一商品的比較訊息，包括商品價格、付費方式、配送方式、商家信譽度等方面的比較資料。購物搜尋可讓有需求的消費者在搜尋平台上獲得相對精準的搜尋結果，並且隨著技術的不斷發展，購物搜尋不僅能夠提供符合度高的網上商城，而且其對入駐商家的審查及搜尋結果中其他消費者的評價，能夠在一定程度上幫助消費者降低消費風險。

（二）購物搜尋的特點與趨勢

中國目前的購物搜尋網站有一淘網、有道購物、惠惠網、大拿網等數十家之多，各個網站起步時間不一，實力差距較大。不過，誠如電商專家王利陽所言：「中國人更習慣在電商網站內進行購物搜尋，像 Google Shopping 這種的泛購物搜尋，在中國可能並不適用，中國現在購物搜尋主要還是在阿里一淘、蘇寧易購、京東、騰訊之間的博奕。」

總的來說，購物搜尋網站有以下共同特點和發展趨勢。

1. 提供商品的全方位比較

購物搜尋網站最初就是從比較購物網站發展起來的，「價格」是其存在的最基本、最核心的要素，但是目前中國 B2C 商城數量之多讓消費者常常無從選擇，而時不時出現的品質問題也讓消費者在進行選擇時猶豫不決。所以目前的購物搜尋網站在進行搜尋排名時，不僅僅考慮商家產品的價格，同時也將各個商家的物流水準、品質、消費者購買體驗作為重要的衡量指標。

在購物搜尋網站內部，通常會設置價格、品質等眾多的自主選擇條件，讓消費者根據自己的需求進行相應的搜尋與選擇。

2. 大量搜尋結果

購物搜尋網站提供的平台，讓眾多商家競相入駐，這讓購物搜尋為消費者提供足夠豐富、全面的搜尋結果成為可能。而淘寶網能夠在眾多網路購物平台中勝出的重要原因之一，就是其為消費者提供了豐富而全面的搜尋結果，滿足了消費者所有的購物需求，提高了使用者的忠誠度和黏著度。而在將來，只有各方網路購物平台和網上商城共同合作，打造更加公開、公平、透明的購物搜尋平台，才能為消費者提供更好的選擇，同時不斷擴大網路購物的市場占有率。

3. 購物搜尋社群化

由於社群網站上較為親密的人際關係，信任度也較高，所以對於中國的網路商城有著極大的吸引力。因為一旦網路商城走向社群化，那麼提高消費者的忠誠度和信賴度也就不在話下。

另一方面，購物的社群化還能夠提高消費者對於商城的信任度。對於網路虛擬商城來說，最大的問題就在於消費者不能近距離地接觸商品，由於 PS 等技術在網路上的應用，網路購物詐欺比線下要多得多，且成本也更為低廉，這也是一部分消費者拒絕網路購物的重要原因之一。而購物的社群化將利益相同的消費者團結起來，透過對購物商城商品的評價及消費體驗的分享，不僅能夠幫助其他消費者在購買時做出更為明智的選擇，也能夠增加電子商城的知名度和曝光率。而信譽良好的商城也能因此獲得更高的忠誠度和轉換率。新浪和淘寶的合作也可以視為電子商城在社群化不斷深入的一個例證。

4. 搜尋人性化

傳統零售商沃爾瑪為應對電商的崛起，於 2012 年為旗下 Walmart.com 行動頁面以及行動 APP 打造了一個新的搜尋引擎——Polaris，該平台藉助其核心的 Kosmix 語意技術，使得購物搜尋更為人性化。該項技術可以讓 Polaris 理解各項產品之間的相關性，包括人物、時間、地點以及產品之間的

關聯性。搜尋的人性化在很多電商平台都有體現,比如,當使用者在淘寶或亞馬遜上搜尋時,除了目標搜尋結果,還會出現其他相關聯的搜尋結果,比如搜尋電腦會出現與電腦相關的配件等,這也是語意搜尋的一種。在學術界,有一種分法是將語意搜尋分為概念搜尋和關聯搜尋兩類。隨著技術的深耕細作,搜尋的人性化程度還將進一步提升。

(三) 購物搜尋的行銷價值與行銷策略

從行銷環節上看,購物搜尋可以說是距離消費者下單購買最近的一環;從消費者使用習慣來看,購物搜尋在網購市場中扮演著「第一入口」的角色,大多數訪問者直接透過購物搜尋引擎到達具體網站,而不是透過其他網頁的連結間接到達,購物搜尋的行銷價值不言可喻。

正因如此,一些傳統的搜尋引擎網站開始透過合作的方式,加快其在購物搜尋領域的發展。2009 年 3 月,網易旗下有道搜尋宣布,其購物搜尋開始對全中國的 B2C 網路商城開放商品訊息收錄和更新介面。這意味著,任何一家網路商城從此都可以自行透過開放的介面,向有道購物搜尋平台傳送商品的相關資料內容,進而將販售中的商品資訊及時準確地收錄到購物搜尋的搜尋結果當中。

與此同時,有道搜尋還正式宣布與京東商城達成合作協議,這標幟著購物搜尋進入了全新的發展階段。2013 年,360 與阿里巴巴旗下的一淘聯合推出新的搜尋服務——購物搜尋(360.etao.com,如圖 6-3),在該平台上搜尋商品,搜尋結果以圖文形式展示,而且來自一淘的搜尋結果在明顯位置以圖文形式進行展示。

圖 6-3　360與一淘聯合推出的購物搜尋

　　與一般的網頁搜尋引擎相比，購物搜尋除了能搜尋商品、瞭解商品說明等基本資訊外，還可以進行商品價格比較，並對商品和線上商家進行評價，這些評比結果對於消費者的購買決策有一定的影響，尤其對於知名度不是很高的線上商家，購物搜尋的宣傳不僅增加了商品被使用者發現的機會，而且如果能在評比上有較好的排名，也有助於增加消費者的信任感。因此，購物搜尋的行銷價值被越來越多的商家看重。

　　那麼，從商家角度，又該如何運用購物搜尋進行行銷呢？是否只須讓商家在搜尋結果中的排名往前就可以達到效果了呢？已有研究證實了排名靠前的作用，例如美國市場調查機構 NPD 在 2001 年的調查發現，受訪者認為搜尋結果列表中年排名靠前的公司具有較高的品牌知名度和相關性；Gord Hotchkiss 等人（2005）發現，使用者對搜尋結果的關注度呈現字母「F」形狀，也稱「倒三角」現象，排名位置最靠前的幾個搜尋結果，包辦了近 100%的關注度，而排名最靠後的搜尋結果，關注度不到 20%。

　　不過，對中國網友的一項調查發現，在購物搜尋結果列表中，雖然排名靠前的商家享有很高的曝光率，但如果缺乏具吸引力的價格和銷售量資訊，也只能抓住消費者的目光，卻不能留住消費者的心。因為在購物搜尋情境下，消費者多處於情勢涉入的購買階段，而且消費者會更加耐心地評估相關訊息，

所以與購物直接相關的價格、銷售量等訊息，就更容易讓消費者留下深刻印象。

所以，在購物搜尋中，排名靠前雖然很有可能增加商家店鋪的瀏覽量，但不一定就能增加轉換率和商家品牌的知名度。消費者並非單純地「以排名論英雄」，而是理性地參考與購物息息相關的具體購物指標（價格和近期銷售量等）。因此在商品初上市時，商家可以透過開展一些促銷活動來拉抬商品銷售數量，進而吸引潛在消費者。

總之，企業在進行購物搜尋行銷時，除了考慮搜尋結果排名因素，還需要制定合理的價格，並具備一定的近期銷售量基礎，如此才可能將消費者的注目轉化為實際的點閱和購買。

二、社群搜尋

艾瑞網 Gary Sten 指出，社群搜尋與傳統網路搜尋不同，「它不是關於連結網頁，而是關於讓人們告訴你一個特別的故事」。從理念上看，社群搜尋更是一種搜尋理念的變革，是一種針對使用者訊息投放結果的搜尋方式，強調結果的差異化和個別化。

（一）社群搜尋含義

社群搜尋是一種使用者可以執行的，針對社群媒體內的目標聯繫人的搜尋，目標聯繫人的選擇與結果的呈現，可以基於目標聯繫人的不同屬性或在搜尋回應中的排名。社群搜尋被稱為「第三代搜尋」，是一種社群化、個別化的搜尋，它不僅研究網頁與網頁之間的關係，還在網頁關係之間加入了人的元素。

而用來搜尋的社群媒體，既可以是高私密性的強關係社交圈，也可以是更為公開化的社群媒體，前者如 Facebook 圖表搜尋（Graph Search），後者如中國以微博搜尋為主的雲雲搜尋。兩者各有優點，例如，在解決某些富於個別化的問題時，比如餐廳、音樂、應用程式搜尋時，Graph Search 非常好用，但由於不是全網搜尋技術，所以它不能解決全部問題；而雲雲搜尋

採用的是全網搜尋技術，同時，由於搜尋的是微博等公開性社群網的訊息，所以在侵犯使用者隱私方面問題要少一些。

（二）社群搜尋特點

社群搜尋的本質是社群網路＋搜尋引擎，追求更加精確的搜尋結果比對。它之所以具有價值是因為社群網路中的關係網性質，使其訊息傳品質高，並且，加入了「人」的因素之後，搜尋會更加精準、更個別化，也更有效，訊息價值更大。

1. 強關係與弱關係網路

根據美國社會學家格蘭諾維特提出的人際關係理論，人際關係網路可以分為強關係網路和弱關係網路兩種。強關係是指個人的社會網路同質性較強，即交往人群從事的工作、掌握的訊息趨同，並且人與人之間關係緊密，有很強的情感因素維繫著人際關係。反之，弱關係的特點是個人的社會網路異質性較高，即交往對象可能來自各行各業，因此可以獲得的訊息也是多方面的，並且人與人關係並不緊密，也沒有太多的感情維繫。格蘭諾維特認為，關係的強弱決定了個人獲得資訊的性質，以及個人達到其行動目的的可能性。

強關係社交圈有：現實生活中的朋友、親人／親戚、老師／主管、同學、同事等，這些圈子個人關係較為緊密，或是接觸的人群或掌握的資訊較為相似。弱關係的社交圈有：陌生人、明星、網友（僅限於網上接觸，並未在現實生活中接觸的朋友）等群體。

依據上面的劃分，三種社群應用裡不同人群出現的比例如下圖6-4所示：從社群關係的強弱來看，微信的聯繫人更傾向於強關係，其次為社群網站，最後為微博。

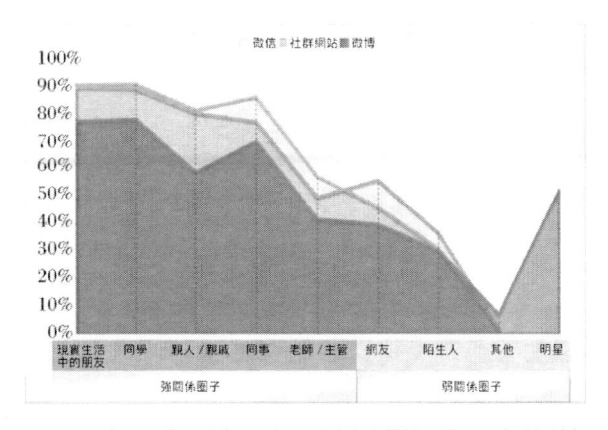

圖 6-4 微信、社群網站、微博三種社交應用裡不同人群出現的比例

2. 行銷的社群化和部落化

科技不僅將世界上的國家和企業連接起來，推動它們走向全球化，而且把消費者連接起來，推動他們實現社群化。社群化的概念與行銷中的「部落主義」十分接近，雅虎前行銷副總裁賽斯‧高汀在其作品《部落：一呼百應的力量》（Tribes: We need you to lead us）中指出，消費者更願意與其他消費者而不是和企業接觸。如果企業想接受這種新趨勢，就必須幫助消費者實現這種需求，讓他們更便利地形成圈子相互溝通。高汀認為，要想實現成功行銷，企業必須獲得消費者圈的支持。

3. 搜尋結果的獨一無二

社群搜尋出現的內容，是從搜尋者社群圈訊息流中挑選比對出來的，所以不同的人輸入同樣的關鍵字會有不同的結果。而且搜尋的內容更加具體，可以涉及日常生活。對於 Facebook 圖表搜尋來說，由於搜尋結果是好友們的狀態，所以與自己興趣符合的可能性更大。即便是以微博搜尋為主的雲雲搜尋，在輸入同樣的關鍵字以後，不同的人所得到的搜尋結果也還是會不一樣，這種不同主要是在網頁的排序上加入了各自微博好友的相關評論和轉發，這類網頁短網址的排序會更靠前。

在傳統的百度、Goolge 等搜尋引擎上進行搜尋，每個人跟其他人所得到的結果基本是一樣的，每個查詢字都得到同樣的結果。而社群搜尋則是要

給每個搜尋者一個最適合的結果，這就意味著每個人的每個查詢字都需要重新計算和排序，這個計算能力和結果準確度，要比傳統的搜尋方式高出許多倍。

（三）社群搜尋案例：Facebook 圖表搜尋

Facebook 圖表搜尋（Facebook Graph Search）是 Facebook 在 2013 年 3 月推出的一款語意搜尋引擎，它的目的是解答使用者的自然查詢，而不是僅提供連結列表。圖表搜尋結合它所掌握的超過十億使用者的大數據和外部數據，到搜尋引擎中提供針對使用者的搜尋結果。

以 Facebook 執行長馬克祖克柏為首的對這款產品的發表中，他宣稱圖表搜尋演算法從使用者的朋友網路中發現訊息，其他搜尋結果將透過微軟 Bing 搜尋提供。佐伯格稱圖表搜尋是 Facebook 繼「動態消息」（News Feed）和「動態時報」（Timeline）之後第三大支柱，也是 Facebook「第一個巨大的產品發表」。

1. 圖表搜尋的特點

首先，在搜尋輸入上，Google 等傳統搜尋引擎是輸入關鍵字，圖表搜尋則可以輸入短句，以及句子。例如「居住在曼哈頓的朋友」、「在阿拉斯加滑過雪的朋友」、「同樣喜歡卡夫卡的朋友還喜歡什麼書」等。好的 Web 搜尋結果可以用很少，幾個相對含糊的關鍵字就能得到。而圖表搜尋卻相反，查詢請求越具體、越複雜，結果會越好。

其次，在搜尋範圍上，圖表搜尋支持的搜尋類型有人（people）、頁面（pages）、位置（places，包括具體的地點和距離）、查詢使用者和朋友在 Instagram（Facebook 收購的一家圖片社群應用程式）或其他地方標記過的項目、附加位置訊息的對象（objects with location information attached）、文章和評論（posts and comments）。具體搜尋的內容可以包括餐廳、音樂、電影、城市、應徵、約會等。直接在搜尋列中輸入短句或句子，就可得到符合要求的圖片，如圖 6-5、圖 6-6。

圖 6-5　圖譜搜尋示例：在搜尋框輸入「喜歡越野跑的朋友」得到的搜尋結果

圖 6-6　圖譜搜尋示例：在搜尋框輸入「1995年前的朋友的照片」得到的搜尋結果

　　圖表搜尋的規劃者希望「讓一切可搜尋可發現」，希望透過這個更加智慧的搜尋引擎，讓使用者可以詢問 Facebook 幾乎任何問題。比如，對應徵感興趣的人可以輸入「在 Facebook 有工程師朋友的 Google 工程師」，就會找到一堆符合條件的人，每個人都用一個訊息框展示——上面包括檔案照片以及諸如在哪裡上學、住在哪裡以及共同好友姓名等關鍵資訊。如果搜尋「住在我附近的單身女人」，一群年輕女人就出現在螢幕上，上面還有個人

的部分資訊以及交友方式建議，還可以添加任何條件，比如喜歡特定的音樂類型之類。

2. 圖表搜尋的廣告效益

圖表搜尋是意圖明確的搜尋，其精準性最易引起廣告商青睞。Facebook 於 2013 年 6 月已經在社群搜尋結果頁面測試廣告了，只是最初的測試並沒有針對使用者的查詢，只是普通的展示型廣告。如圖 6-7 所示：

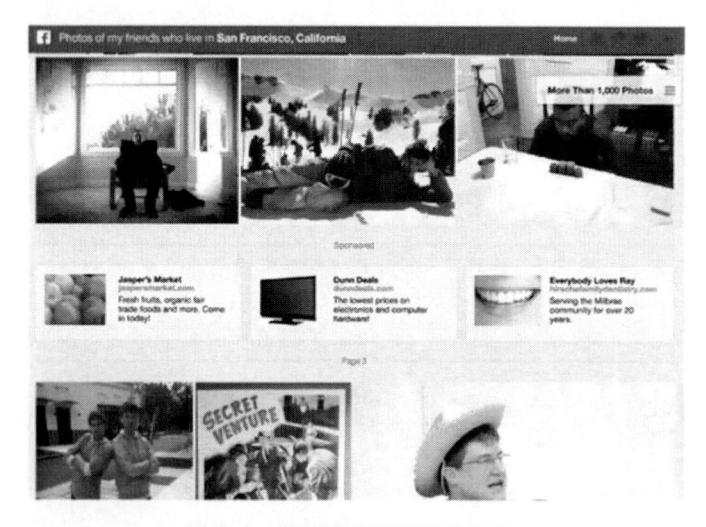

圖 6-7　圖譜搜尋的展示型廣告示例

　　Facebook 還向廣告商與普通使用者提供微定向功能。比如，促銷音樂會的可以將廣告瀏覽的閱聽人限制在愛荷華市年齡低於 30 歲、喜歡藍草音樂的市民。

　　如果圖表搜尋與 Facebook 其他的定位技術相結合，圖表搜尋廣告就有可能會影響使用者的某些決定，比如去哪家餐廳吃飯、去哪家零售商店購物等。現在，Facebook 圖表搜尋廣告只針對使用者的基本資料、興趣和瀏覽紀錄，但是未來很有可能會針對使用者所輸入的關鍵字來推播相關廣告。例如，當使用者輸入「附近的牙科醫生」時，Facebook 會向使用者推播相關的牙醫廣告。也就是說，在未來，企業將能夠使用根據搜尋數據重新定位的廣告。

三、地圖搜尋

2005 年 9 月，Google、百度、新浪和搜狐旗下的搜狗，相繼推出「地圖搜尋」業務。地圖搜尋，第一次讓網路的大量訊息形象生動起來。以 Google 的在地搜尋為例，透過這項服務，使用者可以輕鬆找出想要去的地方，包括準確位置和路線圖，甚至還有聯繫電話與備選方案。概括來說，地圖搜尋主要解決三類問題：查找相關訊息的位置、在指定的地理範圍內查找相關資訊、提供路線方案指導我們到某個地方去。

（一）地圖搜尋的行銷創新點

地圖搜尋本質是「搜尋＋LBS（適地性服務）」，地圖搜尋在在地搜尋方面優勢明顯，能夠根據使用者搜尋的位置實現對目標客戶的精準鎖定，對服務業廣告客戶（例如餐飲、娛樂、理髮等）尤其有吸引力。

此外，隨著行動浪潮的興起，地圖這一工具性應用程式被安裝在許多使用者的手機中作為出遊導航。透過在客戶端增加美食、團購等業務模組，進一步強化了地圖搜尋的行銷功能。

1. 另一種模式的排名最佳化

地圖搜尋應用程式可以透過使用者的 IP 地址判斷其地理位置，以便提供最佳方案。例如一位身在武漢珞珈山的消費者，想知道周圍有哪些咖啡館，用在地搜尋就能很快找出周圍咖啡廳的位置，甚至包括這些咖啡廳的特色和營業時間，但是如果珞珈山附近有十家咖啡館，並且距離都差不多，此時地圖的搜尋引擎便可以借用綜合搜尋的商業模式（例如競價排名）進行排名收費。

2. 本地服務業的精準客戶行銷

地圖搜尋與地理位置有關，可以實現對目標使用者的「精準擊中」。比如一家健身房，可以將其廣告在以自己為圓心，3000 公尺距離為半徑的圓形區域內發布，這樣既節省了廣告成本，又達到了傳播目的，而這一切都可以透過 IP 位置確認輕易實現。

3. 綜合性在地生活搜尋服務平台

百度地圖跳出了純粹的位置搜尋和路線查詢這樣的「線上地圖工具」範疇，而是演進為一個綜合性在地生活搜尋服務平台，為使用者提供多方位的 O2O 消費解決方案。

以百度地圖為例，其網頁首頁除了搜尋列、地圖內容、小面積頁面展示廣告外，還包括出遊、酒店、美食、電影、外送服務，以及景點、KTV、美容、洗浴、銀行、超市、藥局、ATM 等周邊生活服務和百度地圖手機客戶端的宣傳。總之，頁面包含的內容非常廣，為使用者提供的遠不止路線導引服務，而是囊括了人們出遊、生活可能會遇到的所有潛在消費問題，如下圖 6-8、圖 6-9、圖 6-10。

百度手機地圖同樣以生活服務和 O2O 消費為主，根據手機地理位置，推薦使用者附近的團購、美食、酒店等。

第三節 搜尋的多元化及其行銷前景

圖 6-8　百度地圖網頁版首頁

圖 6-9　百度地圖網頁版飯店頻道示例

圖 6-10　百度地圖網頁版飯店頻道「住客點評」示例

　　透過分析百度地圖的頁面規畫和業務結構，可以發現百度地圖搜尋是百度以地圖為平台，提供各種 O2O 消費搜尋，透過羅列各種基於地理位置的線下消費資訊，讓消費者自行選擇，形成一個搜尋引導的作用。所以，百度地圖是一個地圖生活服務應用，同時也是一個 O2O 消費導航。

171

4. 行動客戶端支付──搜尋廣告以外的商業模式

桌面搜尋的主要盈利模式是付費廣告，在行動客戶端，廣告展示效率降低，但位置服務優勢突出，在地生活特色突出，加之手機支付工具的成熟，行動客戶端的消費與支付發展前景良好。

隨著經濟的發展，特別是使用者交通出遊半徑的擴展及在地生活需求量的激增，以手機地圖、生活搜尋服務等為主的位置服務應用程式的急速發展，為在地消費和在地廣告提供了廣泛而深入的發展空間。手機地圖的網路使用者入口作用越發突出，O2O 落地整合前景大。

地圖是百度在行動客戶端的重要一環，也是百度近年做得比較成功的產品，如圖 6-11。

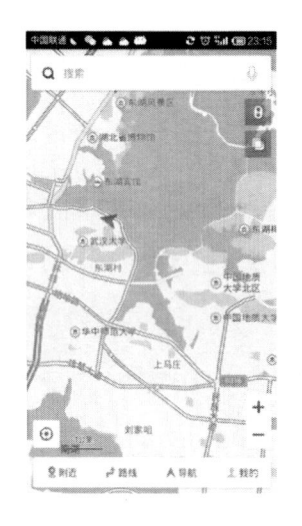

圖 6-11 百度地圖手機版

（二）地圖搜尋行銷的技巧

綜上所述，地圖產品作為一種實用工具，是使用者出遊的幫手，在促成在地消費、實現 O2O 消費導航方面具有獨特優勢。那麼，商家應該如何運用這種搜尋行銷方法呢？誠然，商家可以透過付費的方式被百度地圖標註，但是，由於「百度地圖的搜尋目前不提供排序，它服從自然搜尋的結果。與商家名稱高度相關，使用者輸入的名稱越精確，商家的排序將越靠前」，這

也就意味著，即便付了費，商家的標註排名也不一定可以排到前面，所以，進行地圖排名最佳化就是開展地圖搜尋行銷的關鍵所在。

有商家總結出如下幾項提升百度地圖排名的做法，可供其他商家參考。

（1）在百度知道提問或回答時加上企業的百度地圖。

（2）設法增加自己的百度地圖的瀏覽量。

（3）百度地圖商家名稱一定要精簡，不要寫沒有用的關鍵字，盡量包含關鍵字。

（4）一定要選擇百度地圖的標籤，這樣可以增加相關性，不過也不能選太多，否則會分散權重。

（5）百度地圖中的地址一定要多包含些地名，這樣可以多比對些關鍵字，增加曝光量。

【知識回顧】

搜尋引擎行銷利用演算法的力量，根據使用者的搜尋紀錄，推播與使用者搜尋相關的行銷資訊，進而達到行銷的目的。企業進行搜尋引擎行銷的方式有兩種：一是購買收費的搜尋引擎廣告，例如百度的競價排名廣告等；二是利用搜尋引擎最佳化，使網站的內容更容易被搜尋到，進而引起使用者的注意及稍後的購買、分享等行為。

搜尋引擎行銷具有顯著、精準、成本低且可控、行銷效率高以及可整合等優點。在幫助使用者檢索訊息、實現行銷資訊傳遞的基礎上，搜尋引擎行銷的作用可以進一步延伸到以下方面：網站宣傳、產品宣傳、作為定位程度更高的網路廣告媒體、作為線上市場考察的工具以及發現商業機會。

搜尋引擎的基本方法有關鍵字廣告、搜尋引擎最佳化、網盟宣傳、網址列搜尋廣告以及品牌專區等。其中，關鍵字廣告是廣告主透過拍賣系統以付費的方式購得的，具有精準投放、形式簡單、按點閱付費且成本可控的特點。只要企業能進行正確的關鍵字選擇，就能達到較好的行銷效果。關鍵字的選擇對於搜尋引擎行銷至關重要。搜尋引擎最佳化是一種在分析、瞭解各類搜

尋引擎搜尋及排名規則的基礎上，透過對網站進行針對性的調整和最佳化，使之在搜尋引擎中獲得良好的自然排名的技術，它是進行網站宣傳、提高網站排名的重要手段之一。網站的最佳化可以從關鍵字、網站內部優化、外部連結、圖片和影片的最佳化這幾個方面著手。

在具體應用上，搜尋行銷還可進一步深化其策略。首先，利用搜尋資料來改善企業產品和產品策略。這將有效提高搜尋平台累積的大數據使用率，讓企業行銷從更加深入的方面進行改進。其次，線上搜尋行銷與線下傳播相結合。線上的搜尋行銷可以加強消費者對產品在線下的印象與瞭解。第三，整合搜尋行銷。搜尋平台上使用者的聚合性和平台的廣闊性，為企業的整合搜尋行銷提供了方便。

搜尋的多元化趨勢日趨明顯，行動搜尋和垂直搜尋的快速發展尤其引人注目。購物搜尋、社群搜尋和地圖搜尋現在都已經成為企業進行搜尋引擎行銷時關注的重要內容，應用前景看好。

【複習思考題】

1. 搜尋引擎行銷的概念和方式是什麼？

2. 企業應怎樣進行搜尋引擎行銷？

3. 搜尋多元化帶來了哪些新興的搜尋行銷方式？

4. 多元化的搜尋行銷各自的特點是什麼？

第七章 影片行銷

【知識目標】

☆影片行銷的概念、類型。

☆影片行銷的演變及發展趨勢。

【能力目標】

1. 影片行銷的商業價值探索。

2. 影片行銷的最佳化策略探索。

【案例導入】

在傳奇越野車——賓士 G-Class 越野車誕生 35 週年之際，作為世界級品牌，賓士在 SUV 家族品牌宣傳過程中，如何找到最能代表其品牌屬性的行銷類大事件或內容，以擴大品牌影響力，同時有效進行品牌與產品曝光呢？

2014 年，賓士選擇全年冠名網路首檔實境節目《侶行》第二季，透過節目冠名、產品置入和深度內容合作，實現品牌、內容、活動的全方位搭配宣傳，全面宣傳賓士 SUV 家族想要傳達的「騎士精神」。

《侶行》（ON THE ROAD）是由中國第一影片網站優酷網聯手「極限情侶」張昕宇、梁紅打造的首檔網路自製戶外實境節目。這對極限情侶被賓士視為「騎士精神」的最佳實踐者，賓士試圖透過他們，在《侶行》中走出「騎士精神」，用「騎士精神」詮釋 SUV 家族的核心品牌理念，在傳播中體現 SUV 家族 G-Class、GL-Class、M-Class、ML-Class 四個系列車款的特性，展現「勇氣、胸懷、責任與信仰」的精神品格。

具體的行銷手法包括：透過產品亮相以及節目中的深度置入等不同方式，展現賓士 SUV 系列產品的不同功能；在節目中為賓士量身打造了「騎士精神語錄」單元，從不同角度詮釋騎士精神；在節目包裝上，以動畫的方式，巧妙地置入賓士 SUV 家族車型。

優酷 BBE 廣告考察系統資料顯示，透過此次行銷，賓士 SUV 品牌核心指標有了明顯提升，品牌知名度上升至市場第一。廣告傳達最成功的訊息是「追隨榮耀的光芒，傳承騎士精神的信仰、勇氣、胸懷、責任」。根據百度指數檢索，搜尋《侶行》的使用者對「語錄」的關注度也非常高——這說明賓士「騎士精神語錄」透過巧妙地融入影片，受到了使用者的關注和喜愛。

截至 2014 年 8 月 20 日，《侶行》第二季總播放量超過 2.3 億，平均每集播放量 615 萬，並獲得豆瓣網友高達 9.4 的評分。2014 年 3 月 24 日至 31 日，《侶行》劇場版分上下集登陸 CCTV-1 晚 10：30 檔。全中國 33 個城市資料顯示，2014 年 3 月 31 日，《侶行》劇場版下集在 CCTV-1 的收視率達 0.37%，在同時段節目中名列前茅。

第一節 影片行銷概述

2014 年 6 月 9 日，中國網路信息中心（CNNIC）發表《2013 年中國網友網路影片應用研究報告》。報告顯示，截至 2013 年 12 月，中國網路影片使用者規模為 4.28 億，在網友中的滲透率為 69.3%。影片使用者規模持續穩定成長，智慧型手機與家庭 WiFi 的普及，推動了行動端影片的快速成長，行動端影片使用者的收看習慣正在形成。

《2013 年中國視聽新媒體發展報告》顯示，2012 年全球網路使用者數為 24 億，其中亞洲 11 億，歐洲 5.19 億，北美 2.74 億。全球網路影片使用者數量不斷上升，美、日、英、法等國家線上影片滲透率已經超過 50%，預計到 2015 年，全球網路影片使用者將達到 16 億左右。以美國為例，截至 2012 年 10 月，網路影片使用者數達到 1.69 億，占美國人口總數的 53.5%。

隨著影片使用者增加，以網路影片為介質的網路行銷也隨之興起。隨著影片網站的發展以及相關科技演進，影片的內容與形式不斷創新，影片行銷的手法也呈現多樣化的態勢。

一、影片行銷定義

影片行銷有兩種含義：一是指影片網站如何行銷自己，二是指具有行銷需求的各類企業、組織機構或個人如何在網路上進行影片形式的行銷。本書所指的是後一種定義，行銷的主體為具有行銷需求的各類企業、組織機構或個人，行銷所藉助的載體是網路影片，包括網路影片網站、入口網站及社群媒體等各類網站上出現的影片，而不僅限於影片網站上的影片。

影片行銷的目的一般是宣傳產品、機構或個人，樹立良好形象，加深目標對象與宣傳標的物之間的感情。行銷手法主要為貼片廣告和置入，其中，置入有直接露出（即直接將產品、品牌或其他相關符號露出在影片中）、故事演繹等不同方法。

二、網路影片內容的特色及其行銷功能

當前影片行銷的影響力正在不斷擴大，影片廣告的收入也是狂飆猛漲，影片已經滲透到網友的生活中，以其獨特的魅力吸引著人們。影片行銷歸根究柢是行銷活動，因此成功的影片行銷不僅僅要有高水準的影片製作，更要挖掘行銷內容的亮點。

（一）影片行銷內容特色

網路影片具有使用者自主選擇的特徵，使用者可以很容易地自主選擇觀看一支影片，也有可能很快地選擇放棄觀看這個影片。因此，影片行銷的成功必定離不開高水準的內容。

1. 趣味性與隱藏性並存

影片若想達到理想的行銷狀態，內容必須要能引起顧客的興趣。因為趣味性強的影片能帶給人很多歡樂，並能促使觀眾自主轉寄、分享影片，傳播影片。另一方面，影片內容應該圍繞企業文化、產品價值或品牌形象來展開。不過，有些行銷者因為擔心帶有行銷目的的影片難以讓目標閱聽人感興趣，就故意設置一個吸引目光的標題以求得使用者點閱，但是，如果影片標題與影片內容不符，很容易讓觀眾產生上當受騙的感覺，所以影片中一定要有該

諧、有趣的情節，或其他能夠讓消費者感興趣的內容，最好的辦法是，開發使用者最希望看到的因素，或者用有趣的內容講述品牌故事，這就決定了影片內容具有隱藏性的一面，即隱藏其廣告屬性的一面。

簡而言之，影片內容要做到趣味性與隱藏性並存，這樣才可能從頭到尾吸引觀眾的目光，並實現行銷目的。

2. 專業性與大眾性並存

目前，網路影片網站內容生成模式可以分為兩類，即使用者生成內容（UGC）模式和專業生產內容（PGC）模式。PGC 的代表是由 NBC 環球、迪士尼和新聞集團共同註冊成立的 Hulu，強調版權內容與專業製作，這個網站在中國並不如 YouTube 流行，但是在美國卻擁有龐大的使用者量。在中國，愛奇藝、酷 6 劇場、CNTV 都在努力地發展中國 PGC 模式的影片網站。

UGC 是以 Google 旗下 YouTube 為代表的影片分享網站，它強調大眾原創性與自由分享，在中國以 UGC 模式發展的影片網站有優酷網、土豆網、酷 6 網。

由於較長時間以來，網路上的影片普遍顯得「業餘」，選題精準、貼近大眾的 UGC 內容更具有優勢。與主流媒體不同，UGC 內容取材不受外在約束，既有從一般民眾的生活紀錄到情感、生活的理解感悟，也有從大眾角度對焦點話題進行惡搞諷刺等。2013 年，影片網站發起內容行銷聯盟，影片自製內容的行銷價值一直成為網路影片行業討論的熱門話題，大量專業的影視業者進入影片網站的生產領域，由他們操盤的自製節目也逐漸脫離了「業餘」的觀感印象，在選題內容與視聽效果等諸多方面都有了明顯的起色，乃至呈現出諸多亮點。

中國近兩年興起的專業化生產模式 PGC，其創作主體具有較高的專業水準，有的甚至是資深導演，其作品走精品化路線。網路 PGC 有兩種：一種是傳統廣電節目「上網」，在新的平台進行整集節目或節目片段的再傳播；另一種是影片網站自製節目。後者雖仍無法與傳統廣電節目的數量和時長相比，但網路閱聽人的使用黏著度及使用習慣，對其發展無疑是有利的。

在網路日益普及的背景之下，內容行銷的方法與形式也在不斷地被翻新，以網路影片為載體的內容行銷愈來愈受到重視，洞察網友需求的專業性 PGC 和大眾性 UGC 將會共同演繹行銷故事。

3. 聚焦性與情感性並存

借用熱門新聞吸引大家的目光，借用熱門新聞衝擊人性最深層的東西，借用對影片的熱度來謀求關注獲得經濟效益。繼紀錄片《舌尖上的中國》紅遍大江南北，中國人的味蕾得到了全面的甦醒後，藉助美食開發市場，P&G 公司旗下佳潔士品牌的行銷方式令人眼前一亮。

佳潔士啟動了中國首檔大型互動美食實境節目《吃貨掌門人》，並在這個活動中找到了與自身天然契合之處：除了會吃，一個優秀的美食達人還應該能吃，擁有一口好牙，將自身吃的文化、吃的體驗、吃的感受分享給更多的人。佳潔士作為牙膏品牌，強調的就是它可以幫消費者強健牙齒、護理牙齒，只有擁有一口好牙，才能享受更多更好的美食。就這樣，《吃貨掌門人》所傳達的「一口好牙吃天下」的理念，與佳潔士提倡的健康口腔品牌訴求達成天然一致。

「人非草木，孰能無情。」情感是人類行為的重要因素，很大程度上影響著人們的思想與行為，尤其在今天物質產品豐富、競爭白熱化、情感愈發淡薄的社會裡，情感因素已成為企業市場行銷中一個非常重要而獨特的因素。

影片行銷也要用「心」去行銷，透過與觀眾的心靈溝通滲透品牌訊息，吸引閱聽人。三星 Galaxy SIII 手機的微電影實踐值得借鑑，他們與愛奇藝聯合拍攝了《城市映像 2012》的首部作品《阿布》。

《阿布》講述了一位生活在大都市，事業有成卻無法享受天倫之樂的父親，與為繼承母親遺願，隱居在雲南佤族部落，幫助族人從事熱帶雨林保護工作的兒子之間，從誤會重重到最終消除隔閡冰釋前嫌的親情故事。隨著劇情發展，影片中的父子關係不斷冰釋融化，但這種微妙的關係難以用語言表達，手機作為媒介很好地解決了這個問題。

隨著父子倆將手機貼在一起，影像即時無線傳輸，兒子驚喜一笑，父子終於盡釋前嫌，三星 Galaxy SIII 發揮了推動劇情的作用。《阿布》上線一個月就獲得了 800 萬次的點閱率，口碑頗佳。

(二) 影片行銷功能

「影片」與「網路」的結合，讓這種創新行銷形式具備了兩者的優點：它既具有電視短片的種種特徵，例如感染力強、形式內容多樣、創意十足等，又具有網路行銷的優勢，例如互動性、主動傳播性、傳播速度快、成本低廉等。可以說，網路影片行銷，是將電視廣告與網路行銷兩者優點集於一身的行銷。具體可從以下方面來講。

1. 成本相對低廉

網路影片行銷投入的成本與傳統的廣告價格相比，非常便宜。一個電視廣告，投入幾十萬、上百萬是很正常的事情，但一支網路影片短片只要花費幾千元就可以製作完成。網路影片行銷相比直接投入電視廣告拍攝或者冠名一個活動、節目等方式，成本低很多。因為網路影片行銷方式種類繁多，一個小小的貼片廣告都可以取得一定的行銷效果，因此，比起傳統的行銷方式，企業選擇網路影片行銷可大幅節約成本。

再者，有眾多不一樣的網路影片網站，選擇性更多，所以企業可以根據情況選擇投入成本更低的平台。哪怕是製作網路影片，成本也比製作電視廣告低廉。如《網癮戰爭》，片長 64 分鐘，製作時間超過三個月。先由導演性感玉米寫好劇本，再請網友在遊戲中進行表演，截取影片，然後再透過網路請網友配音，影片的製作與播出幾乎零成本。現在還有許多企業為了達到行銷目的，而招募或徵集網友自拍原創 DV 短片，只用些許獎勵即可獲得行銷效果更佳的網路影片。所以說，網路影片行銷不僅成本低，性價比更高。

2. 傳播快、涵蓋範圍廣

「影片不受時間與空間限制，可以自由進行傳播，並且傳播速度是傳統媒體無法比擬的。」電腦網路具有廣泛連結、任意連接的特點。網路影片行

銷可藉助網路的超連結特性，快速地將資訊傳播開來。不僅網路發布訊息快，網友分享、轉寄網路影片，也讓網路影片傳播的速度更加迅速，有效行銷。

例如北京大學藝術學院宣傳片微電影《女生日記》，在網路上公開播放後，在很短的時間內影片點閱數就突破 50 萬，微博轉寄率極高，使得這一宣傳片在網路上走紅。

2010 年，紅遍網路的《11 度青春》系列電影《老男孩》，情節過程不乏黑色幽默，結尾又溫情感人，讓許多觀眾為之大笑又為之哭泣，廣大網友觀看後感嘆共鳴很深。在短時間內，影片點閱數破億，《老男孩》轟動大江南北，同時也成功傳播了雪佛蘭的品牌精神。

《老男孩》雖然是短篇電影，看似沒有直接進行網路影片行銷，但是因其在網路中走紅，對於支持該片的公司及導演編劇個人來說都是有效的品牌傳播，特別是「筷子兄弟」組合肖央和王太利，對於他們自身和組合來說都是非常有效的行銷傳播。

好的影片會「自己長腳」，靠魅力擄獲大量網友並使之成為免費傳播的中繼站，以病毒擴散的方式蔓延，在這過程中，使用者既是閱聽人群體又是傳播通路，完美地將媒體傳播與人際傳播結合起來，並透過網狀聯繫傳播出去，放大傳播效應。網路輻射的空間極廣，其傳播範圍遠遠大於傳統影片，即使是地球的另一端也能夠看到中國發布的影片。網路「地球村」，讓網路行銷的輻射面不再侷限於中國，還可擴大至海外。這對於一些出口品牌的網路行銷是極為有利的。

3. 互動強、效果好

網路影片行銷不僅可即時互動，而且具有更高的效率。與傳統行銷或者傳統影片行銷相比，網路影片行銷表現出來的優勢更明顯。跟直播的電視不同，網路影片的互動通路更為便捷。幾乎所有的網路影片網站都開通了評論功能，可以在觀看網路影片之後即時發表自己的感想與回饋。而網路又可以傳輸多種媒體訊息，如文字、聲音、圖片、影像等，透過「多媒體」訊息交換，網路影片行銷的互動性更強，而因為有了互動，才能更好地達到雙向溝通。

回饋的即時與互動的便捷，在一定程度上可以提升行銷的效率。企業與組織機構可根據閱聽人的反應進行評估行銷，進而及時調整，讓行銷的效果與影響力更佳。

影片廣告形式豐富多樣，兼具聲、光、電的表現特點，這種立體的表現效果是圖文廣告所不能比擬的。網路影片的觀眾可以播放影片，也可以利用文字對影片進行評論，其他觀眾也可以針對某個評論進行辯論，另外，觀眾的回覆也為該節目造勢，有較高爭議的節目點閱率也往往飆升，造成異常火紅的曝光率。與此同時，網友可以簡單表達，比如「頂」或「踩」一下，還會把他們認為有趣的節目轉貼到部落格論壇上，或者分享到微博上，或者複製給好友，讓網路影片大範圍傳播出去。網路影片具有病毒傳播的特質，好的影片能夠不依賴媒介宣傳即可在閱聽人之間橫向傳播，以病毒擴散方式蔓延。

4. 實現精準行銷

使用者持續訪問宣傳頁，播放喜歡的影片，並將影片分享給朋友，形成喜好興趣相近的群體，這樣的網路影片行銷活動因為使用者的廣泛參與而精彩，使用者的積極參與使得他們對於行銷活動承載的品牌或產品的認知度大大增強，進而能夠實現精準行銷。

如 PPS 汽車影院的成功，是建立在充分重視和瞭解年輕一代消費者使用網路的習慣、方式以及頻率的基礎上的。PPS 汽車影院的創意正是仿效北美文化尊重年輕人好奇、嘗鮮的特性，再搭配優勢影視內容，打造出業內獨一無二的影片行銷案例。

三、網路影片行銷的演變

隨著影片的普及，電信由 2G 向 3G 甚至 4G 轉變，觀看影片已成為我們的一種生活方式。網路影片行銷涵蓋使用者人群廣泛，打破了以往廣告在區域和在時段上的限制，只要是在網路環境內，網友可以隨時隨地地觀看廣告，所以影片行銷這種網路行銷方式在近幾年來受到越來越多的企業客戶青睞。從行銷的角度，網路影片行銷經歷了如下演變過程。

1. 影片插入廣告：感官吸引、加強關注

　　早期的影片行銷由於行銷投入規模小以及媒介通路不足，傳播範圍和影響力都有限，儘管有經典的案例，如百度《唐伯虎》系列小電影，但主要仍是貼片廣告的形式。

　　網路影片插入廣告，即在影片的片頭或片尾插播與影片無關的廣告內容，具有「聲、光、電」特性，時長與傳統電視廣告類似。其創意表現在一定程度上與傳統電視廣告差別不大，只是在基於內容播放形式選擇的前提下，會產生不同的效果。例如 Flash 廣告，更為卡通化和簡單化，在表現形式上具有更多的創意和視覺衝擊力。

　　網路影片插入廣告和普通的網頁廣告一樣，擁有連結功能，點選廣告後將會彈出廣告主頁面，使閱聽人對廣告中所宣傳的商品或服務有更多的瞭解。經過近幾年的發展，網路影片插入廣告在各類影片廣告中占有重要位置，受到了網站營運商和廣告客戶的一致關注，但廣告主在投放貼片廣告時對其閱聽人研究並不深入，因而造成了大面積「撒網」的現象。

2. 種子影片：引發病毒式傳播

　　將硬廣告做成內容，是影片插入廣告的優勢，但影片插入廣告在很大程度上繼承了傳統電視廣告強制性的特點，阻礙了閱聽人觀看影片，進而造成其牴觸心理。

　　種子影片則能夠彌補這一缺陷。種子影片以一支短影片的形式，將其作為種子進行傳播推廣，以內容的趣味性、原創性引發網友的引用、評論與轉寄等行為，進而達到主動傳播的目的。網友在種子的傳播中成為發起者，一個個獨立的傳播最終形成連鎖反應，產生幾何式的傳播浪潮，影響到更大規模的人群，達到四兩撥千斤的傳播效果。

　　中藥企業馬應龍於 2010 年攜手土豆網，土豆網為馬應龍麝香痔瘡膏打造了《馬應龍特別篇》等 7 支幽默詼諧的搞笑種子影片，點閱數驚人。影片結束後呈現的「一鍵轉貼」功能，可以讓網友將影片同步分享到人人網、開心網、天涯、MSN、新浪微博等十幾個網路平台。經過兩個月的站內宣傳，

引導影片播放數達到 214610 次，7 部作品播放數達 19397876 次，影片募集活動專區訪問量近百萬次，吸引了網友們的廣泛關注和參與互動。

3. 介入內容生產：實現持久傳播

內容行銷即透過相關內容項目的合作置入，形成社會焦點或熱門話題，接觸並影響現有閱聽人和潛在的目標閱聽人。影片內容節目依照出品者可分為媒體出品、專業生產內容（PGC）、使用者生成內容（UGC）。影片網站與廣告主合作拍攝網路短劇，劇情、人物、場景都是為廣告主精心選擇的。在內容生產過程中，將品牌元素、理念、產品置入，透過與劇情和人物的結合，使消費者對品牌與產品產生聯想與記憶，進而達到更深入、更持久的傳播效果。

2010 年的《11 度青春》系列電影，是由優酷、中影集團為雪佛蘭科魯茲訂製的網路電影，每週在優酷播出一部。影片主題與科魯茲奮鬥的品牌訴求高度契合，產品在劇中適時露出，與角色的性格氣質搭配，成為深度置入的典型案例。

2013 年，微電影《MINI PACEMAN 城市微旅行》，用一種城市微旅行新概念，喚起消費者需求，使 MINI PACEMAN 這款全新車型既成為城市微旅行的代名詞，又成為一種生活態度的代表，區隔其他車型，創造了獨有的消費領域。生活快節奏帶來的身心疲倦，令無數都市人群產生對旅行與假期的嚮往，自然、城市微旅行的概念很容易打動這部分消費者的心。

4. 主題聚合：整合行銷傳播

由於企業對影片行銷日益重視，一些企業甚至將影片作為行銷宣傳的核心平台。這就要求影片行銷基於企業的行銷目標以及對目標閱聽人關注話題的了解，鎖定主題進行整合式的傳播計畫，整合多種影片行銷手段，最大限度地引起人們的關注和共鳴。整合就是將各個獨立的行銷綜合成一個整體，以產生綜效。整合行銷是一種對各種行銷工具和手段的系統化結合，根據環境進行即時性的動態修正，以使交換雙方在互動中實現價值增值的行銷理念與方法。

第一節　影片行銷概述

圖 7-1　伊利的「一起奧林匹克」行銷

2012 年，借由奧運行銷的契機，伊利希望建構平民與奧運行銷之間的聯繫，優酷則希望打造平凡人的奧運會，兩者找到了完美的契合點——「平凡人的運動＝健康」。趁著奧運，在與消費者溝通中，傳遞和滲透伊利「健康生活倡導者」的品牌主張。整個活動圍繞健康與奧林匹克，在優酷展開以影片為核心的整合行銷。一場全民參與的健康運動會，五部詮釋健康精神的微電影，讓創意更有意義，透過《花甲背包客》、《跑吧老李》（如圖 7-1）這樣一些平凡人，傳遞不平凡的健康精神。在奧運之前，就為平凡人提供一個真實的展示舞台，同時打造一場迎接奧運的平民狂歡盛宴。

由於聚合的主題很成功，「一起奧林匹克」這場活動不再是一個簡單的商業活動。優酷不僅是內容聚合平台，更是傳播的中心，將大規模的傳播風暴全面展開：以優酷為內容發源地，採用全媒體宣傳手法，在網路、報紙、地鐵、電視，甚至倫敦奧運會期間的 400 輛巴士上進行傳播，整體傳播涉及 80 多座城市、1500 多支運動影片，獲得超過 5000 多萬次播放，5 部微電影更是精彩地呈現了「健康的生命，才有別樣的風景」的品牌主張，將中國人的健康精神傳遞向世界。

第二節 影片行銷的類型

網路影片發展至今快 10 年了，影片各式各樣，形式千變萬化，影片行銷方式和手法也層出不窮。作為新型行銷工具，按照影片生產製作和播放平台的不同，可大致分為網路電視、影片分享和原創影片發表這三種類型。

一、網路電視

集電視與網路功能於一身的網路電視，既具電視媒體所特有的強視聽衝擊力和大訊息量承載的特性，又具網友隨時點播、連播、互動評議等獨特個性，越來越受到人們的青睞。

（一）網路電視概述

網路電視又稱 IPTV（Interactive Personality TV），網路協議電視，它基於寬頻高速 IP 網，以網路影片資源為主體，將電視機、個人電腦及手持裝置作為顯示終端，透過機上盒或電腦接入寬頻網路，實現數位電視、時移電視、互動電視等服務。網路電視的誕生意味著傳統被動的電視觀看模式被顛覆，實現了電視以網路為基礎隨選收視、隨看隨停的便捷方式。從參與主體的角度劃分，中國網路電視分為「商業網站主導型」和「傳統媒體主導型」。

商業網站主導型網路電視，是指靠民間資本建立起來的網路電視，如通信公司、網路企業加入到網路電視產業中，著名代表有聚力傳媒旗下的 PPTV 網路電視、眾源網路成立的 PPS 網路電視、時越網路創立的悠視網。如今，這幾家「民營」網路電視已成為影片行業裡的領導品牌。

相對於靠民間資本起家的「民營隊」，依託傳統媒體資源而發展起來的網路電視可被稱為「國家隊」。其代表有中國網路電視台（英文簡稱 CNTV），大陸央視網推出「愛西柚」和「愛布穀」網路影片互動產品。除了中央電視台，地方台、區域台也不甘人後，紛紛「圈地」。安徽網路電視台成為中國第一家省級網路電視台，江蘇網路電視台、湖南衛視的芒果 TV、浙江第一影片門戶新藍網也先後成立。

網路電視是網路影片領域的分支，兼具傳統電視和網路影片的核心優勢，在體驗上具有三大優勢：第一，專業、精準的頻道分類，直播、點播的雙重結合，以及豐富的內容聚合；第二，高畫質、流暢的畫質展現；第三，使用者參與到收視過程中，使用者與網路電視、使用者與使用者之間產生即時互動。

（二）網路電視行銷

隨著以 Hulu 和 Netflix 為代表的串流媒體服務商崛起，網路電視所代表的 PGC（專業生產內容）價值在與 UGC 的對比中逐漸突顯出來，透過網路看到清晰、流暢、高品質的影片內容成為越來越多使用者的基本需求。此外，網路電視也逐步成為品牌廣告主彌補傳統電視投放的主要陣地。

1. 貼片廣告

貼片廣告在網路電視中興起，一方面是由於網路電視能夠很自然地繼承傳統電視的廣告模式，另一方面，中國廣電總局禁止影視劇亂插廣告而讓部分廣告商流向影片站點。貼片廣告雖然為網路電視營運商帶來了巨大收益，但是，隨著廣告時間從最初的 15 秒增加到 45 秒，甚至 60 秒，使用者的忍耐度受到嚴重挑戰。

2. 娛樂行銷

網路電視「軟體播放器＋網頁＋專業內容」的獨特平台，在發展過程中平移了一部分既需要觀看節目，又有搜尋、即時更新、互動等多樣化需求的傳統電視使用者，造就了一批相對更為穩定、高黏著度的使用者群體，其中，綜藝節目成為頗受企業青睞的影片類型，進而為其影片行銷打上很深的娛樂行銷烙印。

2009 年，森馬攜手 PPS 網路電視，借《快樂女聲》進軍網路影片，藉助緩衝廣告、擴展式富媒體橫幅廣告、特別推薦、彈出式公告等多種網路影片廣告的表現方式加以呈現，在平台上構築起了一個森馬品牌的小宇宙，加深了使用者對森馬品牌的認知和喜好，潛移默化地提升了森馬的品牌影響力。

2011年可伶可俐與PPTV聯手合作《快女真人秀》節目，透過將自身產品形象置入「愛的加油」這一實境節目環節，共同宣傳《快女真人秀》，並趁機力推可伶可俐產品，實現品牌宣傳策略的雙贏。

3. 體育行銷

體育是另一個備受行銷企業歡迎的影片類型和題材。2010年世界盃期間，PPTV不僅全程高畫質直播了64場世界盃賽事，同時為客戶打開了網路行銷的大平台。比如PPTV和品牌主卡尼爾（男士）展開了以「與『世』俱進」為主題的系列體育大事件行銷活動。

PPTV網路電視依靠自身強大的直播優勢，巧妙地將卡尼爾男士產品形象融入世界盃直播專區內，透過PPTV網路電視世界盃專區卡尼爾「進爽」集錦節目，向男性消費者傳播產品獨有的勁爽、滋潤、消除倦容的產品特性。藉此，PPTV網路電視也藉助全球知名廣告品牌開創了體育大事件的行銷平台，品牌知名度與品牌偏好得以廣泛傳播。

PPTV網路電視也為聯合利華—清揚品牌奉上了一場精心策劃的3D觀看影片的奇幻之旅，成功地將聯合利華—清揚產品形象置入PPTV網路電視南非世界盃直播專區，並首次採用了3D廣告與「球星專訪」的雙向推播形式，宣傳清揚「無屑可擊」的品牌形象。

4. 品牌訂製劇行銷

2013年初，PPS網路電視聯手通用汽車打造的「美・力・堅」汽車影院震撼上線，在1月29日至2月28日汽車影院開放期間，總播放次數超過1000萬，使用者透過汽車影院的虛擬3D技術，更直觀地體驗到各座駕的感受。創新的行銷模式、新鮮的行銷主題，無疑為汽車品牌行銷找到了新的天地。與通用合作架設汽車影院，PPS不僅為使用者提供了新奇的觀賞體驗，也為汽車品牌進行了成功的影片行銷。

二、影片分享

美國 YouTube 網站是影片分享網站的開創者，它將使用者自己拍攝製作的影片內容上傳到網路伺服器上，網友可以透過使用者介面，實現內容分享與評論等。

（一）影片分享概述

影片分享網站是基於串流媒體技術的應用，以使用者生產內容為模式的影片交流平台。使用者在該平台上可以隨時隨地進行影片內容的上傳、觀看、分享、下載、討論、評價等互動活動。一些網站營運商或軟體開發商可能對提供這樣的服務進行收費，但在絕大多數情況下是免費的。

需要特別提出的是，國外影片分享網站與中國影片分享網站的區別在於，國外屬於典型的使用者生產模式。中國影片分享網站有土豆網、優酷網、酷6網。影片分享網站的使用者生產模式決定其具有傳播主體的個別化、傳播方式的互動性與傳播內容的分享性等特點。

1. 傳播主體的個性化

影片分享網站為網友提供了一個個性空間，網友可以把自己製作的影片上傳至網站與其他網友一起分享。每一個熱愛影片的網友都能找到屬於自己的生產、分享、傳播平台，建立起屬於自己的網路影片空間。當很多人關注到同一支影片時，這些獨立的點，將主動匯聚成一個面。

2. 傳播方式的互動性

影片分享者可以與其他作者互動，也可以與它的閱聽人互動，閱聽人和閱聽人之間也可以進行互動。如果把這一範圍再擴大，那麼某個影片分享網站事實上還能與其他影片分享網站產生互動，也可以和其他非影片網站互動，進而形成一個更龐大的互動圈。

3. 傳播內容的分享性

只須進行網站註冊，影片分享使用者就可以將自己收藏或者拍攝的影片上傳網路，與其他使用者一同分享，而其他使用者可以點閱欣賞，亦可下載

收藏。網路影片內容從單一的影視類發展到體育、娛樂、新聞等細項，影片內容極其豐富，因此，有著不同興趣的閱聽人都能從中找到自己感興趣的內容。影片分享網站倡導的是一種共享的精神。

（二）影片分享行銷

1. 網路自製劇行銷

網路自製劇又簡稱為「網劇」，簡而言之，就是以獨家訂製、獨家播出、獨家品牌的形式，由播出方與製作方形成聯盟，共同創作，共同在網路傳播平台發行的網劇，有網路連續劇、微電影、動畫等類型。網路自製劇行銷即是以網路自製劇為傳播媒介進行的網路影片行銷。網路自製劇行銷的特徵有以下幾點。

（1）低成本

在網路上發行網劇比發行一般電視劇要簡單得多，而且它的製作成本也低得多，比起成本上千萬的大製作，網路自製劇也許幾千元就可以投資製成。這也是眾多企業青睞網路自製劇行銷的原因之一。

（2）低門檻

低門檻主要表現在兩個方面。一個是創作製作的低門檻。在網路上有不同的網劇製作團隊，有些是以傳媒專業公司或影片網站公司為背景的團隊，而有些則是以興趣結合的非專業人士，甚至還有些是大專院校的學生。二是播出的低門檻。沒有過於冗長煩瑣的審批手續，也不須花精力去搶占競爭激烈的黃金頻道和黃金時段。

（3）短篇幅

有些網路自製劇也包含微電影或者是動畫，而這些都表現出一個共有的特徵：短篇幅，即時長較短。但網路自製劇也會有一些系列電視劇，但是每一集也比較短，多為 20 分鐘左右。比如《泡芙小姐》系列動畫就是每集 15 分鐘左右。搜狐影片出品的網劇《愛上男主播》共有 30 集，每一集 10 分鐘左右。

(4) 快節奏

網路自製劇雖然篇幅短，但是內容比較緊湊，無論是自製的微電影還是系列電視劇都不失完整性。這樣的網路自製劇就會表現出快節奏的特點。

(5) 題材多元化

因為是網路自製劇，所以創作的範圍很大，限制性也較小，不像在電視台播映的電視劇或者院線電影的限制那麼多。低門檻的大眾創作，也使得網路民間各路人才湧現，所以題材也變得非常豐富。不僅有愛情、校園、時尚、農村、都市等主流題材，也有一些較為邊緣化的題材，甚至還有一些日常不常見的人與事，這些都被網友或製作團隊選為創作的主題。

(6) 互動性

網路自製劇因為投放在網路上，網路評論通路較為便捷。不像電視和電影只能被動地觀看。網路自製劇在網上觀看時可以實現即時互動，網友觀眾可以即時表達自己的觀點和觀後感。

2. 活動行銷

除了傳統的廣告形式，利用自身的品牌影響力及網路媒體的互動特點來進行活動行銷，是影片分享行銷的另一種營利模式。土豆網、優酷網都先後開展過活動行銷。土豆網舉辦的一個活動是與英特爾合作的「i，睿不可擋」影片創作大賽。活動時間長達兩個多月，透過網友參與投票的方式選出獲獎者，以英特爾提供的軟體、電腦作為獎勵，吸引了大量網友的參與。此次活動行銷在為土豆網增加點閱率的同時，也為英特爾做了一次盛大的品牌宣傳。相同地，優酷網也推出了「PUMA 航海大使評選」等活動，在為各品牌做宣傳的同時，也能夠為自己營利。

三、原創影片發布

儘管網路影片的節目種類繁多，但各影片網站和網路電視的內容重複性非常高，這一方面使網路影片業競爭激烈，另一方面也難以獲得忠實的客戶。究其原因主要有三：一是網路的共享特性與低成本特性，決定了網路影片的

重複跟風現象普遍存在；二是目前網路影片業進入門檻低，各網路營運商都急於搶占市場空間，面對網路影片業的競爭壓力，複製成為其現實選擇；三是由於各影片網站對閱聽人上傳的內容並沒有版權要求，因此閱聽人往往同時在多個影片網站上傳自己的內容，導致內容重複。

網路原創影片是指在不涉及版權問題的前提下，由網友原創完成，並在網路空間中發表和傳播的影片內容，形態涵蓋小電影、DV 短片、音樂電視、廣告片、動畫等。它形式上短小精煉，內容上以娛樂化和自我表現為主。它還具有短時性、知識性、藝術性、思想性等特徵。在網路上傳播的原創影片類型多樣，有新聞、電影、電視劇、廣告、動畫、創意 MV 等，由於影片製作技術沒有得到充分普及，再加上網友們的原創影片普遍質量低下，版權監管難度較大，內容監管也很難，稍有不慎就容易引發社會問題。於是專業生產內容（PGC）模式越來越受到關注。

作為中國創立最早的影片分享網站，56 網在堅持 UGC 的基礎上，透過不斷打造以「青春、娛樂、正能量」品牌特質的 56 出品自製節目，以及合作模式靈活、收益多樣化的 PGC 平台「微欄目」，由此形成了以 UGC、PGC、56 出品自製為主的金字塔式精品原創體系。原創影片發表可以說是影片分享的一部分，其行銷方法也不外乎自製劇行銷、活動行銷及微電影行銷。

微電影，即 Microcinema、Micro Film、Short Film。華語地區對於微電影的時間長度定義有所不同。在中國，微電影通常是指專門運用在各種新媒體平台（如 YouTube、土豆等影片網站）上，適合在移動狀態或是短時間休憩狀態下觀看，有完整故事情節的短片。其時間長度通常低於 300 秒，可以單獨成篇，也有一系列的微電影。

微電影與影視影片之間的區別主要表現在「微」上面，即微時（30 秒至 300 秒）放映、微週期製作（1 到 7 天或數週）、微規模投資（數千／萬元每部）的影片（「類」電影）短片。微電影的特點主要有以下幾個方面。

1. 快速觀看

微電影時長短，忙碌的網友們不僅可以在網站上觀看，還可以在 PC 客戶端，甚至行動手機客戶端觀看，也可以在乘坐地鐵或等公車的瑣碎時間裡，或者吃飯時花費很短時間觀看完一部微電影。

2. 貼近生活

網路的自由精神決定了微電影在故事題材選擇方面更自由，「微」字則決定了情節更符合人們對生活的理解，講的是身邊故事，不是宏大敘事，而是用小故事詮釋世界。

3. 情感共鳴

儘管微電影的播放時間很短，但電影結構與故事情節卻與傳統電影同樣完整，劇情扣人心弦、場面宏大，觀眾同樣能感受到較強的影音效果。而且題材迎合人的情感需求，容易引起人們的情感共鳴。

4. 大眾互動

微電影的出現，不僅徹底打破了電影製作和發行的壟斷地位，而且使更多普通人可以透過微電影的方式抒發自己的情感，或表達自己對日常生活的感悟。網友觀看完微電影後，可以使用筆記型電腦、手機等不同裝置進行評論、轉載、分享等，甚至可以直接對所轉載的影片進行剪輯和二次製作，徹底顛覆了傳統的被動式觀賞方式，互動性較高。

正是微電影的這些特點，才使之成為影片行銷中的一種重要工具。2012 年，伊利開始試水「微電影」，並取得了良好的行銷效果。《不說話的女孩》藉著情人節，透過朦朧而美好的愛情故事實現情感行銷。上線僅一週，點閱率就超過了 500 萬，在優酷網、土豆網及騰訊網兩天的總瀏覽數已超過 3 億次。

2012 年，藉著倫敦奧運會，伊利從真實的故事中挑選出五個平凡人的「奧林匹克故事」，並拍攝系列微電影，包括《花甲背包客》、《跑吧老李》、《中國花式籃球教練：韓煒》、《727 車隊：騎車去倫敦》、《鼓浪嶼的快

樂大腳：踢球的孩子們》，以觸動人心的真實紀錄，啟迪人們對健康意義的思考──健康的生命，才有別樣的風景。系列微電影在優酷的觀看數突破5000萬，創下優酷單一平台微電影播放紀錄。

2012年，伊利旗下子品牌「每益添」推出微電影《交換旅行》，作為其形象代言人的楊冪自導自演，藉助其明星效應，微電影在拍攝之前已在微博上引起熱烈討論。

同年，巧樂茲進行了全新的品牌定位，品牌主張確定為「喜歡你沒道理」，品牌個性定位於「時尚、浪漫、自信」。為此，伊利透過校園微電影角色選拔活動，進行宣傳「喜歡你沒道理校園影像季」整體活動，活動的獲勝選手加盟《脆皮情書》，與陳翔、陸翔兩位青春偶像共同演出。藉著這種將普通民眾搬上主流舞台的誘惑，成功吸引了大批學生參與活動。同樣是尚未拍攝，便在目標群體中打響了第一炮。

由此可見，只要選準品牌訴求的角度，拿捏好社會話題，品牌與微電影的「聯姻」猶如一場化學反應，可以取得令人意想不到的效果。其中，利用明星效應與閱聽人互動，引導社會話題，都是深化微電影行銷效果的有效手段。

第三節 影片行銷的策略與方法

隨著網路成為很多人生活中不可或缺的一部分，影片行銷又上升到一個新的高度，各種方式與手法層出不窮，但成功的影片行銷離不開以下幾點。

一、感官效果最大化

影片之所以受到大眾如此喜愛，與其超強的感官效果不無關係。在注意力被大大分散的時代，感官刺激必不可少。良好的感官效果既能在第一時間引起觀眾的注意，同時又提升了使用者感官層面的體驗，如此，觀眾才有可能喜歡並分享影片。

為追求更好的感官效果，影片網站使用了各種技術方式與方法。比如優酷網首頁的Channel的Video Banner廣告就使用了新的Flash技術，網

友可以看到一雙閃動的眼睛，拖曳睫毛膏，眼睛可以切換成彩妝後的模樣，影片的創意創新很明顯區別於傳統 Flash 形式，更逼真更具視覺衝擊。

PPS 與通用合作打造的「汽車影院」之所以成功，其獨特的北美文化包裝是其中原因之一，但更為重要的是其在網路上打造的具有超強感官刺激力的 3D 虛擬汽車影院，而且文化包裝也是為感官效果服務的。PPS 汽車影院囊括通用旗下九款經典汽車，進入影院的使用者可自主選擇 CTS、君威、邁瑞寶、君越、科帕奇等作為自己的愛車，坐在各自的汽車裡透過調頻收聽、觀看露天電影，在虛擬的環境下享受「豪車看大片」的影院級觀感。

二、影片病毒化

病毒影片是指一段影片剪輯透過網路共享，像病毒一樣傳播和擴散，被快速複製，迅速傳向數以萬計、百萬計的閱聽人，其目的是透過「小創意」實現「大傳播」。一般情況下，病毒影片是以影片分享網站為病毒源，利用電子郵件、即時通訊、論壇部落格等方式轉寄並流行起來的。在所有的網路影片廣告的形式中，病毒式傳播手段因擁有快速的傳播速度、廣闊的傳播範圍、低廉的傳播成本，以及不容易引起使用者牴觸的特性，而備受廣告主和廣告營運商的喜愛。一個優秀的病毒影片所帶來的流量，可能會比某些網站一年所帶來的流量還要多，所以影片行銷中的一個重要策略就是運用病毒影片實現病毒式傳播。

讓自己的影片像病毒一樣傳播幾乎是所有行銷者的夢想。但要真正實現這樣的目標卻不容易。美國電子商務顧問 Ralph F. Wilson 博士將一個有效的病毒式行銷策略的基本要素歸納為以下六個方面。

(1) 提供有價值的產品或服務。

(2) 提供無須努力向他人傳遞資訊的方式。

(3) 資訊傳遞範圍容易從小擴散成大規模。

(4) 利用民眾的積極性和行為。

(5) 利用現有的通訊網路。

（6）利用別人的資源進行傳播。

從流程看，創意影片病毒式行銷需要做好以下五個環節的工作。

（1）創意影片病毒式行銷方案的整體規畫和設計。

（2）進行獨特的創意設計，病毒式行銷之所以吸引人就在於其創新性。

（3）對網路行銷訊息源和資訊傳播通路進行合理的設計，以便利用有效的通訊網路進行資訊傳播。

（4）對病毒式行銷的原始資訊在易於傳播的小範圍內進行發表與宣傳。

（5）對病毒式行銷的效果進行追蹤與管理。

三、影片搜尋引擎最佳化

CNNIC發表的《2011年中國網友網路影片應用研究報告》顯示，超過三分之一的網路影片使用者，看影片最常使用的方式就是透過搜尋引擎搜尋影片。因此，可以有效利用搜尋引擎所掌握的龐大網路網友行為資料庫，對廣告主定義的目標閱聽人進行分析與鎖定，根據不同閱聽人進行定向廣告投送，進行精準行銷。例如，可以根據對使用者平時搜尋瀏覽行為的分析，進行精準定位，當使用者透過搜尋引擎打開網路影片時，即投放有針對性的影片廣告。這意味著，當不同的人瀏覽同一支影片時，出現在網頁中的影片廣告可能是不一樣的，它會依據各人平時搜尋、瀏覽的方向和習慣而定。透過網路影片與搜尋引擎的這種整合行銷最終達到一個目的：把最合適的影片廣告推播到最合適的使用者面前，進而實現更好的行銷效果。

目前影片搜尋方式主要基於文本的影片搜尋方法和個別化搜尋技術。基於文本的影片搜尋方法，是透過利用影片的元數據資訊，例如影片長度、上傳時間、播放熱門程度等，來重排搜尋結果以幫助使用者更快地在搜尋結果中定位自己所需要的影片。但這種方式需要累積相當多的參與使用者數才有意義，而且對影片搜尋體驗的提高作用也十分有限。

個別化搜尋技術則是利用使用者的偏好及相似使用者的點閱紀錄訊息，重排影片搜尋序列，以便更好地滿足使用者的搜尋需求。透過秘密蒐集使用

者的偏好資訊，個別化搜尋技術可以在完全不侵擾使用者的情況下蒐集使用者的偏好，並對使用者建立偏好模型，最終根據這個偏好模型對影片搜尋結果序列進行重排。透過利用使用者偏好訊息重排影片搜尋結果，可以將使用者最感興趣的結果放在影片搜尋結果序列的前面，進而縮短使用者搜尋想要影片的時間，提升使用者體驗。

百度提出了框計算的概念，即使用者在用搜尋引擎進行搜尋時，所想的不只是找到一個帶有搜尋關鍵字的網頁而已，普通搜尋使用者對搜尋引擎給予了很高的評價，既能獲得超過一般網頁搜尋的應用，同時也能透過相關的社群交友網站豐富生活體驗。百度的這項新技術是基於使用者需求而設定的，目的是滿足客戶的需求。Google 的商業模式一直是使用者體驗至上。類似 Facebook 的 Google 社群網站 Google+ 的推出，正是由於 Google 針對使用者體驗所做的創新。

總之，提升使用者體驗是影片搜尋方式創新的主要動力，也是流量變現的基礎。此外，百度和 Google 在個別化模式、行動模式、即時搜尋模式和語音搜尋模式上都進行了拓展。使用者體驗在影片網站上可以歸結為一點，即讓使用者迅速、準確地找到自己想看的內容。

四、影片內容原創化

在中國網路影片發展之初，曾大量使用現成的電視節目，網路影片變成了電視節目的網路版。對使用者來說，看網路影片不過是更換了一個播放平台而已；對影片網站而言，電視劇版權價格水漲船高，各大影片網站陷入同質化競爭的困境，在表面熱鬧的景象下其實危機四伏，影片網站在核心業務領域，即影片內容提供方面缺乏競爭優勢，經營上亦困難重重。

在這種背景下，原創內容的價值逐漸顯現，成為影片行業備受歡迎的內容資源。影片網站早期均以使用者原創起家，但鑒於拍攝器材及技術不夠完善，以及知識產權等問題，導致大眾原創後勁發展乏力。而網路影片要實施差異化競爭策略，就必須在內容上下功夫，為此，專業化內容製作團隊應運

而生，大眾文化也逐漸打上專業化製作的標籤，原創影片的生存環境日趨成熟。

2013年，「網路創新精神」指導下的騰訊影片，在原創內容領域初露鋒芒。200集高品質自製劇、22檔製作精良的原創節目，為廣告客戶帶來超過13億次的品牌曝光，這些都使其穩居行業榜首。其中，開創C2B訂製劇模式的全球首部互動功能劇《快樂ELIFE》獲得金立手機2000萬元冠名，成為中國最大規模的網路自製劇宣傳合作。

金立子品牌ELIFE影片行銷之所以取得成功，是因為無論是《屌絲男士》，還是《極品女士》，或是《匆匆那年》，影片內容都具有原創性，原創的內容提高了影片的品質，自然受到網友關注和熱愛，ELIFE品牌時尚年輕的形象在人們的談論中慢慢深入人心。原創內容在為影片網站帶來可觀收益的同時，亦成功幫助贊助商樹立品牌形象，宣傳產品。

【知識回顧】

影片行銷是指具有行銷需求的各類企業、組織機構或個人在網路上進行的影片形式行銷。行銷的主體為具有行銷需求的各類企業、組織機構或個人，行銷所藉助的載體是網路影片，包括在影片網站、入口網站及社群媒體等各類網站上出現的影片，而不僅限於影片網站上的影片。影片行銷的目的通常是宣傳產品、機構或個人，樹立良好形象，加深目標對象與宣傳標的物之間的感情。行銷手法主要為貼片廣告和置入，其中，置入有直接露出、故事演繹等不同方式。

影片行銷具有成本相對低廉、傳播快、涵蓋廣、互動強、效果好和助力精準行銷的優勢，所以受到市場歡迎。影片各式各樣，影片行銷方式與手法種類也多。網路影片行銷經歷了從影片插入廣告到種子影片、介入內容生產、整合行銷傳播的演變過程。作為新型行銷工具，按照影片生產製作與播放平台的不同，網路影片可分為網路電視、影片分享和原創影片發表三種類型。

就目前看，影片行銷的運用策略可以總結為：感官效果最大化、影片病毒化、影片搜尋引擎最佳化、影片內容原創化。

【複習思考題】

1. 如何理解網路影片？

2. 影片行銷策略與方法有哪些？

3. 你認為傳統企業應該如何進行影片行銷？

第八章 網路遊戲行銷

【知識目標】

☆網路遊戲行銷的概念與特點。

☆網路遊戲行銷的形式、方法與策略。

【能力目標】

1. 理解網路遊戲的媒介屬性及其行銷價值。

2. 掌握網路遊戲行銷的形式與方法。

3. 掌握網路遊戲行銷的應用要點與策略。

【案例導入】

幾乎每個人的身邊都不乏《魔獸世界》、《劍俠情緣3》、《劍靈》等熱門網路遊戲的忠實使用者，他們每週都會花費一定的時間在遊戲世界裡，平時也常和朋友討論遊戲的攻略、裝備等話題。許多人手機裡面安裝了《爐石傳說》、《刀塔傳奇》等遊戲，課堂之外，下班之餘，打開手機，有事沒事玩幾局。騰訊的全民系列手遊常年位居App Store排行榜前幾名，簡單的遊戲形式卻坐擁成千上萬的玩家，且吸金能力一流。從《爸爸去哪兒》、《奔跑吧兄弟》到《小時代》、《灌籃高手》，越來越多綜藝節目乃至影視作品開發了自己的網路遊戲作為副產品。

如果說網路遊戲曾經引發了少數人的狂熱，那麼如今它已經滲透進了大多數人的生活，占據著我們的閒暇時光，提供我們各式各樣的快樂。伴隨著網路遊戲的蓬勃發展，更多人開始意識到，它不僅是一個具有超強營利能力的數位產品，而且也可以作為一種新型的行銷平台。

第一節 網路遊戲行銷概述

以前，網路遊戲在大眾心目中的形象常常與青少年聯繫在一起。然而近年來，個人電腦的普及、行動網路的出現以及遊戲形式的不斷豐富，使得網路遊戲逐漸成為一種大眾化、全民化的娛樂方式。

一、網路遊戲定義及類型

遊戲是人類文明的表現，早在遠古時期，遊戲就以壁畫的形式被記錄在牆壁上。原始社會的人們在勞動之餘會進行一些類似遊戲的活動，內容通常是對現實生活的模擬和對生產技能的訓練，遊戲的概念也深入到我們的日常生活中。

網路遊戲，又稱線上遊戲，簡稱網遊，是隨著電腦科技與網路普及而發展起來的遊戲新形態。它依託於網路運行，可以多人同時參與。一般認為，網路遊戲具有線上及互動的特徵，是多名玩家透過網路等傳輸媒介在虛擬環境下進行互動娛樂的電子遊戲，與單機遊戲不同。近年來，行動網路的迅速發展使網路遊戲出現了由傳統的個人電腦向智慧型手機、平板電腦等行動裝置轉移的趨勢，其構成變得更為複雜。

如今，網路遊戲市場蓬勃發展，玩家規模日益龐大，市場上各種形式和類型的網路遊戲層出不窮。按照不同的標準，我們可將網路遊戲做如下類型的劃分。

1. 根據不同的運行平台及設備，網路遊戲可分為客戶端遊戲、瀏覽器遊戲、行動遊戲。

客戶端遊戲，簡稱端遊，是指在個人電腦上運行的，必須下載遊戲軟體透過指定客戶端登錄的遊戲。瀏覽器遊戲，即網頁遊戲，簡稱網遊，是基於網站開發技術，以標準HTTP協定為基礎表現形式的無客戶端或基於瀏覽器核心的微客戶端遊戲。行動遊戲是新興的遊戲類型，智慧型手機與平板電腦的普及使得行動遊戲在2013年迎來了爆發式增長，市場占比不斷增加，一躍成為備受商家青睞的行銷新平台。

2. 根據不同的遊戲特點，網路遊戲可分為大型多人線上遊戲、社群遊戲和休閒遊戲。

大型多人線上遊戲（Massive Multiplayer Online Game）是支援多人同時出現在同一場景中、遊戲過程持續，且不是以局或盤等作為限制的一種遊戲類型。這是目前最主流的遊戲類型，遊戲形式主要是透過使用者的遊戲技能及其他各方面的投入，實現在虛擬社會中的生存和成長，並參與遊戲虛擬世界的人際溝通及社會活動等。

社群遊戲是在社群網站運行的、以人與人之間的交流為基礎的互動遊戲，典型例子有 2009 年風靡一時的《開心農場》。休閒遊戲是一個總的概念，包括電子競技類、音樂類、養成類、棋牌類等遊戲類型。

3. 根據不同的收費方式，網路遊戲可分為月費制、點數計時制、版本計費制、免費制遊戲。

月費制遊戲中，玩家以月為遊戲時間單位支付一定費用，例如《魔獸世界》、《仙境傳說》等。點數計時制則是玩家購買「點數卡」為遊戲帳戶加值，按照上線時間扣除點數，如《劍俠情緣 3》。版本計費制遊戲每更新一次版本，就向玩家收取一次費用，如《激戰》。免費制遊戲本身不收費，透過販售 VIP 服務或道具、廣告等獲取收益，如《天下 3》。許多遊戲往往採用多種收費方式。

二、網路遊戲市場發展現況

網路遊戲已經發展成為文化產業的重要組成部分。截至 2014 年 12 月，中國網友中遊戲使用者人數達到 3.77 億人，占網友整體的 58.1%。網路遊戲作為網路娛樂性應用程式的代表，因其豐富的遊戲內容、代入感強、擁有社交屬性等特點，已經成為大多數網友日常生活中不可或缺的組成部分。

就整個行業的發展狀況來看，一方面，國家相關部門對網路遊戲產業的發展和規範越來越重視，陸續發表了一些指導性和保障性的文件與政策。例如，相繼成立「中國網路遊戲版權保護聯盟」、「中國網路遊戲評論聯盟」，實施網路遊戲防沉迷實名驗證以及「家長監護工程」等，積極應對網路遊戲

發展中出現的一些問題,讓更多人瞭解和認識網路遊戲,共同探討網路遊戲的發展方向。

除此之外,針對遊戲玩家的盜帳號、釣魚網站等安全隱憂,以及一些網路遊戲行銷商缺乏自律、行銷手段低俗、侵權的問題,有關規範政策也在進一步完善之中。

另一方面,網路遊戲行業持續多年保持了良好的發展潛力。從CNNIC發表的資料來看,從2010年到2014年,網路遊戲規模逐年遞增,到2014年底已經在全體網友中占據了將近六成的比例(如圖8-1)。尤其是手機遊戲,不論是使用者規模還是使用率,都呈穩定上升趨勢,到2014年,手機已經成為網遊使用者最常使用的遊戲設備(如圖8-2、圖8-3)。隨著網路遊戲逐步走向成熟以及遊戲使用者終端設備的普及,預計在未來一段時間內,中國網路遊戲產業將繼續保持穩定發展,並在不斷完善自身及周邊健康生態的過程中,尋求更加廣闊的使用者範圍和多終端、多玩法的遊戲模式。

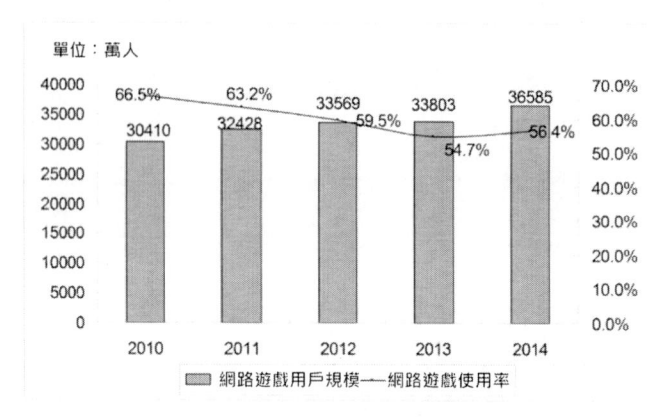

圖 8-1　2010—2014年中國網路遊戲用戶規模及使用率

第一節 網路遊戲行銷概述

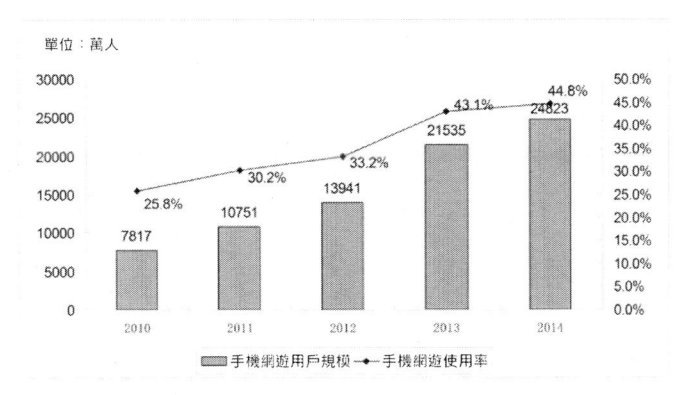

圖 8-2　2010—2014年中國手機網遊用戶規模及使用率

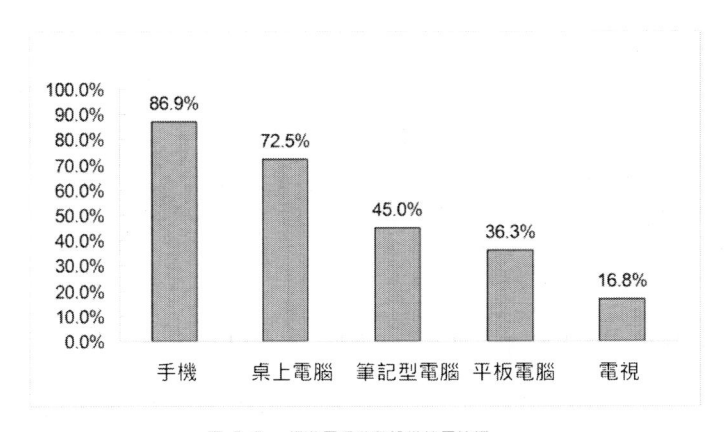

圖 8-3　網遊用戶遊戲設備使用情況

中商情報網發表的資料也顯示，從 2010 年開始，中國大型 PC 客戶端遊戲使用者數量趨於飽和，相對地，網頁遊戲、手遊、平台遊戲等新型遊戲使用者數量得到了快速成長。2013 年 6 月，中國客戶端遊戲使用者數為 1.25 億，比去年同期的 1.20 億僅增長 4.2%。而手遊的使用者數則大幅超越了客戶端遊戲使用者，從 2012 年 6 月的 2.05 億增長到 2013 年 6 月的 2.79 億，年增率達 36.1%。

與此同時，網頁遊戲的使用者數量從 0.78 億增長到 1.71 億，增幅高達 119.2%（如圖 8-4）。另外，從網遊銷售收入來看，2013 年上半年，客戶端遊戲銷售收入 232.9 億元，年增率 18.0%。而網頁遊戲銷售收入 53.4 億元，

年增率 39.8％，手遊銷售收入 25.3 億元，年增率 100.8％（如圖 8-5）。手遊和網頁遊戲的成長趨勢非常快速，不過在整個中國網路遊戲市場的占比仍然較低，大型 PC 客戶端遊戲為整個網路遊戲市場貢獻了絕大部分銷售收入。

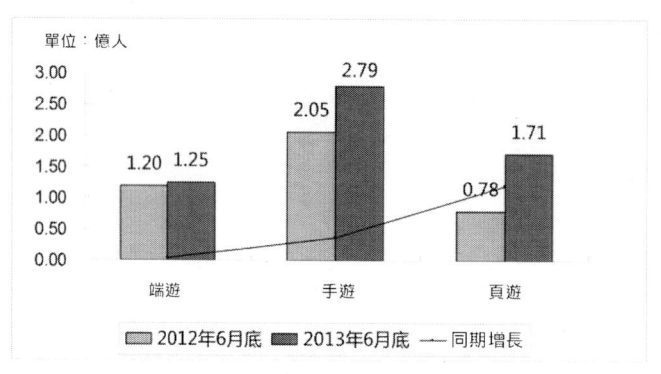

圖 8-4　2013年上半年中國三大類網路遊戲的用戶數量對比

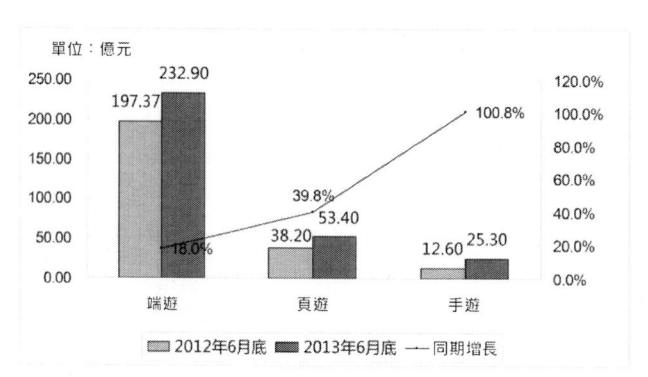

圖 8-5　2013年上半年中國三大類網路遊戲銷售收入情況對比

　　大型 PC 客戶端網路遊戲一直占據中國遊戲市場最主要的位置，而其發展也為其他遊戲類型的發展奠定了巨大的使用者基礎。

　　從市場趨勢來看，行動化、社群化是未來網路遊戲發展的整體趨勢，中國的遊戲行業正在向著高品質、多元化的方向發展。首先，遊戲政策進一步鬆綁，Xbox One、PS4 等遊戲主機已經在中國正式發售，使得遊戲使用者的使用選擇拓寬；第二，網路的完善和上網裝置的多樣化，4G 網路普及和智慧型手機硬體的提升，促進了精品化、大流量行動遊戲的進一步發展；第三，

遊戲作為文化產業的一部分，與影視、文學等產業的結合日趨緊密，逐步形成影視、文學與遊戲的多向互動，促進了遊戲產業與周邊生態產業的整體發展。

總體來看，中國網路遊戲市場發展趨勢良好。不過，儘管與過去相比，中國的網遊行業已有了明顯改進，但與國外同行相比，還存在著產品同質性高、行業自律性低等問題，影響力遠不如國外產品。

根據百度網遊搜尋排行榜，排名前三的都是國外產品，分別是美國 Riot Games 公司的《英雄聯盟》、韓國 Neople 的《地下城與勇士》以及韓國 Smile Gates 的《穿越火線》。無論是在技術、創意上，還是在營運方面，中國網遊行業的整體水準都還有待提高。

三、網路遊戲行銷概述

廣義上來說，媒介是使人或事之間發生聯繫的介質與工具。網路因其高度的互動性和不受時空範圍侷限等特點，突破了傳統的人際傳播和大眾傳播範圍，被稱作第四媒體。而網路遊戲不僅具有網路的強互動、多媒體等特點，更具有虛擬實境的特性，因而具有更為豐富的媒介意義，而這也成為網路遊戲獨特行銷價值的來源所在。

（一）網路遊戲的媒介屬性與行銷價值

在網路遊戲中，使用者可以進行多種層次的資訊傳播和互動。遊戲通常表現為對現實的模擬，如大型多人線上遊戲中使用者扮演某種角色，並透過各種仿真的活動來賺取必要的資源生存，與現實世界相似度非常高。而休閒類的遊戲如棋牌、養成等，也是現實生活的部分再現。因此網路遊戲的使用者首先可以達成基本的自我傳播行為，而上網互動的特性又使得使用者之間不再是孤立的存在，必須與他人有一定形式的溝通交流才能維持遊戲的正常進行。在此過程中，資訊的雙向互動與現實世界中的人際傳播相似，大型遊戲中甚至會出現類似於群體傳播和大眾傳播的活動。

網路遊戲因此具備很強的敘事能力，能夠向使用者傳輸豐富的訊息，尤其是它對現實的模擬，甚至能影響使用者對自我和世界的認知，影響其世界

觀和價值觀。另外，網路遊戲的多媒體特性使其可以綜合運用文本、圖像、音頻、影片等多種形式進行傳播，具有很強的感染力和創意承載能力。

作為媒介的網路遊戲具有良好的傳播效果，因而成為許多商家投放廣告、進行行銷的新陣地。網路遊戲不僅擁有數量龐大的使用者，而且更重要的是，其使用者忠誠度一般比較高，網路使用時間比較長，除了手遊使用者在每日平均上網時數上表現出更強的碎片化特徵外，PC網遊使用者的每日平均上網遊戲時數都比較長，絕大多數都超過了1個小時，特別是PC端遊使用者，每日平均上網遊戲時數高達2小時以上的比例為50.6%，3小時以上者達到34%（如圖8-6）。

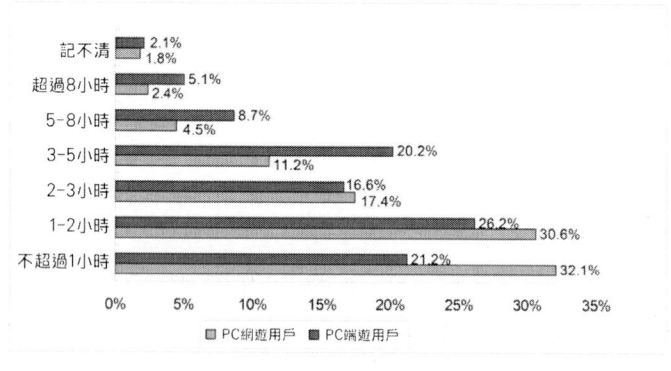

	PC網遊用戶	PC端遊用戶
記不清	2.1%	1.8%
超過8小時	5.1%	2.4%
5-8小時	8.7%	4.5%
3-5小時	20.2%	11.2%
2-3小時	16.6%	17.4%
1-2小時	26.2%	30.6%
不超過1小時	21.2%	32.1%

圖 8-6　PC網遊用戶每日平均上網時數

網路遊戲的媒介屬性，使得以廣告收入貼補媒介生產成本的「二次售賣」成為可能。媒介的「二次售賣」，就是指媒介一方面將媒介的訊息價值以低價賣給閱聽人，另一方面再以其集聚的閱聽人資源為基礎，將閱聽人的廣告價值售賣給廣告客戶，進而以高昂的廣告收入來貼補其媒介生產和發行。

自2005年，以盛大為代表的網路遊戲營運商宣布「免費模式」以後，對使用者免費就成為遊戲廠商尋求新的盈利來源的強大壓力。在遊戲中置入產品相關訊息，或是在遊戲及其周邊網站上投放廣告，各式各樣的網路遊戲行銷方式隨之興起，網路遊戲進而成為新媒體時代的一支新生媒介，企業找到了新的行銷平台，而遊戲營運商也找到了新的盈利模式。遊戲可以不再只

是依靠玩家本身供養，而是讓各種有著行銷需求的企業成為遊戲營運商新的資金來源。

對於遊戲開發商和營運商來說，依靠遊戲內部的收費道具來營利，這種做法相當於為玩家的遊戲體驗設立了一個個門檻，非常不利於拓展使用者市場。遊戲營運商應將眼光放得更長遠，增加行銷收入在整個遊戲收入中的比重，積極開發廣告商和贊助商，締造出全新的產業生態，形成遊戲商、企業、玩家三方共贏的局面。

(二) 網路遊戲行銷的概念

新媒體的發展為行銷開創了一個全新的時代，網路遊戲作為一種獨具特色的載體形式，其行銷價值逐漸引起了行銷界和網遊界的重視。

網路遊戲行銷是指商家以線上遊戲使用者群為基礎，藉助遊戲運作、遊戲內容或者遊戲平台，以廣告投放、贊助、合作及相關宣傳等形式，為實現某個行銷目標而進行的行銷活動。

另外，需要指出的是，本書所討論的網路遊戲行銷，與以網路遊戲為行銷對象所進行的行銷活動不同，在此，網路遊戲是作為行銷的載體而非主體。當然，除了將網路遊戲的媒介價值販賣給需要做行銷的企業，並向企業收取行銷費用的運作模式之外，網路遊戲營運商也可以將自身遊戲產品與進行行銷的客戶一起捆綁，進行合作行銷，進而相輔相成，實現雙方共贏。

網路遊戲行銷其實早已不是什麼新鮮事。早在2005年，可口可樂（中國）有限公司開創聯手「網遊」的先河，與第九城市建立策略合作夥伴關係，並於大陸央視一起播放偶像團體S.H.E化身網遊人物大戰獸人BOSS的廣告。可口可樂與第九城市共同簽署了在中國跨領域宣傳《魔獸世界》的協議，並將此作為啟動icoke.cn計畫的序幕。2005年夏，可口可樂與第九城市又共同推出主題為「可口可樂——要爽由自己，冰火暴風城」的市場宣傳活動，並共同透過網吧通路建立和宣傳以「icoke」為主題的生動化陳列活動，利用各自通路資源和網路優勢進行品牌宣傳合作。此後，傳統品牌與網路遊戲的合作，成為一種新的商業模式，進入人們的視線。

在新媒體不斷發展的今天，傳統的、硬性灌輸的、登高一呼式的行銷傳播方式被不斷消解，互動式、體驗式、潤物細無聲式的行銷方式將成為新時代的主流。

（三）網路遊戲行銷的特點

作為一種新媒介，網路遊戲獨特的使用者特性、使用情境、娛樂屬性及社群屬性，使得網路遊戲行銷在種類繁多的新媒體行銷中獨樹一幟，具有自己鮮明的特色。

1. 相對明確的使用者群體

首先，網路遊戲玩家的年齡主要分布在 18 至 35 歲，以學生、白領和自由工作者為主，作為行銷的載體，其溝通對象更為明確，能在很大程度上避免行銷方的資金浪費。其次，不少網路遊戲以地域劃分架設伺服器，把不同地區的玩家引入最近的伺服器上以保證遊戲的穩定進行，進而使得網路遊戲玩家的分布具有明顯的地域性。第三，玩家註冊時留下的使用者資料一般較為詳盡準確，透過遊戲後台資料，企業可以蒐集到使用者的姓名、地址、購買偏好和紀錄等方面的資訊，進而可以鎖定客群制定行銷策略，保證行銷的精準性。

不少商家依據產品特性，選擇與產品相關的特定領域網路遊戲，進一步鎖定目標對象，提高行銷的針對性。例如，運動品牌選擇運動競技類遊戲，汽車品牌選擇賽車遊戲，飲料品牌選擇大型社群遊戲，等等。這種方式使得玩家群體與企業行銷對象一致的可能性更高，更好地保障了行銷的效果。

2. 較高的行銷接受度

遊戲玩家一般比較容易對網路遊戲產生忠誠與信賴的感情，因此，與遊戲相關的行銷活動往往更容易為玩家所接受，在遊戲的特定場景下更容易產生認同和共鳴。網路遊戲中適當的產品置入，可以增強遊戲世界的真實感，在潛移默化中使閱聽人接受產品傳遞的訊息，深化對品牌的認知。

著名遊戲廠商 Activision 和 Nielsen Entertainment 在 2005 年 12 月發表的一項對 1350 名 12 至 44 歲男性玩家的研究顯示：67% 的玩家認為，

遊戲中的廣告使得遊戲更加逼真，40%的受訪者認為，遊戲中的廣告能影響男性玩家的購買決定。

大部分參加調查的玩家都反映，如果廣告中的產品與遊戲主體相得益彰的話，反而會為遊戲增加樂趣，並且許多玩家都已經記住了遊戲中廣告裡出現的品牌名，其中有許多玩家說透過遊戲增加了對該商品的好感度。

3. 靈活的行銷模式

基於網路遊戲本身的娛樂性、互動性、題材多樣性、設備多樣性，網路遊戲行銷的形態也是千變萬化。常見的形式有廣告投放、贊助電競賽事以及合作行銷等，而其中每一種類型又可採取多種靈活方式。例如，廣告投放就既包括類似於展示型廣告的硬廣告，也包括各種形式的置入式廣告；電競賽事興起的時間不算太長，但因為其將網路遊戲和線下比賽，甚至與電視轉播相結合，深得年輕人喜愛，甚至還因此誕生出一批電競比賽明星，企業對電競賽事的贊助也由此發展出多種贊助方式，形成新的行銷模式。

4. 便利的統計評測與使用者回饋

相較於傳統媒體，網路遊戲行銷的效果評估具備評測快速、資料準確、互動性強、參與度廣的優勢。企業可以透過遊戲營運商準確掌握玩家的數量及關於行銷效果的各種詳細資訊，同時網路的互動功能也可以使玩家即時線上提出回饋訊息。

第二節 網路遊戲行銷的形式與方法

就目前來看，網路遊戲行銷的常見形式主要有廣告投放、電競賽事贊助、合作及關聯宣傳這三種。

一、廣告投放

廣告投放是行銷的重要手段。透過把廣告置入到網路遊戲中或遊戲平台上，可以直接將產品與品牌資訊傳遞給遊戲玩家。隨著網路遊戲的發展，網

遊作為媒介吸引了玩家的目光，贏得了大量的注意力。與遊戲相關的廣告投放有以下幾種常見形式。

（一）傳統遊戲廣告

傳統遊戲廣告主要包括遊戲網頁廣告、登錄窗口廣告、健康提示廣告和前後影片廣告等，是一種利用遊戲直接傳遞廣告資訊的廣告形式。

其中，遊戲網頁廣告是指在網頁遊戲或其他遊戲相關網頁中置入文字、圖片、Flash動畫等廣告內容，以橫幅、按鈕、對聯、彈出式窗口、頁面懸浮、翻捲、插頁等形態呈現的廣告形式。其主要特徵與普通的展示型網路廣告大致相同，也是利用網站上的廣告橫幅、文本連結、多媒體等方法，表現的主要是網路本身的技術特性與媒介特性。

儘管採取的是最普通而常見的廣告發表形式，但由於在網路遊戲這一特殊載體上發表，傳統遊戲廣告仍然具有獨特的傳播優勢，如強烈的視覺衝擊力、一對一的小眾傳播、遠遠超過普通廣告的廣告暴露時間長度以及重複露出次數等。

傳統網遊廣告多數採用靜態式的廣告方式，它的畫面優勢一目瞭然，但問題也不容忽視：傳統網路遊戲廣告是否容易被封鎖？對此，遊戲商的說法並不一致。但是有一點可以肯定，為了防止可能的封鎖後果，遊戲商會吸收報刊混版的手段，把系統通知和某些重要消息與廣告一同發布，讓玩家在看消息的同時也能看到廣告。紅字公告式的廣告雖然保證了強制觀看的到達率，但對玩家造成的干擾也不可避免。因此，傳統網遊廣告常被玩家忽視甚至厭煩，導致弄巧成拙，與行銷目的背道而馳。

（二）遊戲平台廣告

遊戲平台是一種讓使用者可以以更便捷的方式體驗大量遊戲產品的平台，一般透過為玩家匯集大量遊戲產品和提供某些特色服務，來方便使用者，滿足其需求。如騰訊遊戲平台，就是專門為騰訊遊戲使用者打造的PC端網路遊戲綜合平台，為玩家提供遊戲庫、遊戲管理、遊戲加速、遊戲特權禮包、遊戲安全保護和遊戲助手等功能。此外，還有一些遊戲對戰平台，使用人數

也相當可觀,如浩方對戰平台、VS 競技遊戲平台等,這些平台專門為網際網路使用者提供多人電腦遊戲連線服務,可以讓遊戲玩家輕鬆進行線上遊戲,就如同在同一個區域網中一樣。

在遊戲平台上所發布的廣告一般以網遊產品的廣告為主,通常以排行榜等形式進行遊戲推薦。不過,除了網遊產品,遊戲平台對於其他產品和品牌類型也有其行銷價值,畢竟網路遊戲平台、論壇以及遊戲主力網站都有著數目可觀的使用者,有足夠多的瀏覽數,再加上內容所帶來的長時間停留,遊戲平台的廣告價值也是不容忽視的。與網頁廣告類似,遊戲平台廣告也多以文字、圖片、Flash 動畫等形式出現。

(三) 遊戲內置廣告

遊戲內置廣告(In Game Advertising,簡稱 IGA),即遊戲置入式廣告,是一種依託於遊戲本身的娛樂性、使用者黏著度和互動性,結合遊戲本身的文化背景與內容,將廣告資訊巧妙地置入到遊戲的道具、場景、情節或者任務當中的廣告形式。

常見的遊戲內置廣告有以下幾種。

1. 將廣告產品與遊戲道具相結合

這是指將廣告商品在玩家不經意時巧妙地做成遊戲中的道具。通常,巧妙地融入非但不會引起玩家厭煩,反而可以增加網路虛擬世界的真實感,甚至增加遊戲樂趣。例如,一些運動品牌的球衣、球鞋可以成為運動類遊戲裡任玩家挑選的運動裝備,不同性能的球鞋可以不同程度地增加「試穿」玩家的運動能力。又如,麥當勞與臺灣遊戲《椰子罐頭》的結合,麥當勞的漢堡變成了可以提升玩家戰鬥值的新武器,而且在用該漢堡打鬥的時候,也會由玩家控制的系統發出「更多選擇,更多歡笑,就在麥當勞」的廣告語及背景音樂。

2. 將廣告產品與遊戲場景相結合

這種方式是將產品或品牌訊息嵌入到遊戲場景當中,使遊戲在含有廣告資訊的環境中進行。例如在《魔獸世界》等「角色扮演」遊戲裡,大街上掛

著咖啡店招牌的店鋪、城樓下的告示牌都是廣告投放的理想之處。這種方法在潛移默化中影響玩家，產品或品牌資訊就這樣悄然傳遞到玩家的認知當中了。

3. 將影片或音樂與遊戲相結合

這是一種在遊戲中置入與廣告產品或品牌相關的影片或音樂的廣告形式。在遊戲中置入影片的廣告形式並不多見，不過在某些以現實生活為基礎的網遊中，置入這類顯性廣告不但不會破壞遊戲的氛圍，反而使遊戲顯得更真實。

音樂與遊戲的結合廣泛地存在於各類音樂遊戲之中，唱片公司透過線上遊戲置入自己的音樂，可以就此宣傳唱片和音樂人。

4. 將品牌訊息與遊戲關卡情節相結合

這是指將產品置入到遊戲中的關卡或情節中的廣告形式。比如在網路遊戲《QQ音速》中置入肯德基的形象和整體色調。也可以使產品與遊戲情節相關聯，使產品作為推動遊戲流程必不可少的一部分，但要注意不能破壞遊戲的整體氣氛，即產品必須與遊戲情節及內容相關聯。

（四）訂製式網路遊戲廣告

訂製式網路遊戲廣告就是由廣告主出資，委託專業的製作團隊（如遊戲公司），為廣告主及其旗下產品或品牌量身定做和打造的遊戲產品。如美國速食巨頭漢堡王推出的多款以漢堡王套餐為主題的遊戲《漢堡王：碰碰車》、《漢堡王：鬼祟王》、《漢堡王：單車手》等。

這類廣告是廣告主花大筆資金專為某類產品開發出來的網路遊戲，既是遊戲，也是廣告。這種廣告手法在傳統媒體時代就已有類似的運用，比如專為某款汽車而拍攝的微電影。訂製式網路遊戲廣告就是這類訂製式影視作品結合了網路遊戲後的變體，在網路遊戲廣告領域也較常見，不過，高額的遊戲開發費用不是一般廣告主能夠負擔得了的。

對此，研究者建議，可以由廣告公司帶頭與遊戲開發商合作，針對某一個類型或者某幾種類型的產品進行遊戲開發，以節約費用，並方便在遊戲的營運過程中更換具體的廣告產品，進而大大降低單一廣告主的宣傳成本。

二、電競賽事贊助

網路遊戲具有競技性，由此衍生出了一種新的體育運動項目，稱為電子競技（Electronic Sports）。

電子競技就是電子遊戲比賽達到「競技」層面的活動。電子競技運動是利用電子設備作為運動器械進行的、人與人之間的智力對抗運動。透過運動，可以鍛鍊和提高參與者的思維能力、反應能力、心眼四肢協調能力和意志力，培養團隊精神。電子競技也是一種職業，和棋藝等非電子遊戲比賽類似，是中國第 99 個正式開展的體育運動項目。一些公司從中看到了商機，透過贊助電子競技賽事或電競俱樂部，實行行銷策略。

在早期的電子競技項目中，絕大多數贊助商僅僅侷限於與電子競技相關的 IT 核心行業，如 Intel、AMD、ATI、NVIDIA、華碩、技嘉、三星等。而隨著電子競技項目關注度的提高，來自全球各地的 IT 相關產業也逐漸加大對電子競技項目的廣告投放，如聯想、漫步者等大家耳熟能詳的電子品牌都開始涉足電子競技領域。

創立於 2000 年、結束於 2013 年的世界電玩大賽（World Cyber Games，WCG），是一個全球性的電子競技賽事，被稱為「電子競技奧運」。該項賽事由韓國國際電子行銷公司（International Cyber Marketing，ICM）主辦，並由三星和微軟（自 2006 年起）提供贊助。

WCG 的命運與三星的命運息息相關，三星作為贊助商，其行銷整體策略直接影響 WCG 的興起、發展與結束。2000 年的三星公司已是韓國高科技企業代表，其當時重要營利產品包括手機和顯示器，隨著三星在全球市場拓展，其行銷策略必須更能表現三星的技術領先優勢和市場前瞻性，於是深受年輕人歡迎的世界電玩大賽，即 WCG，就成了三星在全球市場宣傳和公關的重要方式之一。當時 WCG 主要依託於三星的顯示器部門，配備三星顯示

器的網咖也會在選擇分賽區網咖時優先被選擇。而到了 2013 年，由於三星公司內部結構轉型等種種原因，WCG 也就此壽終正寢。

中國比較早具有一定規模的網路遊戲比賽是 1999 年新浪和 263 遊戲網舉辦的星際爭霸比賽。到了 2005 年，電子競技項目在中國受關注的程度大幅提升，電競賽事直播的收看人數顯著增加。網路遊戲逐漸從單純的線上遊戲，發展到線上遊戲與線下比賽和電視轉播相結合，越來越多的商業化電子競技比賽開始引起人們關注，而電競賽事越來越成熟的運作方式，也在悄然改變網路遊戲產業的消費形態和商業模式。

2014 年 7 月，在美國西雅圖舉行的競技遊戲國際邀請賽，中國隊包辦該項賽事的冠、亞軍，並獲得了超過 600 萬美元的獎金，而這些獎金主要是透過群眾募資方式，從遊戲玩家購買比賽的電子門票中抽取一部分添加到比賽獎金池獲得的。在類似的商業比賽中，玩家、參賽選手、俱樂部贊助商和賽事舉辦方各取所需，這種變化不僅為玩家帶來了更多參與感，為網遊產業注入了新的活力，同時也帶動了遊戲周邊產業的新發展。如早期作為網遊語音通話工具的 YY 語音、QT 語音，以及由此發展而來的鬥魚、虎牙、17173 等專業的遊戲直播平台，遊戲玩家可以透過這些平台與自己喜歡的競技遊戲高手進行交流，而其中某些玩家則因為其高水準的遊戲功力或富有親和力而成為明星，與遊戲直播平台對直播過程中的收益進行分成，形成了又一條完整的新產業鏈。

隨著電競事業的不斷規範和發展，電競賽事和參賽隊伍對贊助商的選擇也越來越慎重和專業。如今，越來越多的傳統行業也開始嘗試贊助電子競技項目，並取得了不錯的效果。如馬自達 6 贊助 PGL 聯賽，而鷹牌花旗參則因為

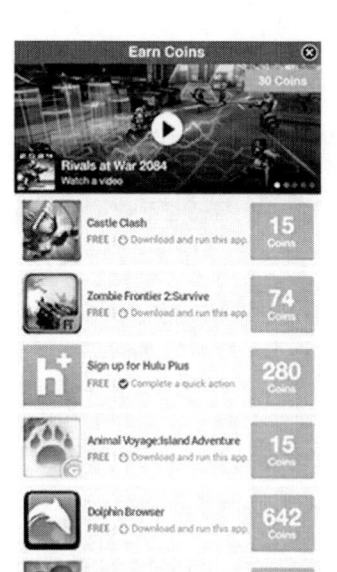

圖 8-7 遊戲開發者通過Tapjoy共享用戶資源

贊助中韓 WAR3 對抗賽而獲得了出色的廣告效果。電競賽事贊助很有可能成為未來網路遊戲行銷的一大主流方向。

三、合作及關聯宣傳

前文介紹了網路遊戲的媒介屬性，但一般來說，它更常被作為「商品」來認識和消費。但遊戲市場本身也是一個競爭非常激烈的市場，不管是頁遊、端遊，還是手遊，近年來市場規模都持續擴大，產品類型題材複雜多變。如果沒有好的行銷宣傳，遊戲產品很難在激烈的市場競爭中脫穎而出，獲取足夠的使用者數量和使用者活躍度，並實現流量變現。換言之，網路遊戲自身也需要行銷。而同時，它作為載體的行銷價值也在不斷突顯，因此，在這兩種動力相互作用之下，網路遊戲行銷經常出現合作及關聯宣傳的形式。

所謂關聯宣傳，是指網路遊戲與其他產品或品牌互為媒介，共享行銷及客戶資源，在各自的平台上宣傳對方的產品，帶動彼此的銷售量或提升知名度，以增強雙方的市場競爭力。這種方法不僅成本低、效率高，而且往往效果良好，是網路遊戲行銷的一種新方向。

首先，遊戲間的關聯行銷十分常見。這一方面是因為遊戲的閱聽群眾一致性高，客戶資源轉化率高，另一方面是由於同一營運商可能營運多款遊戲，那麼彼此帶動也在情理之中。這種行銷形式通常表現為允許使用者在完成了一款遊戲中的某些任務之後，就可以免費獲得另一款遊戲裡的資源。知名行動廣告平台 Tapjoy 就推出了這項業務，它集合了行動端的 APP 開發者，以參與返回費用的模式來刺激使用者互動（如圖 8-7）。例如一位社群養成遊戲 Happy Street 的使用者，如果他透過遊戲內置連結下載了另一款手遊 Castle Clash，那麼他就可以在 Happy Street 內獲得相應的金幣獎勵。

上述合作模式還可以進一步加深合作程度，形成遊戲間內容層面的關聯。如中國知名的遊

圖 8-8　周大福推出的《天天跑酷》金飾

戲營運商盛大遊戲，分別代理了由日本 Sega Networks 開發的行動端線上 RPG 遊戲《鎖鏈戰記》，以及由韓國網遊公司 Eyedentity Games 開發的 PC 端 3D 動作 MMORPG 遊戲《龍之谷》。2014 年 8 月，盛大推出了《鎖鏈戰記》的「龍之谷」連動活動，活動中推出了五張「龍之谷」角色的特殊卡牌，為《鎖鏈戰記》吸引了許多「龍之谷」的忠實玩家。值得一提的是，當時正是動畫電影《龍之谷》上映的檔期，因此，這一合作行銷活動還具有更多整合行銷策略層面的思考。

除了同業合作，網路遊戲還經常與其他行業的商家結成關聯宣傳的關係，這種現象實際上是行銷界的新概念「異業行銷」的表現。異業行銷，顧名思義，指的是兩種或兩種以上看似不相關的行業，透過策劃創意互相「外包」或「嫁接」現有資源，進而強化自己的競爭優勢，重新審視和評價自己的資源價值。

異業行銷在行動時代具有強勁的生命力。新媒體環境下，網路遊戲延伸到了更多的終端，使用者基數比過去有了很大的突破，相較端遊時代能夠承載更多的訊息，因而催生了更適合異業行銷發展的土壤，合作的深度、廣度、速度都大幅提升。

騰訊是少數有專門異業結盟團隊的企業，騰訊遊戲憑藉其平台資源，擁有數量龐大的使用者，如手機遊戲《天天跑酷》每日活躍使用者超過八千萬。2014 年 4 月，騰訊遊戲貫徹異業行銷的理念，推出了「Fun 行銷」的概念，並在半年內公布了與通用汽車、酒類品牌保樂力加、珠寶首飾品牌周大福等達成合作，希望透過互動行銷方面的共同嘗試來宣傳雙方品牌，達成雙贏的局面。

具體來看，周大福為《天天跑酷》中的遊戲角色打造了專屬的金飾（如圖 8-8），而周大福的著名產品「福星寶寶」則以寵物的形象出現在了遊戲中，在《天天跑酷》比賽中獲得第一名的使用者，更能獲得遊戲中價值百萬的「金槍小帥」的配件。

合作及關聯宣傳如今已是網路遊戲行銷中相當重要的一種形式，大量成功的案例進一步證明了網路遊戲所具有的媒介價值和使用者價值。本著共贏的宗旨，雙方共享銷售通路、目標消費群、宣傳媒介等資源，可以強而有力

地促進終端銷售以取得事半功倍的效果。這種行銷方式成功的關鍵是賣點的契合與價值的捆綁。遊戲的優勢是精確的使用者定位、較高的忠誠度以及趣味的互動模式，作為媒介，它的特性適合於與擁有更多資源的品牌合作，化虛擬為現實，相互打通策略市場。

　　建立關聯宣傳的核心是網路遊戲與合作品牌均能高效利用對方的資源和價值，因此，雖然網路遊戲作為行銷平台的適用性在拓寬，但並非任何產品都適合與其合作。有合作意向的雙方應瞭解對方的行銷狀況，提前分析市場反應。因為這種合作行銷的形式不同於贈品促銷，不以任何一個品牌為主，故而要注意雙方的平等地位，以免形成某一方處於附屬地位的狀況。合作雙方應在活動時間、地點、內容等方面協調統一，確定各自想要達成的效益，形成友好真誠的互動機制。

　　手機遊戲《鎖鏈戰記》就曾與「康師傅」冰紅茶有過合作活動，使用者購買「康師傅」冰紅茶就能得到遊戲中的兌換碼，換取遊戲禮包。冰紅茶對於使用者來說屬於日常消費品，而且品牌差異度不大，這個活動無疑提高了「康師傅」冰紅茶的市場競爭力，因為它附加了遊戲的價值，而購買「康師傅」冰紅茶的人也因此瞭解到《鎖鏈戰記》這個遊戲，進而讓更多的人瞭解。由於手遊的進入門檻較低，擁有智慧型手機的人只要掃一下二維條碼就可以下載遊戲客戶端，故而《鎖鏈戰記》也藉此開拓了使用者群，兩者創造了雙贏的局面。

圖 8-9　康師傅與《鎖鏈戰記》的合作活動

第三節 網路遊戲行銷的應用策略

　　網路遊戲擁有龐大的使用者市場，作為媒介也有著得天獨厚的優勢，具有廣闊的行銷前景。資料顯示，美國的遊戲內置廣告（IGA）為遊戲生產商貢獻了 30％至 35％的收入，這個數字還在不斷成長，龐大的市場甚至催生了第三方網路遊戲廣告代理公司的誕生。然而，網路遊戲行銷在中國仍處於萌芽階段，儘管有不少企業已經意識到了它的重要性，並採用這種形式作為其他行銷手段的輔助，但整個產業的發展還很不成熟。

一、網路遊戲行銷的現存問題

　　作為一種新興的事物，中國的網路遊戲行銷領域還存在著許多問題，主要有以下三點。

（一）行銷價值未被普遍接受

　　在網路遊戲問世之後的很長一段時間，網路遊戲一直被大眾當作負面事物來對待，這在很大程度上是由青少年網路遊戲成癮等問題造成的。事實上，如今的網遊不僅在形式上有了很大突破，使用者群也在不斷拓展，尤其是智慧型手機的普及更是極大地拓寬了網路遊戲的使用者面，使網路遊戲正在成

為一種大眾化的娛樂形式。然而許多企業在選擇這種行銷載體時可能依然存有顧慮。

另外網路遊戲行銷本身也沒有受到足夠重視，許多遊戲開發商和營運商在開發和營運的過程中對未來的行銷可能性考慮不足，企業也對這種行銷手段缺乏瞭解和計畫。目前市場上大多是新銳而領先的企業在嘗試網路遊戲行銷。

（二）行銷形式創意不足

新媒體行銷中創意和體驗十分關鍵，網路遊戲行銷也不例外，如何用新穎的內容、豐富而細緻的表現形式突破消費者的心理防線，營造符合使用者體驗的氛圍，是一大考驗。置入廣告和關聯宣傳是現階段網路遊戲行銷最主要的形式，但是整體創新度不足，不同的企業採取的方案往往很相似。

（三）無規範的行業操作和不完善的產業鏈

任何一個新興產業在初期總是會經歷混亂與動盪。就目前的網路遊戲行銷狀況來看，往往是企業、遊戲商、廣告代理公司各自為政，產業鏈很不明確，行銷效果也很難測評。這導致整個市場呈現出分離和無序的狀況，各個環節無法高效整合起來，在這種環境下就會出現無規範的行業操作。

二、網路遊戲行銷的應用要點與策略

網路遊戲行銷未來應當如何發展值得思考。對於企業來說，運用網路遊戲這一平台進行行銷需要注意以下幾點。

（一）瞄準使用者，精準投放

網路遊戲擁有使用者明確、使用者資料訊息相對準確詳實的優勢，許多遊戲在使用者完成註冊時就已獲取了使用者的個人資訊。企業應充分利用這些資訊，分析遊戲的使用者構成，選擇與企業行銷目標對象相似度較高的遊戲，以期實現更加精準的行銷。

（二）契合遊戲情境，合作共贏

企業應當將產品或品牌的定位和訴求與遊戲的內容相結合。遊戲是一種虛擬的體驗，不同的遊戲會提供不同的體驗情境，進而激發人們不同的心理活動。品牌則是人們對於企業及其產品和服務的一種綜合體驗。研究表明，使用者出於增加遊戲中的真實感和降低遊戲費用的考慮，願意在遊戲中看到現實中商品的廣告。但是，如果廣告資訊與遊戲體驗相悖，則可能產生負面情緒。因此，企業在使用網路遊戲進行行銷時，應注意兩種體驗的一致性，如果投放的行銷訊息與遊戲營造的體驗情境無縫接軌，往往能取得較好的效果。

（三）注重創新，發掘新的行銷模式

目前的網路遊戲行銷還遠未到定型、成熟的程度，許多現有的行銷形式都還可以做進一步的優化和改變，以更好地適應不同企業的不同行銷需求，或創造出更好的行銷效率。

以最常用的遊戲內置廣告為例，有研究者提出「產品替換式廣告」的新形式，即根據不同時段或不同廣告主，對遊戲中所置入的廣告產品進行替換，實現更為靈活的廣告投放形式，使一個具體的遊戲媒介可以實現對多個品牌或產品的服務。

這種替換可以模擬一天中人的活動情況，將其分時段替換，也可以根據不同的廣告主進行不同廣告產品的替換。例如，遊戲角色在早晨起床後可能喝的是一杯雀巢咖啡，但午餐時喝的是一瓶百威啤酒，而到了下午茶的時候可能喝的是立頓紅茶。這種產品替換式廣告置入方式，不僅更符合真實生活情境，也更符合商品自身的消費規律，是很值得考慮的行銷方式。

除了現有行銷方式的改良外，隨著網路遊戲行業的不斷發展以及人們網路生活和網路應用方式的改變，新的網路遊戲行銷方式必將出現。舉例來說，日益興盛的O2O模式，就可以在網路遊戲行銷中得到更多應用。O2O即Online to Offline，就是讓網路變成線下交易的櫃台，企業透過線上的行銷、傳播與宣傳，將客流引導到線下去消費體驗，實現交易。

例如，遊戲玩家到了午餐時間，可以進入遊戲社群中的肯德基進行線上即時點餐，遊戲營運商在收到相關資料後通知當地的肯德基店面送餐，進而實現線下實體店的銷售。

(四) 整合媒介，整合行銷

「整合」一詞是現代行銷策略的關鍵，整合代表著關聯，代表著一體化，企業的一切市場行銷相關活動不再是孤立的，從廣告到公關，從通路到銷售，所有的行銷環節都有相同目標，形成一個有機的整體。從 1990 年代起，整合行銷傳播（IMC）的核心思想已被大多數從業者所接受。新媒體環境下，整合行銷傳播面臨著新的挑戰。自媒體的興起使得傳播主體前所未有地增多，每個人都可以成為訊息源、發聲者，傳播門檻降低，便利的傳播通路讓訊息的傳播、分享與接觸變得更加容易。大量而品質參差不齊的訊息淹沒了我們，使用者的注意力被極大地分散，同時信任度下降。一個人每天接觸到關於行銷的訊息可能高達上千則，其中絕大部分無法留下記憶。在這種環境中，硬性廣告的效率變低了，大眾媒體的強勢地位也在瓦解，那些更細分、更特別的分眾媒體與個別化媒體正在崛起，因為它們能夠到達最準確的閱聽人或者擁有更具效率的傳播方式。

網路遊戲具有媒介屬性，並且訊息到達率高、互動性強、不受時空侷限，傳播效果甚佳。同時它本身還可以作為一款產品，去拓寬閱聽人範圍、轉換使用者資源、達成二次售賣。不少企業選擇在整合行銷傳播策略中加入網路遊戲行銷，一方面彌補其他行銷手段的劣勢，另一方面也能達成獨特的宣傳效果。

事實上，從實際運用情況來看，新媒體行銷往往就是整合運用的——整合運用了各種媒體形式和方法，各個環節甚至很難彼此完全獨立。一個品牌的形象打造與行銷活動，可能同時在搜尋引擎最佳化、社群網站營運、病毒影片傳播等幾個方面都有所表現。故而網路遊戲行銷也勢必要與其他新媒體整合，需要考慮到整體行銷活動的系統性、相關性。

具體來講，進行網路遊戲行銷必須服從整體的行銷策略，強化企業的特定行銷目標；同時，網路遊戲行銷應與其他行銷活動組合，各種媒體手段整

合運用，線上線下的活動同時開展，加強與使用者的互動。例如，開心網曾在《開心花園》遊戲配件中置入中糧集團「悅活」果汁這個產品，同時中糧集團在北京西單大悅城設立了一個酷似《開心花園》遊戲配件的場景，讓開心網使用者有機會在現實中體驗遊戲的快樂。現實與虛擬的呼應，為使用者帶來了更強烈的品牌體驗與認知。

還有更多企業採取在宣傳前期先運用微博來快速炒熱話題，給予使用者一個入口以接觸相關訊息，之後再以趣味性的遊戲來增強互動，給予使用者特定體驗，進而在提升品牌知名度的基礎上，加強使用者對品牌的好感度與試用意願。對新媒體的整合運用，在如今的企業行銷中已經變得非常普遍。

總而言之，透過網路遊戲這一平台進行產品及品牌宣傳或促銷，是行銷的一種新嘗試，儘管它目前尚未形成規範而成熟的市場，但其巨大的潛力不容忽視。隨著網路遊戲市場的持續升溫，再加上網路遊戲行銷所具有的靈活、有趣、延展性強、互動性高等特點，網路遊戲行銷正在成為新媒體行銷中頗具活力的領域之一。

【知識回顧】

網路遊戲，又稱線上遊戲或網路遊戲，簡稱網遊，是隨著電腦科技和網路的普及而發展起來的遊戲新形態，它依託於網路運行，可以多人同時參與。網路遊戲具有網路性和互動性的特徵。網路遊戲已經發展成為文化產業的重要構成部分，整體上呈現行動化、社群化的發展趨勢。

網路遊戲由於具有網路的強互動、多媒體和虛擬現實的特性，因而具有更為豐富的媒介意義。以網路遊戲使用者群為基礎，依附遊戲內容或者遊戲平台，以廣告投放、贊助、合作及關聯宣傳等形式為實現某個行銷目標而進行的行銷活動，就是網路遊戲行銷。網路遊戲行銷具有使用者群體相對明確、行銷接受度較高、行銷模式靈活、統計測評和使用者回饋便利等特點。

網路遊戲行銷的常見形式主要有廣告投放、電競賽事贊助、合作及關聯宣傳這三種。其中，廣告投放主要有傳統遊戲廣告、遊戲平台廣告、遊戲內

置廣告和訂製式遊戲廣告四種常見形式。合作及關聯宣傳則包括遊戲與遊戲之間的宣傳形式，和遊戲與其他行業的合作宣傳。

目前中國的網路遊戲行銷尚存在著一些問題，如行銷觀念未被普遍接受、行銷形式創意不足、行業操作無規範、產業鏈不完整等。企業開展網路遊戲行銷，需注意行銷對象的精準性、與遊戲情境的契合性、行銷模式的創新性以及行銷的整合性。

【複習思考題】

1. 網路遊戲行銷有哪些形式和方法？除了本章所談到的，你還能舉出其他網路遊戲行銷形式與方法嗎？

2. 企業進行網路遊戲行銷，需要注意哪些方面？

3. 舉例說明網路遊戲行銷在整合行銷策略中的運用。

4. 行動網路的興起可能會為網路遊戲行銷帶來哪些改變？企業應當如何順應和利用這一新的發展趨勢？

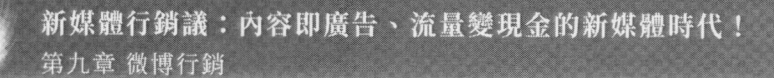

第九章 微博行銷

【知識目標】

☆微博行銷的概念及特徵。

☆微博行銷的策略及其發展趨勢。

【能力目標】

1. 瞭解微博行銷的策略。

2. 掌握微博行銷的發展趨勢。

【案例導入】

「低頭族」在行動裝置盛行時代屢見不鮮，究其成因，眾多「低頭族」中不乏「微博控」。平時沒事就喜歡在微博上曬賣萌照，就連和朋友吃個飯都要舉起手機拍菜餚，隔幾分鐘便要打開微博刷一下螢幕……這就是微博興起為人們日常生活行為習慣帶來的影響。在微博上，人人都是自媒體，都享有話語權。

微博的誕生使人們可以隨時隨地發表資訊、分享資訊，讓資訊的傳播不再是線性地自上而下，而是沒有中心的開放式傳播。這也正是微博上素人網紅不斷出現的動力所在。雖然微信的出現似乎對微博的使用者黏著度和活躍度帶來了一定影響，但是歸根究柢，微信和微博是兩種不同屬性的社群媒體，微博的功能並不能被微信取代。

微博的興盛吸引了眾多企業參與其中，利用這種能快速擴散訊息的社群媒體進行行銷，其中不乏成功的案例。

中國網路信息中心（CNNIC）統計資料顯示，截至2014年6月30日，中國網友數量為6.32億，手機網友數為5.27億。CNNIC發表的《2014年中國社交類應用使用者行為研究報告》，主要研究了以社群功能為基礎的網路應用程式，包括狹義的社群網站、微博、即時通訊工具等。報告資料顯示，截至2014年6月，三大社交類應用程式中，即時通訊在整體網友中的

涵蓋率最高，為 89.3%，其次是社群網站，涵蓋率為 61.7%，再次是微博，涵蓋率為 43.6%。在如此龐大的網友基數上，微博使用者網友的涵蓋率高達 43.6%，也就是說，全中國一共有 2.76 億微博使用者，其發展前景蔚為可觀。

微博行銷正隨著微博平台的不斷完善而日趨成熟，當「WIS 護膚」盛行微博時，當王大錘的大頭照風靡微博時，當「於是問題就來了——挖土機技術哪家強」成為網路流行語時，你會真切感受到微博的力量。然而，真正成功的微博行銷應該首先讓人忘記行銷，只有秉持與粉絲、使用者共贏的心態，才能取得實際成效。

第一節 微博行銷概述

2006 年 5 月，美國 blogger.com 的創始人伊凡‧威廉斯（Evan Williams）受好友傑克‧多爾西（Jack Dorsey）的創意啟發，創立 Twitter 網站。隨著 Twitter 的迅速成長，它無可爭議地成為一個具有革命性和標誌意味的網路符號。在 Twitter 引爆微博這一概念後，微博在中國獲得了爆炸式的發展，成為中國網路最耀眼的明星。與此同時，中國企業也進入了微博行銷時代。從羅永浩的錘子手機、雷軍的小米手機、韓寒電影《後會無期》等在微博行銷上所取得的卓越成效來看，微博掀起的行銷革命已在行銷實戰上獲得成功。

一、微博行銷的概念與興起

微博（Weibo），即微網誌（MicroBlog），也稱迷你部落格（Mini Blog），是一種透過關注機制分享簡短即時訊息的廣播式社群網路平台。微博是一個基於使用者關係分享、傳播以及獲取資訊的平台。使用者可以透過 Web、Wap 等各種客戶端組建個人社群，以 140 字以內（包括標點符號）的文字更新資訊，並即時分享。微博的關注機制分為可單向、可雙向兩種。

微博行銷可從行銷主體、行銷方式和行銷功能這三個方向來定義，微博行銷是指企業或非營利組織，利用微博這種新興社群媒體影響其閱聽人，透

過在微博上進行資訊的快速傳播、分享、回饋、互動，近而實現市場考察、產品推薦、客戶關係管理、品牌傳播、危機公關等功能的行銷行為。

具體可以從三個方面來理解這個定義。首先，微博行銷的主體是企業和非營利組織。與傳統行銷不同，非營利組織也是微博行銷的重要主體。非營利組織由於其預算的有限性，對訊息發布系統與人才的投入不像企業那樣充裕。因此，一種易操作、低成本而又高效率的資訊傳播工具對非營利組織而言非常重要。微博的出現正符合了非營利組織的這種需求。

其次，微博行銷的方式是在微博網站上進行資訊的快速傳播、分享、回饋、互動。微博的特性決定了微博行銷的方式，微博的本質是資訊的快速傳播與分享，這決定了企業利用微博進行行銷的方式，企業在微博上進行的一切行銷活動都必須圍繞這種方式進行。

最後，微博行銷的功能是實現市場考察、產品推薦、客戶關係處理、品牌傳播、危機公關等。微博作為網路時代的新型行銷工具，可實現各式各樣的行銷功能，成功的微博行銷可以最大限度地實現以上功能。對於微博行銷的定義種類很多，但是基本上都是圍繞行銷主體、行銷方式、行銷對象、行銷功能目的等方面進行闡述，這裡就不再贅述。

追根溯源，微博行銷興起的前提是微博的崛起。新浪微博是最早進入微博市場的入口網站，也是到目前為止中國表現最為出色的微博產品。從2010年初開始，新浪微博就大紅大紫了，這是新浪利用名人資源所引爆的一個新興媒體。隨著新浪微博使用者數量的爆發式成長，許多企業看到了微博行銷的潛力，紛紛入駐新浪微博。企業在微博行銷實戰中不斷摸索成長，其中不乏在微博上取得顯著行銷成效的企業，如杜蕾斯、凡客、小米、WIS護膚品、藍翔等。

二、微博行銷的特點

從一開始，微博的發展就極為迅速。與傳統部落格相比，它將字數限制在140字之內，使得微博內容短小、口語化，易於操作和傳播，進而在一定程度上降低了發文門檻，能提高使用者的參與度。在終端上，微博更適合手

機、平板電腦等行動裝置；在表達上，微博更為口語化、碎片化。此外，與傳統部落格相比，微博的參與、互動、轉發更為容易，具有很強的社群性，因而短短幾年微博便迅速躍升為社群媒體的典型代表。利用微博平台所進行的行銷，具有以下特性。

（一）多媒體

基於微博的行銷活動可以藉助多媒體科技方式，以文字、圖片、影片等形式，對企業的產品或服務進行全方位展示與描述。微博行銷的多媒體特性讓潛在消費者更直觀地感知行銷資訊，進而達到更高的訊息到達率和閱讀率。

（二）即時互動性

微博是永不落幕的「現場直播」平台。在微博上，企業可以在第一時間傳遞行銷資訊給目標消費者，同時能夠根據目標消費者對行銷資訊的轉寄、評論、按讚等相關回饋情況，即時與消費者溝通，實現行銷資訊的互動。如果企業資源允許，企業甚至可以針對特定的潛在目標消費者，量身定做個別化的回饋訊息，這能讓消費者親身感受到來自企業的人文關懷，進而對企業品牌產生良好的品牌印象，達成品牌塑造的目的。

在消費者主導的時代，聆聽消費者的意見和建議、即時回饋消費者、與消費者形成良好的溝通與互動，是成功行銷的前提，而微博行銷良好地契合了互動行銷的這些精神，是互動行銷的重要表現形式。

（三）傳播速度快，範圍廣

微博行銷離不開訊息發表，微博的資訊傳播方式不是線性有序傳播，而是無中心的開放式傳播。企業在微博上發表的行銷資訊能夠快速即時地傳遞給閱聽人，而基於微博上龐大使用者群的積極性和人際網路，這些行銷資訊又能夠透過轉寄、評論微博得到二次乃至 N 次傳播。有業內人士用「One to N to N」的裂變公式來形容微博的傳播方式，生動地表達了微博傳播速度的無限可能性。而微博行銷的這一特點，又讓其成為病毒式行銷的一個重要模式。

（四）變色龍行銷的最佳闡釋

在被譽為「網路革命最偉大的思考者」的克雷‧薛基（Clay Shirky）的筆下，未來社會是濕的。這裡，「濕」的東西具有活的特徵，是有社會屬性的東西。美國學者湯姆‧海斯（Tom Hayes）和麥可‧馬隆（Michael S. Malone）創作了《變色龍行銷術：扁平世界中的新世代數位行銷術》，提出了「變色龍行銷」這個概念。

「變色龍行銷」，是指借由網路上的社會性媒體聚合某個群體，並以溫和的方式將其轉化為品牌的追隨者，賦予消費者力量，鼓勵他們以創造性的方式貢獻與分享內容，進而影響商家的新產品開發、市場考察、品牌管理等行銷新策略。

微博行銷正是「變色龍行銷」這一理念的最佳闡述，在微博中，由微博博主發出的訊息在使用者之間不斷呈現病毒式擴散，具有顯著的社會化特性，每位閱聽人既是訊息的接收者，也是訊息的傳播者。成功的微博行銷可以從旁駕馭社會化環境下的意見領袖，並讓品牌的擁護者高度涉入，讓行銷朝正面發展。

微博，由於其本身就具有「變」的性質，因此，在微博的「變色龍行銷」過程中，企業透過民主的方式引導使用者的言行（尤其是負面的），而不是強制打壓使用者的言行。在微博上，企業可以與使用者進行深度對話，並使使用者在對話的過程中對品牌與產品產生信任。利用微博進行「變色龍行銷」的另一個特點是深度的互動體驗，它可以讓企業的閱聽人與傳播的訴求高度互動、深度體驗。

三、微博行銷的優勢

微博行銷作為一種網路行銷方式，與傳統行銷模式和其他的網路行銷方式相比，主要具有以下優勢。

（一）成本相對較低

註冊微博帳號通常都是免費的，企業可以免費開通企業版微博，享受微博平台為企業提供的免費基礎服務。透過企業官方微博，企業不僅可以免費地發布訊息、發起活動、與粉絲互動，而且還可以透過顧客註冊訊息獲取第一手的使用者資料，或展開使用者考察，進行有效的客戶關係管理。

除了官方微博這一免費的自有平台，企業還可以廣泛利用各種名人微博、素人網紅或行業知名微博來進行行銷宣傳，儘管需要支付一定費用，但與電視、報紙等傳統媒體相比，企業在微博上投放硬廣告或進行業配文行銷的成本要小得多，而且行銷形式更為靈活。微博的出現讓很多資金不夠雄厚的中小型企業看到了低成本行銷的希望。

（二）企業可以利用微博上的意見領袖進行有效的影響力行銷

微博上有眾多的大V使用者（擁有眾多粉絲、影響力大的網路使用者），他們都是各行各業的意見領袖，有數目可觀的粉絲群，甚至能夠引導微博上的輿論走向。利用微博大號對企業進行宣傳，往往能以相對低廉的廣告費用造成很好的傳播效果。

例如，以去痘產品起家的WIS品牌在創立之初，要迅速吸引粉絲、樹立起品牌，找明星無疑是一個最為常用的方式。但是WIS品牌創始人黎文祥認為與其將資源投在某個明星價格不菲的廣告代言上，不如集中投在一群明星的微博轉寄上。於是，湖南衛視快樂家族的明星團們成了最初的體驗者。

WIS藉助明星微博轉發的廣播模式，讓自身完成了品牌傳播中的曝光，而後一直採用該模式，完善了使用者從認知到強化的過程，使得品牌的知名度越來越高。以李維嘉試用WIS的圖文微博為例，累計閱讀數超過2.4億，討論量超過15萬，其中韓庚、謝娜、何炅、李湘等明星們都對WIS的去痘效果發微博互動，吸引各自粉絲的關注，無形中為WIS帶來了二次傳播效果。

李維嘉的微博發文短短3天，就為WIS帶來了1萬多粉絲的成長。值得一提的是，這則2013年底發表的微博，一年後仍然有粉絲在互動。

這個案例是企業利用微博意見領袖的影響力進行品牌行銷傳播的範例。相較於傳統的明星代言電視廣告，讓微博大號轉發企業產品相關微博要經濟實惠得多，無須支付高昂的代言費，同樣能收到名人背書的效果。

（三）能夠實現資訊的即時與精準傳播

微博具有「隨時隨地分享訊息」的即時溝通功能，能讓企業在第一時間發表關於企業產品或服務的最新動態，如促銷資訊，讓每一次行銷活動都能及時到達消費者處，進而取得更佳的行銷效果。

由於企業微博使用者的粉絲基本都是對企業產品或服務比較感興趣並保持關注的群體，所以企業可以透過微博上已有關於粉絲的相關資料，分析粉絲的特性，從而進行有針對性的精準行銷，達成企業與使用者的共贏。

此外，微博的個性標籤功能讓企業可以透過標籤設置選擇潛在的目標客戶，同時也讓使用者快速找到相應的企業與產品，這讓微博的精準行銷成為可能。每天都有大量使用者在微博上曬生活，企業可以透過分析微博上目標使用者的行為資料，制定相應的行銷策略，在微博使用者大數據的基礎下更好地實現精準行銷。

（四）企業開展微博行銷能夠實現危機事件的預警功能

在「人人都是麥克風」、「人人都是自媒體」的時代，任何一個關於企業的負面訊息都有可能在短時間內廣泛傳播，如果不能及時出面解釋，阻止負面訊息進一步傳播，則有可能會引發企業危機。微博的即時性、便捷性讓企業能透過良好的輿論監控，第一時間發現危機，並迅速做出回應，給予解決方案，制止危機的發生與擴大。如今，微博已成為很多政府、企業、個人進行輿情監測、危機公關和形象管理的重要方式。

四、微博行銷的功能

微博行銷功能，準確地說是「微博」這個工具在行銷中發揮的作用，即企業能用微博做什麼。微博行銷功能主要有以下幾點。

（一）品牌宣傳

品牌宣傳是企業塑造自身及產品品牌形象以獲得廣大消費者認同的過程。3i 是菲利普·科特勒等人在《行銷革命 3.0：從產品到顧客，再到人文精神》一書中提到的一個重要概念，即品牌構成的三個要素——品牌識別、品牌誠信和品牌形象。其中，品牌識別是品牌呈現給消費者的直觀品牌代言物，但真正能讓消費者感知品牌內涵的重要因素是品牌誠信和品牌形象。

品牌誠信包含了一個企業的品牌內在價值觀和是非觀，品牌形象則包含了企業希望透過品牌傳達給消費者的認知感受。微博作為企業發聲以及進行社會化行銷的重要平台與工具，是企業與消費者進行直接接觸的一個橋樑。在溝通和資訊互動的過程中，無論是表達的內容還是表達的語言方式，都可以表現企業的品牌內涵。

除了利用微博進行品牌的對外宣傳與推廣外，品牌的對內傳播也不容忽視。品牌是一個企業整體形象的展現，企業員工往往比使用者更能體會企業品牌對自己的巨大影響力。因此，企業內部員工理解、認同、實踐企業的品牌價值觀顯得尤其重要，是企業品牌行銷取得成功的關鍵。例如鼓勵員工開微博，建立微博群，加強員工之間非正式的交流，實際上是一種利用微博加強企業品牌、企業文化的內傳播應用。

（二）客戶關係管理

利用微博進行客戶關係管理可分為以下兩個方面：第一，客戶資訊整理與關係維護。

微博作為一個帶有社群功能的平台，個人展示是很普遍的現象，使用者通常會在微博中主動提供他們的地域、年齡、學歷、行業、興趣愛好等多種訊息。企業透過微博，可以在不打擾使用者的情況下蒐集必要的訊息。在擁有一定的使用者基數後，可以使用組建群組、應用標籤分類、第三方「粉絲」分析軟體等多種形式，靈活地進行客戶分類。在以客戶為核心的商業模式中，CRM（顧客關係管理）強調隨時與使用者保持和諧的關係，不斷地將企業的產品和服務訊息即時地傳遞給使用者，同時全面性即時蒐集顧客的回饋訊息。

第二，線上客服。微博作為一個龐大的社群平台，具備 24 小時可隨時聯繫的特點，服務人員透過微博可方便接收資訊、進行回饋，可同時進行一對多的溝通交流。另外，企業微博還可以透過內容的建構，主動幫助使用者解決問題，主動宣傳自己的服務資訊。

（三）公共關係管理

透過微博的資訊蒐集，使用微博檢索工具、檢索組件，隨時對企業品牌、產品和相關話題進行監控，可以建立一個日常的監測預警機制。一旦在微博上發現和企業相關的負面訊息，應即時向相關部門和人員報告，找出問題的根源，快速檢索相關留言，瞭解情況後迅速透過私人信件等私下溝通方式聯繫相關使用者，力求找到訊息最初的發布源頭，直接解決問題。

總之，行銷團隊可透過微博平台，即時監測閱聽人對品牌或產品的評論及疑問，如遇到企業危機事件，可透過微博第一時間表明企業態度，解答消費者疑問，並對負面口碑進行及時的正面引導，使搜尋引擎中有關負面消息儘快「淹沒」，讓企業的損失降到最低。

第二節 微博行銷策略

微博的發展如此引人矚目，企業、政府機構以及其他各種組織和個人也越來越重視利用微博開展微博行銷和宣傳，但從實際情況來看，很多人只是將微博作為短期炒作或進行危機公關的臨時策略，缺乏長遠規劃，自然很難真正即時有效地交流溝通、解決問題、達成行銷目標。

一、微博行銷的方法與技巧

定位是進行微博行銷的第一步，需要圍繞企業整體行銷策略來進行。就像杜蕾斯的微博行銷始終圍繞著目標群體——年輕人——的話題進行，緊隨時尚潮流，抓住熱門話題進行行銷，其他企業的微博行銷也勢必要圍繞著企業自身產品或者品牌調性、目標使用者、目標市場等特點來制定行銷策略。

（一）內容策略

作為典型的社群媒體，微博良好地展現了這個時代的眾聲喧譁，140字的字數限制為觀點表達和資訊傳遞加上了短、平、快的特徵。在微博上，只有具有高品質的內容，才可能引起網友關注，形成話題，只有形成自己高辨識度的風格與特色，才可能吸引到一眾鐵粉，在眾多發聲平台中脫穎而出，形成品牌效應。

作為一個可以和消費者進行即時溝通的平台，微博其實是一個非常好的，能實現菲利普・科特勒所提出「價值觀行銷」的通路。微博並不是一個簡單的銷售商品或創造消費需求的工具，而更多的是企業展現自身價值觀和企業願景與使命的平台。在這種觀念下，企業不再以硬性方式推銷商品，而是以真誠的態度，為消費者提供有價值的產品與服務，關注消費者生活與世界的變化，以「意義的行銷」贏得消費者的信任與精神認同。

具體來說，微博應該屏棄「硬行銷」的傳統思路，盡可能為消費者提供有價值的訊息，包括與企業所在行業相關的專業資訊，以及各種能夠引起消費者興趣的內容、熱門話題，讓使用者的關注更有價值。

反觀杜蕾斯的微博行銷，我們可以看到，其發表的微博內容多數圍繞著當下的熱門話題、時尚觀點，並針對性地結合產品本身的屬性進行發表。杜蕾斯的官方微博上既有關於時下熱門話題的嬉笑怒罵，也有針對其目標閱聽人需求的專業性訊息。少了推銷的意味，多了和消費者對話的親切和作為生活幫手的效用，杜蕾斯在不知不覺中與消費者建立起了良好的關係。消費者在今後的產品購買或者談論過程中，每每提及「杜蕾斯」，就像提到了一個朋友似的，能做到如此地步，其微博內容的良好規劃功不可沒。

其次，對專業內容與其他內容的平衡也要規劃好。企業微博作為客戶關係維護與服務的平台，既要考慮展現企業特點的專業性，以提高服務的品質和水準，增加使用者對企業的信任度，同時又要適當地發表一些活躍氣氛的內容，以拉近企業與使用者的情感和關係。

例如，有研究者提議，企業微博在開通初期應以增加影響力為主，應該適當地多發表與所在行業相關的專業內容，比如與行業相關的新聞及評論、同行發表的相關文章等。專業內容與其他興趣類話題的比例大概是 7：3。到了中後期，微博的內容比例則可做適當調整，具體的比例要根據實際情況而定。同時，專業內容與其他內容的語言、語氣使用要有所區隔，使專業內容能獲得使用者的信任，其他內容能引起使用者的興趣及討論。

（二）名人效應

現在大多數明星都在新浪微博註冊了帳號，其粉絲數量也非常可觀，而由於明星自身有不同的定位，其粉絲也通常有著比較顯著的特點。而這其中部分明星的粉絲就是某些企業的目標消費者。比如，最近很火的 TFBoys 的粉絲群體就包括「七年級生」女性群體和「八年級生」青少年群體，他們喜歡 TFBoys 的青春活力以及與其他明星明顯不同的稚氣與脫俗，願意關注 TFBoys 的成長，並且想要和其他眾多粉絲一起幫助這三個男孩的成長，或想效仿 TFBoys，以之為自己的偶像。那麼企業就可以大概知道 TFBoys 的微博粉絲群體畫像，如果符合企業本身的目標閱聽人特徵，就可以和 TFBoys 的微博進行合作，或者多多關注他們，發布與他們有關的微博內容，來達到吸引有效關注者的目的。

（三）互動策略

目前微博行銷中常用的互動策略為有獎轉發，企業經常設置一些獎勵來激勵使用者關注企業官微或者激勵粉絲進行轉發並 @ 自己的好友，這種方式固然可以擴大企業微博的曝光度，但是另一方面，行銷精準度也下降了，許多使用者很有可能是為了獎勵進行轉發，對企業並無忠誠度可言，因此，雖然關注的人數可能增加了，但是「假粉絲」的比例也提高了。這對於企業進行有效的宣傳推廣及客戶關係管理都是不利的，企業應尋找更有效的互動方式。

企業微博首先應該像一個「人」，能夠與消費者進行沒有障礙的溝通，有自己的個性，能夠與關注者形成一種類似「氣味相投」的感覺，而不是為了單純的曝光量而「逼」使用者進行轉發。

與使用者進行互動溝通時，首先應該增加對使用者需求的瞭解，根據其實際需求進行針對性的行銷。企業可以用詢問、關切的語氣與使用者進行交流，引起使用者的討論並引出其真實需求。即時關注使用者的搜尋關鍵字及微博熱點也是獲知其需求的途徑之一。

　　其次，要用消費者喜歡或者容易理解的語言進行交流。當下的網路語言不斷豐富，微博上的「段子手」也是層出不窮，官方微博維護者不妨多關注這些「段子手」，多使用網路語言和使用者進行交流，拉近與使用者的距離，成為使用者一個人格化的「朋友」，這樣才能為以後的關係維護奠定良好基礎。

（四）掌握發布時間

　　多螢幕時代，人們的生活被分割成了碎片，微博使用者通常都是利用上下班的空閒時間來瀏覽微博，這就需要企業根據自身目標消費群體的作息時間來安排微博的發布，以便最大限度地抓住消費者的注意力，成功引起他們的興趣。

　　圖 9-1 是一張新浪微博發送量的統計圖，該圖顯示了微博發送比較集中的幾個時段，其中尤其值得關注的有以下三個時段。

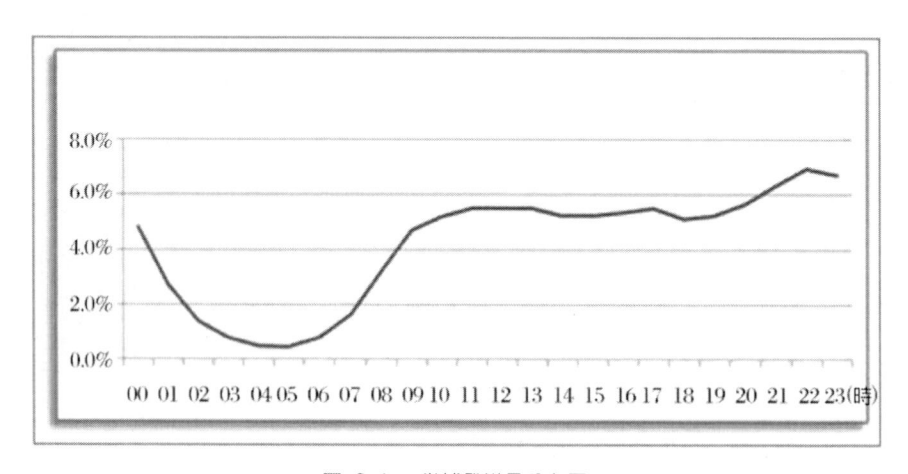

圖 9-1　微博發送量分布圖

　　上午 9～10 點：可能剛上班就會上微博。

下午 4～5 點：快下班了，手頭上工作快做完了，時間比較充裕。

晚上 8～11 點：8 點鐘回家通常吃完飯了，比較有空。

（五）整合策略

透過分析目標群體的生活作息習慣及微博使用習慣，掌握好使用者的時間，對微博的發布時間與時機進行合理規劃，往往能收到事半功倍的效果。

微博行銷通常不會作為一個孤立的行銷手段來使用，往往需要與企業其他行銷策略和內容相整合，透過系統化地綜合使用各種行銷工具和方式，達到行銷效果的最大化。

例如電商平台蘑菇街，為實現品牌的重新定位和宣傳，在 2015 年「雙 11」前夕拋出大動作，推出了「蘑菇街，我的買手街」品牌運動，在激烈的電商大戰中以其獨特鮮明的個性成功走紅。為了宣傳「買手街」的新定位，蘑菇街利用 10 月初的巴黎時裝周，以一位高舉粉紅大牌、遊走於時裝周各大秀場的中國女孩所發布的最挑剔招募廣告製造話題，這位「大牌妹」宣布「尋找世界上最挑剔的買手」，底下密密麻麻列了 100 個嚴苛的條件。蘑菇街一鳴驚人，「買手」這一職業進入大眾視線。時尚圈內紅人 @Rekko 左佳霓、@吉良先生、@toni 雌和尚等將現場目擊的照片紛紛上傳社群媒體，引發網友熱烈評論。

到了 10 月中旬，經過多天前導宣傳，蘑菇街官方微博正式發出尋找世界上最挑剔買手的招募訊息，100 個買手標準逐一列出，要求之高令人瞠目結舌，堪稱「買手聖經」。與招募同時亮相的還有 5 個精心拍攝的買手影片，在微博、微信等社會化平台上，繼續推波助瀾炒熱買手話題。如圖 9-2、圖 9-3、圖 9-4。

新媒體行銷議：內容即廣告、流量變現金的新媒體時代！
第九章 微博行銷

圖 9-2　有關蘑菇街「大牌妹」的微博截圖

圖9-3　蘑菇街廣告（1）

圖9-4　蘑菇街廣告（2）

　　無疑，蘑菇街利用微博製造了話題、製造了新奇事件，吸引了注意，但品牌概念的深入並不是一兩則微博就可以形成的，為此，就在網上話題聲浪

衝到高潮時，蘑菇街相準時機推出全新品牌形象 TVC，以高冷華麗的大片規格登陸各大衛視及影片網站。

微博行銷作為企業行銷策略中的重要一環，勢必要與企業其他的行銷環節相整合，做好行銷活動的網路宣傳或者活動中期的客戶服務、活動後期的其他服務等相關工作，企業需要在精力與財力允許的情況下，根據不同行銷通路的特點，結合企業的特點設計合理的行銷通路組合，充分發揮每個行銷通路的特色，進而取得最佳的整合行銷效果。

二、微博行銷的效果評估

隨著微博行銷的廣泛應用，微博行銷效果的評估標準與測量方式也成為業界和學界探討的一個重點問題。

（一）微博行銷效果評估模式

微博行銷的效果往往不是即時性的，具有延時性的特點，使用者多是在潛移默化中留下了關於產品與品牌的印象，與企業建立了聯繫。為更全面、更合理地評估微博行銷的效果，有研究者提出 AESAR 模式，即注意（Awareness）──參與（Engagement）──態度（Sentiment）──行動（Action）──保留（Retention），依據引起使用者注意、鼓勵使用者參與、改善使用者態度、驅使使用者行為、實現使用者保留這五個階段形成的循環過程，分別選取關鍵評估指標。如圖 9-5。

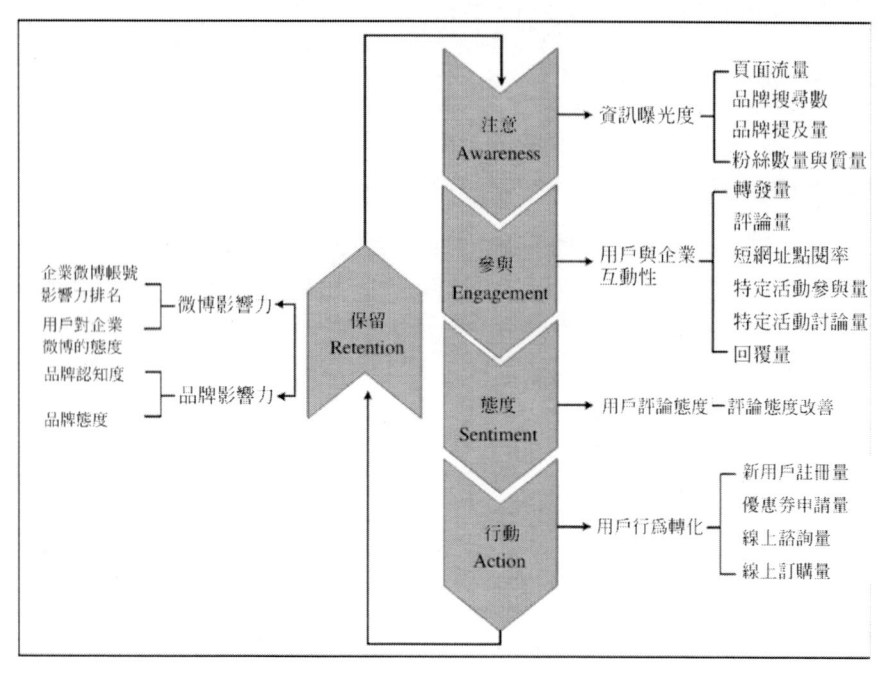

図 9-5 企業微博行銷效果評估模式

這五個階段涵蓋了使用者從關注、參與、改變態度、行動到形成忠誠的整個過程，能夠較好地反映企業微博行銷活動的效果。

（二）微博行銷效果評估方式

微博行銷的效果評估方式有以下三種。

（1）傳統網路監測。借鑑傳統網路行銷的監測方式，企業可以獲得網頁流量和轉化來源方面的資料，並且對引導使用者購買行為的效果進行監測。透過對微博訪客的追蹤或者對優惠券使用率的統計，可以獲得有關微博行銷效果的若干重要資料。

（2）第三方監測。目前中國的第三方監測服務商有眾趣、微博派、微博大師等，可以對微博等社群媒體平台的資料進行監測，並對相關資料進行選取、處理、分析。微博上提供的第三方獨立分析工具，例如微博風雲等，也都可以對企業微博營運、粉絲參與度等進行初步的資料統計、分析和開發。

（3）結合對粉絲的考察。傳統網路監測和第三方監測的方式均屬於典型的量化研究思維，是對使用者行為的大數據開發與應用。這種方法固然有傳統考察方式無法比擬的優勢，但並不能完全取代傳統調查方法。只觀察消費者的「行為」，而無法反映其「態度」、「意見」以及「原因」，是有很大缺陷的，因此，企業應在網路監測和資料開發之外，結合傳統的抽樣調查方法，對粉絲進行更深入的考察，蒐集粉絲對企業行銷傳播的態度、對企業產品和品牌認知度的改變以及原因，幫助企業更全面地評估其微博行銷的長遠影響與價值。

三、微博行銷的錯誤認知

在對微博行銷的應用中，存在著一些似是而非的觀念錯誤，比如，誤認為粉絲越多越好、轉寄越多活動越成功、在微博上進行大量促銷和宣傳等，歸根究柢，除了行業無規範因素之外，其錯誤的根源仍然在於誤把微博行銷當作一種短期營利工具。

（一）粉絲越多越好

粉絲數量是微博行銷的基礎，但是不能盲目地追求粉絲的數量。如果某企業的粉絲數量幾十萬，但是每次微博轉發數量僅數百次甚至數十次，那說明這些粉絲的質量並不高。有些企業為了追求粉絲數，不惜重金購買粉絲，這使得企業微博粉絲中存在太多的「假粉絲」，而「假粉絲」對於企業微博行銷來說沒有任何價值。

粉絲數量是一個容易量化的指標，但絕不是微博行銷中最有價值的指標，正確認識到微博行銷的價值並不停留在粉絲數量層面，是企業開展微博行銷的第一步。

（二）轉發越多活動越成功

轉發量的確已成為衡量微博行銷效果的一個重要指標，但比數量更重要的是質，也就是說，需要分清楚轉發微博的究竟是哪種類型的人，是不是企業的目標客戶和優質客戶。

與社會結構類似，微博的使用者也具有明顯的社會經濟結構，其中，最活躍、轉發意願最高的，大多是在校學生或是剛剛進入社會的人群，他們非常活躍，但是購買力非常有限；他們喜歡在網上購買便宜打折的物品，追求物美價廉；他們很有可能不是企業的目標使用者。

如果企業在微博行銷活動時，只能激勵這兩類人群的轉發興趣，那麼，微博行銷活動的轉換率和效果都會不理想。要想獲得理想的行銷效果，企業需要瞄準自己的目標消費者，不僅激勵網路活躍人群的轉發興趣，更重要的是獲得自己目標消費群的注意和興趣，為以後的購買或進一步參與做準備。

（三）微博上大量促銷、宣傳訊息

對企業來說，微博是一個低成本甚至免費的行銷平台，但對於消費者來說，它應該是一個溝通和服務的平台。微博是企業與消費者零距離交流、互動的途徑，其主要功能應該是服務消費者，做好客戶關係管理，將消費者意見回饋給企業以改善產品，提升服務品質。如果企業在微博上發布大量促銷宣傳的訊息，使用者關注的價值就會大大降低，而且這種訊息也很容易被微博上的大量訊息所淹沒。試想，在網路上鋪天蓋地的訊息中，企業發布單純的促銷宣傳訊息，怎能不被其他訊息所淹沒或招來使用者的反感呢？

（四）一味模仿跟風

網路上經常出現一些流行的網路段子和搞笑影片，例如「凡客體」、「陳歐體」，無疑，企業需要學習網路流行語言來拉近與消費者的距離，但是如果企業只會一味簡單地跟風模仿，找不到自己的獨特之處，不能塑造自己的個性，那麼在萬千段子中，也只能做毫無存在感的那一個。企業微博應該找到與企業產品或品牌調性一致的個性，趁機在熱點中脫穎而出。

（五）猜錯客戶視角

要想做好微博行銷，首先要找到企業的目標消費者，然後根據這部分人群的需要進行行銷活動和服務。例如，BMW 汽車的微博內容就應該符合中年成功人士的品位與需求，如果整日在其官方微博上發表某某著名歌手的演

唱會消息及八卦消息，那麼就算微博發表得再多，內容再吸引人，不難想像，之後的微博行銷活動效果一定不會理想。

(六) 過於看重即時效果

微博行銷的過程較為漫長，是一個循序漸進、潛移默化的過程。企業微博如果能在較長的時間裡累積到質量和數量都較高的粉絲群體，並與他們建立良好的關係，那麼微博行銷的效果才算達到了。微博作為一個社群媒體，其行銷過程是一個長期的互動管理過程。因此，要看長期的效果，而不是當下的即時成效。

第三節 微博行銷的挑戰與發展趨勢

隨著微博行銷的興起壯大，微博行銷所涉及的已不僅僅是行銷者（如企業）、粉絲、微博營運商（如新浪微博）這幾類主體，還培育出了擁有大量粉絲的知名微博，並出現了專門的微博行銷公司，以及能接入微博平台的第三方應用程式開發者。多樣化的主體在進一步豐富微博生態環境的同時，也對微博行銷的運作和管理提出了更高的要求。

以微博行銷公司，即利用微博平台開展微博行銷的第三方公司為例，這些公司往往控制著大量知名微博，其中不乏擁有龐大粉絲群體的「段子手」。這些微博行銷公司可以調動較多的微博資源，但也分不同的等級。等級低的微博行銷公司往往透過所控制的微博帳號或微博行銷工具，以製造「網軍」為主要手段。「網軍」群體的存在，令微博行銷的效果存在很大的不實成分，也令市場的風氣更加浮躁。

一、微博行銷面臨的挑戰

微博行銷依託於微博所做的行銷，微博本身的特點與發展狀況自然會在很大程度上影響和制約微博行銷。除了市場無規範問題，當企業決定採取微博行銷這種方式時，還須同時考慮和應對這種行銷方式的特殊要求和問題。

（一）對粉絲的數量和品質均有要求

人氣是微博行銷的基礎，只有擁有足夠的粉絲數量，才可能達到預期的傳播效果。沒有數量，微博行銷就失去了發揮影響力的基石。但是，在獲得粉絲數量的基礎上，還應該重視粉絲的品質。有的企業雖然關注數很高，但大多是「假粉絲」，活躍度基本為零，這對於企業的行銷宣傳沒有任何意義。累積有質有量的粉絲數量，需要企業的用心經營和長期積累，是企業開展微博行銷需要克服的第一大難題。

（二）訊息量大，易被淹沒

據新浪微博官方統計的資料顯示，截至2013年3月，微博使用者數量達到5.365億人。而且由於微博使用簡單，能夠迅速獲得廣泛傳播，所以微博產生的內容非常多，更新速度十分快，這就導致企業在微博上發布的訊息很容易被淹沒，行銷訊息很容易被使用者忽略。

（三）屬於弱關係，信任度較低

微博是典型的弱關係，使用者的社群網路異質性較強，即交往面很廣，交往對象來自各行各業，獲得的訊息也是多方面的。弱關係社群更強調訊息的價值、快捷，媒體屬性更強。所以儘管你在微博上有很多的「關注者」或「粉絲」，但是你們之間並不互相瞭解，只是在某一個方面時不時地進行訊息的共享。因此當某一個粉絲分享了某一則訊息時，你只是基於興趣很快地掃一眼，並不會對訊息內容做深入的瞭解。尤其是當訊息內容與你的認知或者興趣不相符時，該訊息根本不會在你的腦海中留下任何印象，你也不會糾結於其真實性，而是堅持自己的想法。但是在強關係社群中，你會對朋友的一則訊息花費更多的精力來分析、判斷、接納，有時甚至會因為朋友的一則訊息而改變自己以往的認知。

因此，微博的弱關係屬性為企業的行銷效果帶來很大的侷限性。首先是使用者所能付出的時間和精力都十分有限，其次是彼此之間的信任度較低。一般來說，使用者很難對一個提供消費品的企業產生很深的信任感和依賴感；反過來說，企業也容易將使用者視為三心二意、貪圖便宜、永不滿足、「難

伺候」的對象，在這種認知關係下，雙方要建立平等、真誠、友善的溝通關係，自然困難重重。

（四）負面資訊傳播的速度快

微博上數量龐大的使用者以及簡單的使用規則，使得資訊傳播速度非常之快，這對企業進行行銷宣傳有非常大的意義，但是另一方面，也使微博的訊息內容很難控制。一旦企業在某方面處理不當，負面訊息就會以驚人的速度傳播開來，對企業的信譽和形象造成嚴重的損害。

（五）閱聽人細分不到位

企業往往根據微博使用者在某一個時段內所關注的對象進行使用者類型劃分。例如，如果某個使用者在一段時間內對電影方面的關注較多，那麼這個使用者就很有可能只被電影行銷方面的企業所關注。但事實卻是，微博使用者的關注內容往往很分散，關注的對象也不斷變化。廣泛的關注內容和不斷變化的關注對象，經常讓企業對使用者的劃分過於簡單，進而導致其反而喪失掉真正的目標使用者。

（六）微博使用者總量及活躍使用者數正在減少

據 CNNIC 發表的《第 34 次中國網路路發展狀況統計報告》顯示，2014年上半年，中國社群網站使用者規模為 2.57 億，較 2013 年底減少 2047 萬，網友中社群網站使用率為 40.7%，較 2013 年下降 4.3 個百分點，使用者規模和使用率持續下滑。其中，2014 年 6 月的微博使用者數量相較於 2013 年12 月下降了 1.9%。同期，手機微博的使用者數下降比例更高，達 4.0%。

微博使用者總量與活躍度的下降，很大程度上是因為手機即時通訊軟體的發展以及社群類應用程式的更新，讓微博使用者產生了分流。微博使用者數量及活躍度的下降，為企業結合微博行銷帶來更大考驗。

二、微博行銷應對策略探討

針對微博行銷目前所面臨的問題，企業可以從以下幾方面著手，提高微博行銷的質品質與效果。

（一）利用熱門話題與行銷活動吸引有效粉絲

儘管企業微博粉絲數量不是越多越好，但是一定的粉絲數量對企業開展微博行銷活動還是必不可少的。只有在擁有一定數量有效粉絲的情況下，企業的行銷活動才能夠順利開展，並且比較容易地進行擴散，達到微博行銷的效果。

要想吸引到更多有效粉絲，企業就需要利用微博自身的優勢來吸引目標使用者關注，例如利用熱門話題來吸引粉絲，進行有針對性的行銷活動來保持目標使用者的興趣，並在之後跟進維護與粉絲的關係。

（二）提供獨特而有價值的內容及有趣、易參與的互動

想要讓企業微博得到使用者持續關注，而不至於在微博大量的訊息中被淹沒，就需要開發獨特、有價值的，或者有趣的內容提供給使用者，讓他們主動關注微博內容，並且保持較高的忠誠度和活躍度。企業應該抓住使用者的需求點和興趣點，發布符合其日常認知的訊息內容，或者反其道而行，用無傷大雅的噱頭來吸引使用者興趣。只有微博粉絲願意積極轉發分享企業微博，才能有效地保持企業微博的曝光率和有效期，防止訊息被迅速淹沒。

另一方面，在使用者決定行銷效果的微博平台上，企業可以創造更多與使用者互動的機會，進行適當的行銷活動。保持企業微博的活躍度及和使用者之間的聯繫，也是防止訊息被淹沒的有效對策之一。

（三）保證微博的真實有效性

企業需要確定消息的可靠性後再發布微博，以免因為傳播不實的消息而降低企業的信譽。由於微博上訊息過量，使用者常常僅根據一次經驗甚至第一印象，來判斷是否持續關注或直接將某微博加入黑名單，所以，企業在發布微博時需要對自己的微博內容負責，在保證訊息即時性的同時，還要確保所發表訊息的真實性。贏得微博使用者的信任，是企業進行微博行銷的關鍵一步。

（四）關注使用者態度並做好防範

微博是個「成也蕭何敗也蕭何」的平台。杜蕾斯之所以能夠在眾多使用者中贏得好口碑，除了產品品質之外，很重要的一點就是能夠把握使用者的心理，趁機推出能夠引起使用者共鳴的微博。而反觀肯德基在2014年爆發出的品質問題，在這件事情的處理上，肯德基官方並沒有在微博等媒體上做出清楚的解釋並誠懇道歉，導致網友輿論呈現一面倒的譴責。如果肯德基在發現網友在微博上曬出的品質問題照片後，能第一時間聯繫顧客，在官網上誠懇道歉，給消費者一個合理的解釋或有誠意的補救措施，應該不會造成如此惡劣的影響。

如今，作為一個相對開放的新媒體平台，微博已成為企業監測、發現輿情的重要窗口，對企業的情報蒐集和危機公關具有重要價值。為防範企業和品牌陷入輿論上被動或更嚴重的危機，企業非常有需要建立專門的微博團隊，隨時關注使用者對企業形象、產品、品牌的使用體驗和評價，做好服務工作，維護好企業形象，即時發現問題並尋找有效的解決方法，做好企業的危機公關。

（五）利用大數據精準定位目標使用者

企業可以透過蒐集使用者的瀏覽及上網習慣，建立起企業自己關於目標使用者的資料庫，據此精準定位目標使用者，進行有針對性的行銷。藉助口碑的力量，一部分活躍的目標使用者能夠擴大企業微博行銷活動的範圍，吸引其他有相同興趣喜好的使用者。如果企業能夠利用大數據準確識別使用者類型與價值，就能更好地開展口碑行銷，提高行銷的效果和效率。

（六）釐清微博行銷在整體行銷策略中的位置和角色

微博經歷了幾年的發展之後已經逐漸走入成熟期，微博的媒體屬性日益加強，已經成為企業、個人和其他媒體訊息發布的平台，難免存在內容過於廣泛、訊息量過於巨大的問題。但是隨著微博使用者的逐漸穩定，企業可以透過蒐集微博使用者的動態資訊進行輿情監測、行為監測，為企業線上及線下的行銷宣傳活動做好資料準備。

此外，企業在使用微博的同時也不能忽略其他社群類應用程式的使用，比如微信。誠然，微信的崛起的確對微博產生了一定衝擊，造成了使用者的分流，但是，兩者各有特色和優點，可以在企業行銷中發揮不同的作用，形成互補。作為行銷者，應釐清微博在企業行銷大格局中的地位與作用，並有效地利用其他行銷平台和方式，進行優勢互補，服務於企業的整體行銷目標。

三、微博行銷的未來趨勢

2014 年 10 月 13 日，微博正式對外發表 PC 端 V6 版本。此次改版將全面加強基於興趣的資訊傳播，在提升使用者內容獲取效率、閱讀體驗的基礎上，面向垂直領域認證使用者推出相應的內容生產、傳播及變現工具，以此打造更完善的內容生產與消費生態。基於升級改版後的最新微博發展動向，可以預見微博行銷的未來趨勢有如下幾點。

（一）基於微博的興趣聚合，實現更精準的行銷

為了提升內容發現效率，微博推出了「發現」頻道（d.weibo.com），並在首頁導覽列設置重要入口，使用者在不產生關注關係的前提下也能看到感興趣的內容。透過前期的資料和關係沉澱，微博對使用者興趣進行了綜合分析，篩選出不同類別的話題、微博及相關內容，在「發現」頻道中進行聚合呈現，並提供了多組標籤供使用者進一步選擇。有了更高的內容發現效率，企業可以更快地找到潛在的目標消費者，而消費者也可以更快地找到自己感興趣的產品或品牌訊息，即使在不關注對方的情況下也能即時獲得第一手資訊。這對企業微博行銷來說無疑是一個好消息，企業能夠更快速獲取消費者訊息，瞭解消費者的興趣所在，以便有針對性地開展行銷活動，進而實現更精準的有效行銷。

微博同時實現了跨平台的打通，企業只需要提供一套素材，就能同時滿足 PC 端和行動端的需求，其微博設計和營運的成本得以降低。視覺和架構上的統一，不僅能降低使用者在不同裝置使用微博的割裂感，也將幫助企業提升微博宣傳效果。

（二）內容的生產、傳播和變現實現工具化

除了提升內容發現效率，微博針對不同垂直領域的認證使用者推出了專屬功能應用程式，為其提供豐富的內容生產、傳播及變現軟體。以唱片業為例，音樂人透過專屬功能模組發表的歌曲，將以卡片形式呈現在其微博首頁的顯著區域，方便粉絲試聽和分享，以提升內容生產和傳播效率。在新歌上線時，音樂人還可以透過該模組實現付費下載。全新上線的「發現」頻道，也對不同領域的優質內容進行了聚合，幫助內容生產者全面觸達訂閱使用者，並透過內容的快速傳播提升個人品牌。

隨著內容生產、傳播和變現軟體的豐富與完善，更多的內容生產者將從中獲益，微博也將對優質內容的創造形成持續刺激，進一步提升使用者體驗。

（三）滲透垂直領域，以興趣節點擴充使用者關係

一直以來，使用者在微博上主要是關注熱門事件以及明星動態，但新浪微博此次的改版，將重心放在使用者需求的多元化上面，包括使用者對圖書、音樂、電影等內容的興趣，這些興趣節點的形成大幅擴充了微博上的總關係數。

原新浪微博副總經理林水洋認為，「從本質上來說，微博是一張以使用者為核心的資訊發現網路」。目前，新浪微博上已經建立了600多萬個音樂Page，其背後是超過7.3億組全新的使用者關係。新版新浪微博就是要在實現人與人之間連接的基礎上，全力推動使用者和興趣之間的關係建立。

微博的下一個目標就是打造一張以訊息為紐帶，連接人與人、人與組織、人與物、人與興趣的網路，成為社會網路的形態之一，使用者可以關注不同類型的帳號並發現訊息，並透過與帳號的互動獲得服務。對微博而言，垂直領域的加速滲透，將進一步提昇平台的使用者體驗與商業價值。

微博對人與興趣之間關係的發掘，對以訊息為紐帶、打造更全面社會網路的未來規劃，對於行銷者來說，蘊藏著巨大商機。它將進一步提升微博行銷的精準度與影響力，使微博對於企業的行銷價值不再僅僅侷限於炒作話題、

引起關注、監測輿情、化解危機，而是往更深入、更精準的方向發展，提升微博行銷的核心價值。

【知識回顧】

微博作為一個媒體屬性極強的訊息發送平台，因為擁有數量巨大的使用者群及較高的訊息到達精準率而備受企業青睞，微博行銷已經成為企業行銷的重要一環。微博的多媒體屬性、即時互動性、快速廣泛的傳播速度及社群化，都讓微博在行銷方面呈現出眾多的優勢。

微博行銷成本較低，而且能夠實現訊息的即時和精準傳播，讓企業實現用最少的錢實現最大成果的行銷效果。而且由於微博日漸成熟，企業可以透過蒐集使用者在微博上的動態來預測使用者對企業產品及品牌的態度改變，透過蒐集使用者對企業產品、服務等的評價來儘早發現問題，從而進行即時的危機公關，所以微博行銷還為企業承擔了危機預警功能。

此外，隨著各領域的專家及明星都開通並且積極使用微博進行交流，企業可以利用微博上的意見領袖來進行影響力行銷，而各領域專家或者明星的看法和意見都能夠有效地影響到某部分特定的微博使用者，而這些使用者同時也是某些企業的目標消費者。

進行微博行銷也需要一定的策略。企業需要運用諸如內容策略、名人效應、互動策略、掌握發布時間、整合策略等來達到吸引有效的粉絲群，並保持與粉絲群的積極互動，來實現行銷活動的廣泛傳播，達到企業微博行銷的目的。如果企業能結合微博的特點及行銷優勢，並恰當地運用行銷策略，那麼就能比較容易地實現品牌宣傳、客戶關係管理、公共關係管理的微博行銷功能。

企業微博行銷是否真的有效則需要透過效果評估來進行具體測量。由於微博行銷的特殊屬性，進行微博行銷評估時，需要使用 AESAR 模式進行評估，結合三種常用的評估方式就能對微博行銷進行有效的評估。

微博行銷雖然有著眾多得天獨厚的優勢，但其面臨的挑戰也需要企業慎重對待。企業微博行銷的基礎是粉絲的數量和質量，而有效的粉絲群需要企

業較長時間的累積。而且微博平台上訊息量之大讓企業微博訊息很容易被淹沒而達不到實際效果。

其次，微博屬於典型的弱關係，微博使用者之間的信任度較低，其他使用者的轉發很難對某特定使用者的認知及行為產生影響。再次，微博上負面訊息的傳播速度也相當之快，企業稍有不慎就有可能功虧一簣，甚至讓企業的形象遭到嚴重損毀。另外，微博上的閱聽人細分不到位。目前，企業並沒有充分開發微博使用者的資源，這對企業進行微博行銷也有損失。

最後，由於手機即時通訊應用程式和其他社群類應用程式的更新，微博的活躍使用者和使用者總量也在減少，這對企業微博行銷來說是一個巨大的挑戰。面對這些挑戰，企業不能束手就擒，而應該積極應戰。透過熱門話題吸引有效使用者、保證微博真實有效性及提供有價值的內容和互動來維繫使用者、關注使用者動態做好危機防範、利用大數據準確定位目標使用者、釐清微博行銷在企業行銷中的恰當角色，都是企業積極應對挑戰的方法。

隨著微博的不斷發展、成熟，微博將成為一個更好的行銷平台。微博行銷將能夠基於興趣來進行使用者的劃分，進而實現更精準的行銷。微博針對不同垂直領域的認證使用者推出的專屬功能應用程式，也讓內容生產與傳播能夠透過微博快速而方便地變現。微博對人與興趣之間關係的開發，對以資訊為紐帶、打造更全面的社會網路的未來規畫，將進一步提升微博行銷的精準度和影響力，使微博對於企業的行銷價值不再僅僅侷限於炒作話題、引起關注、監測輿情、化解危機，而是往更深入、更精準的方向發展。

【複習思考題】

1. 微博有哪些特點？微博行銷的概念和優勢是什麼？
2. 微博行銷的策略有哪些？
3. 微博行銷面臨的挑戰和應對措施分別是什麼？
4. 微博行銷的發展趨勢有哪些？

第十章 微信行銷

【知識目標】

☆微信行銷的概念及特徵。

☆微信行銷目前面臨的困境。

【能力目標】

1. 瞭解微信行銷現有的幾種方式。

2. 掌握微信行銷未來的發展方向。

3. 瞭解微信行銷的方法和技巧。

【案例導入】

每天早上,當小米的微信營運工作人員在電腦上打開小米手機的微信帳號後台時,總是有上萬則使用者留言在那裡等著他們。有人問如何購買小米手機,也有人會問自己買的小米手機配送到哪兒了。小米自己開發的微信後台將帶有「訂單」、「刷機」、「快遞」等字眼的留言自動抓取出來,並被系統自動分配給人工客服進行回覆。

小米手機是微信行銷的忠實擁護者。在每週一次的開放購買活動前兩天,小米手機都會在其微博帳號、合作網站、小米論壇、小米官網上提前發表消息,告知活動詳情,並放上微信的宣傳連結以及微信二維條碼供消費者掃描關注。

在進行微信行銷的時候,小米會定期舉辦有獎活動來刺激使用者。

2013年3月27至29日,小米手機在微信平台上舉辦了「非常6+1」活動,邀請小米手機的微信使用者進行互動趣味問答,並且有機會贏取小米的產品。這次為期三天的活動讓小米暴增了 6.2 萬名粉絲。

2013 年 4 月 9 日第二屆「米粉節」,小米在微信上展開了有獎搶答的活動,時間是當天下午 2 點到 4 點。僅僅 2 個小時的時間,小米的微信後台總

計收到 280 萬則訊息，甚至導致了微信後台癱瘓。這次活動為小米帶來了 14 萬個新增關注使用者，從活動開始前的 51 萬人暴增到 65 萬人。

截至 2013 年 5 月底，小米的微信帳號已經有超過 105 萬個使用者了。在這 100 多萬個使用者當中，大約 60%都是小米發燒友，或者小米的使用者，他們對小米這個品牌具有一定的忠誠度。他們會在微信上將自己的 GPS 定位回傳給小米，然後就可以被告知附近最近的小米維修中心在什麼地方。可以說，小米的微信帳號既能促銷，又能宣傳，還能充當客服的角色，是企業類微信帳號中當之無愧的超級大號。

微信行銷正處於起步階段，有成功的案例，也有氾濫的盲從，透過不斷的嘗試與探索，微信行銷也在不斷走向成熟與完善。

第一節 微信的概念和微信的崛起

「小米」微信活動的巨大成功，說明微信已經不僅僅是一個即時通訊軟體，微信行銷也日益成為大家關心的話題。

騰訊微信推出之前，中國國內也有過曇花一現的「米聊」等手機即時通訊軟體，但其使用者群在發展到 600 萬時便遇到了瓶頸。2011 年 1 月 21 日，騰訊公司在借鑑「米聊」的基礎上推出微信手機即時通訊軟體，並將其與 QQ、手機通訊錄綁定。騰訊憑藉其 QQ 軟體傲人的 10 億使用者群，使微信得以迅速推廣。截至 2013 年 11 月，微信註冊使用者量已超過 6 億，微信成為繼微博之後又一發展迅速的新媒體產品。

一、微信的概念

微信，英文名 WeChat，是 2011 年 1 月 21 日由騰訊公司廣州研發中心推出的一款手機即時通訊應用軟體，使用者可以透過手機、平板電腦和網頁登錄微信客戶端來發送語音、文字、圖片和影片，以及實現多使用者之間的聊天。同時，微信提供漂流瓶、朋友圈、公眾平台和消息推播等功能，使用者可以透過「搜尋號碼」、「搖一搖」、「附近的人」、「掃描二維條碼」等方式新增好友和關注公眾平台。

微信透過設置「掃一掃」、「搖一搖」、「遊戲中心」、「微信支付」、「公眾帳號」、「我的收藏」、「綁定信箱」、「騰訊新聞」、「發送地址」等功能，將微信打造成一個自媒體生態鏈，使用者可以在微信上完成資訊、社群、娛樂、購物等生活需要。

和同樣占據行動裝置的微博相比，微信的社群功能顯得更為突出，交流更加私密也更加親近；與 QQ 相較，微信以行動裝置為依託，充實著使用者的碎片化時間。

二、微信的崛起

微信自2011年1月誕生以來，2012年3月底使用者數量便突破1億大關，到 2012 年 9 月，僅僅用了 6 個月的時間，使用者數便達到 2 億。到了 2014 年底，微信每月活躍帳戶達到 5 億，比 2013 年同期增長 41%，增長速度非常驚人。

2011 年 1 月 21 日，微信發表針對 iPhone 使用者的 1.0 測試版。在隨後 1.1、1.2 和 1.3 三個測試版中，微信逐漸增加了讀取手機通訊錄、與騰訊微博私信的互通以及支援多人會話功能，截至2011年4月底，微信獲得了四、五百萬註冊使用者。

2011 年 5 月 10 日，微信發表了 2.0 版本，該版本新增了 Talkbox 那樣的語音對談功能，使得微信的使用者群第一次有了顯著增長。

2011 年 8 月，微信添加了「查看附近的人」的陌生人交友功能，使用者達到1500 萬。到 2011 年底，微信使用者已超過 5000 萬。

2011 年 10 月 1 日，微信發表 3.0 版本，該版本加入了「搖一搖」和「漂流瓶」功能，增加了對繁體中文語言介面的支持，並增加香港、澳門、臺灣、美國、日本使用者綁定手機號。

2012年3月，微信使用者數突破1億大關。4月19日，微信發表4.0版本。這一版本增加了類似 Path 和 Instagram 的相簿功能，並且可以把相簿分享到「朋友圈」。

2012年4月,騰訊公司開始做出將微信推向國際市場的嘗試,為了微信的歐美化,將其 4.0 英文版更名為「WeChat」,之後推出多種語言支援。

2012年7月19日,微信 4.2 版本增加了影片聊天插件,並發表網頁版微信介面。

2012年9月5日,微信 4.3 版本增加了搖一搖傳圖功能,該功能可以方便地將圖片從電腦傳送到手機上。這一版本還新增了語音搜尋功能,並且支援解除綁定手機號碼和 QQ 號,進一步增加了使用者對個人訊息的掌控。

2012年9月17日,騰訊微信團隊發布消息表示,微信註冊使用者已破 2 億。

2013年1月15日深夜,騰訊微信團隊在微博上宣布微信使用者數突破 3 億,成為全球下載量和使用者數最多的通訊軟體,影響力遍及全球華人聚集地,少數西方人也使用。

2013年2月5日,微信發表 4.5 版本。這一版本支援即時對談和多人即時語音聊天,並進一步豐富了「搖一搖」和二維條碼的功能,支援對聊天紀錄進行搜尋、保存和轉移。同時,微信 4.5 版本還加入了語音提醒和根據對方發來的位置進行導航的功能。

2013年8月,微信 5.0 版本上線,新增了「表情商店」和「遊戲中心」,「掃一掃」(簡稱 313)功能全新升級,可以掃街景、掃條碼、掃二維條碼、掃單字翻譯、掃封面。

2013年8月15日,微信海外版(WeChat)註冊使用者突破 1 億,一個月內新增 3000 萬名使用者。

2013年10月24日,微信使用者量突破 6 億,每日活躍使用者 1 億。

2014年3月,開放微信支付功能。

2014年9月30日,微信 6.0 版本全新發表。新增微信小影片、微信卡包功能,使用者可以將優惠券、會員卡、機票、電影票等放到微信卡包裡,方便使用,還可以贈送給朋友。微信錢包新增手勢密碼設置功能。

截至 2014 年底，微信每月活躍使用者近 5 億。

三、中國其他手機即時通訊軟體

微信並不是中國唯一一款手機即時通訊軟體，甚至它也不是第一款。除了微信，中國還有易信、來往、米聊、陌陌等其他幾個手機即時通訊軟體。

（一）易信

易信於 2013 年發表，由網易與中國電信聯合開發。除了語音聊天、圖片發送、朋友圈、二維條碼掃描、公眾平台等與微信相近的功能外，透過易信使用者可以免費向手機和家用電話發送語音留言。同時，即使對方手機沒有安裝易信軟體或沒有數位網路，透過易信也可使消息馬上送達對方手機。在搜尋想要聊天的好友時，易信提供語音辨別功能，念出對方姓名，便能識別出想要聊天的人。

根據 2014 年 7 月發表的《易信一億使用者白皮書》，易信使用者總數破億，但並未提到使用者活躍程度。在這 1 億使用者群中，19 至 35 歲使用者占比高達 74%，其中大學及以上學歷占比 81%，都市白領占比 61%，每人每月可支配所得 5000 元以上者占 70%。

（二）來往

2013 年 9 月，阿里巴巴集團發表其行動好友互動平台「來往」，這是阿里巴巴獨立於電商業務的社群產品。在騰訊微信推出口袋購物向電商探索時，阿里巴巴也在試水即時通訊交友平台。

與微信相對開放的平台相比，來往更加注重交流的安全私密性，主打熟人社群。例如，其提供了「閱後即焚」功能，消息被閱讀後可自動刪除。在向好友分享動態訊息時，使用者可以設定該訊息是否可以評論和轉寄。同時，來往還提供了「扎堆」500 人大群，「塗鴉」、「敲門」等功能。

根據阿里巴巴發布的消息，到 2013 年 11 月，來往上線一個多月後，其註冊使用者已突破 1000 萬。

（三）米聊、陌陌

米聊於 2010 年 12 月由小米科技推出，早於微信，提供語音對談、收發圖片、多人群聊等功能。而陌陌於 2011 年 8 月上線，基於地理位置進行行動社群，與周圍的人更好地交流。「你好，陌生人」這句標語傳達出了陌陌的主要功能，透過綁定陌生人的社群軟體，可以瞭解他的生活，為陌生人社交提供了一個展示平台。

四、全球主要手機即時通訊軟體

全球其他類似的手機即時通訊軟體有 WhatsApp、LINE、Kakao Talk 等，兼具通訊與社群平台的功能。

（一）WhatsApp

WhatsApp 由雅虎前員工 Jan Koum 於 2009 年創立，2014 年 2 月被 Facebook 收購，取英文中打招呼常用語「What's up」的諧音，風靡北美，在印度、南非、巴西等地亦有較大影響力。

透過 WhatsApp，使用者可以用手機傳送文字、圖片、語音、影片和使用者身處的位置。2014 年 8 月，WhatsApp 執行長兼創始人 Jan Koum 表示，該行動通訊應用軟體的每月活躍使用者數已突破 6 億。

在獲得大量使用者之後，WhatsApp 沒有透過廣告獲取收益，而是從 2013 年 7 月開始統一收費，使用者可以免費試用一年，之後每年須支付 0.99 美元年費。

（二）LINE

LINE 由韓國 NHN 公司旗下日本子公司 NHNJapen 所開發，2013 年宣布獨立營運，更名為 LINE 株式會社。其於 2011 年 6 月推出，在日本和東南亞等地迅速推廣，2011 年 12 月，發表「連我」的中文版本，正式進入中國大陸市場。2014 年 10 月，LINE 所在的韓國網路公司 Naver 宣布，即時通訊應用軟體 LINE 全球使用者數已達 5.6 億。

與 WhatsApp 收取年費不同，LINE 積極推動社群平台商業化，透過部分聊天表情符號收費和社群遊戲收費獲取收入。同時，推出了主打 C2C 的行動電商 Line Mall。據《LINE 第三季度業績報告》相關資料，LINE 的 2014 年第三季度銷售額達 2085 億韓元（約合人民幣 12 億元），較去年同期增長 57.1%，季成長 13.8%。銷售額的 60% 來自遊戲，表情符號占 20%，廣告占 12%。

（三）Kakao Talk

Kakao Talk 是來自韓國的免費聊天軟體，2010 年 3 月上線以來，Kakao Talk 在全球已經擁有超過 1.4 億註冊使用者——要知道，韓國總人口才 5000 多萬人。95% 的韓國智慧型手機使用者都在使用 KakaoTalk，如果統計 KakaoTalk 平台上每天發送的訊息數量，相當於韓國三大電信營運商發送簡訊總數的 3 倍。現在，Kakao Talk 已經支援 12 種語言，被推廣到全球 200 多個國家和地區。其功能和 WhatsApp 相似，透過網路傳送文字、語音和圖片，且支持多人聊天。

與 LINE 相似的是，Kakao Talk 也在利用電子商務、付費表情符號、遊戲等方式獲取收入。同時，Kakao Talk 的 Plus Friend 功能和微信公眾帳號類似，使用者關注這些帳號，會接收到其發來的廣告資訊，這時企業須向 Kakao Talk 支付一定的費用。

2011 年，騰訊向 Kakao Talk 投資 4.03 億人民幣，獲得其 13.84% 的股份。

第二節 微信行銷的特點和方式

基於微信零資費、操作便捷、功能多樣等特性，自誕生之日起，微信使用者便得到迅速成長，發展成為中國最熱門的通訊與社群平台，進而為微信帶來了巨大的行銷價值。除了使用者基數可觀，微信行銷還具有開發營運成本低廉、行銷運作便捷等特性，逐漸引起企業關注。

一、微信行銷的概念和特點

微信行銷，是一種基於使用者群落與微信平台的全新網路行銷方式。它透過微信軟體與微信使用者打造一個類似「朋友」的關係鏈，在該社交關係中藉助行動網路特有的功能來創造全新的行銷方式，例如「漂流瓶」行銷、公眾平台行銷等，以達到傳播產品資訊、傳達品牌理念，進而促進銷售、強化品牌的行銷目的。

微信行銷具有以下特點。

（1）訊息到達率高

在微信上，每一則群發訊息都能完整無誤地發送到使用者行動裝置上。同時，微信收到未讀訊息時以鈴聲、角標等方式提醒使用者閱讀，再加上手機裝置的行動便攜特徵，使使用者可以隨時隨地讀取訊息，使微信訊息的到達率很高。

（2）精準行銷

微信的公眾帳號往往是使用者主動加以關注的，說明使用者對該話題、該產品有興趣，公眾帳號的粉絲便是企業想要找到的老客戶、新客戶或潛在消費者，因此微信行銷在更大程度上是精準行銷。同時，微信 LBS（適地性服務）功能的位置功能，也能使商家定位出周邊的潛在消費者，為商家提供了精準行銷的平台。

（3）「一對一」的互動行銷

微信上的互動是「一對一」的互動，在完成訊息的推播之後，商家可以根據客戶的回饋進行一對一的對談，根據客戶的要求量身定做解決方案，這種行銷給客戶的感覺往往是「專一的」、「私密的」。因此，微信行銷更接近於朋友化、人性化的行銷，運用親切動人的語言圖片，拉近和使用者之間的距離，進而提高使用者黏著度。

(4) 初期成本較低，維繫成本較高

相對於投放傳統的電視、報紙、戶外廣告，微信行銷訊息成本要低廉得多。目前，申請公眾帳號是免費的，企業商家只須一點流量費就可以向粉絲推播廣告資訊。但是，當公眾帳號粉絲數量擴大時，企業商家就要投入大量的人力、物力、財力與閱聽人做好溝通互動，成本較高。同時，為了留住粉絲，商家也必須不斷製作高品質的文案、圖片等內容，做好微信公眾帳號的營運比申請一個帳號群發硬性廣告資訊要複雜得多。

二、微信行銷的方式

如今，微信的各項功能為商家所利用，以功能為劃分標準，目前微信行銷有以下幾種方式。

（一）透過 LBS 定位功能進行行銷

LBS 指適地性服務，透過電信營運商的無線電通信網路或外部定位方式獲取行動裝置的位置訊息。

微信的 LBS 功能最初是為了方便使用者尋找新增好友，而在用其做行銷時，用該功能找尋目標消費者成為行銷的一大課題。LBS 定位功能精準地給出了以位置為準的目標消費者。透過查找「附近的人」，店家附近有哪些潛在消費者一目瞭然，投放廣告促銷資訊後，由於位置上的便利，更能直接促進消費者入店消費。這種方式為許多無法支付大規模廣告宣傳的小店家提供了有效的行銷通路。

一家名叫「餓的神」的速食店便利用微信的 LBS 定位功能，在午餐時間向附近的人打招呼，以宣傳自己的速食生意，使用者只要在微信上點餐，便可送貨上門，十分方便。

K5 便利商店在新店開張時，也是利用微信「附近的人」和「打招呼」這兩項功能，將開業酬賓資訊推播給附近的潛在客戶。

2011 年 10 月，微信 3.0 版本新增了「搖一搖」功能，該功能一方面類似於「查看附近的人」，即透過「搖一搖」這個手勢可以搜尋到 1000 公尺

以內的其他使用者，同樣是基於 LBS 功能插件的服務。另一方面，它豐富了使用者依靠點選、滑動等行為來操作手機的傳統方式，創新了使用者對訊息互動的體驗。賓士、肯德基等商家就曾透過該功能與使用者進行良好互動，使用者只要搖一搖，頁面中的賓士汽車就會呈現新顏色；搖一搖肯德基的廣告，頁面中便出現不同的午間套餐。

透過「搖一搖周邊」（如圖 10-1），使用者就可以在線下的商店、餐廳、櫥窗甚至貨架前，搖到由商家提供的紅包、優惠券、小遊戲或者導航服務，將使用者與所處的空間更加緊密地連接起來。搖一搖入口擁有每日平均千萬以上的訪問使用者，與微信公眾平台、微信支付、卡券、微信連 Wi-Fi 等產品無縫接軌，是「一種全新的線上離線連接方式」。

圖 10-1　微信搖一搖：一種全新的線上離線連接方式

（二）透過掃描二維條碼功能進行行銷

二維條碼是一種以圖形為識別對象的識別技術，它是用某種特定的幾何圖形，按一定規律在平面上（二維方向上）分布的黑白相間圖形記錄數據符號資訊的條碼。它具有訊息容量大、編碼範圍廣、保密性能強、防偽性能好、譯碼可靠性高、勘誤能力強、製作容易、成本低廉等眾多優點。

二維條碼在微信行銷當中的應用主要也是用來連接線上與線下，透過「掃一掃」商家的二維條碼，使用者可以成為商家的微信會員，獲取產品、促銷資訊，或直接獲得打折優惠。二維條碼以一種更精準的方式，打通了商家線上和線下的關鍵入口，在微信行銷中得到了廣泛運用，而且在整個新媒體整合行銷中也應用得非常廣泛，經常被用來作為整合線上與線下行銷方法的手段。現在許多大小商家店鋪的行銷活動中，都可以看到二維條碼的身影。

2013年，深圳大型商場海岸城推出「開啟微信會員卡」活動，微信使用者掃描海岸城的二維條碼，即可免費獲得海岸城手機會員卡，憑此享受海岸城內多家商家優惠特權。掃描二維條碼雖然方便簡單、應用甚廣，但真正主動掃描商家二維條碼的消費者很少，因此二維條碼行銷往往需要和直接的促銷優惠相結合，為消費者掃描提供動力。

(三) 透過「朋友圈」進行行銷

微信「朋友圈」行銷的方式是指商家把自己的廣告資訊讓使用者分享到「朋友圈」，利用使用者和其朋友之間的強關係販售產品。

「朋友圈」行銷最主要的形式是消費者在自己的「朋友圈」分享店家商品訊息，便可獲得折扣優惠。商家期望以一個消費者為基礎，利用該消費者與其朋友之間的強關係，將商品訊息向該消費者的親朋好友滲透，以取得滾雪球式的行銷效果。例如聚美優品透過微信公眾平台打造了首個美妝試用平台，粉絲將活動分享到「朋友圈」，便有機會獲得免費試用的機會。

在自己的「朋友圈」做推銷時，首先要知道自己的「朋友圈」有哪一類人，他們會對什麼樣的產品感興趣？這可以透過日常的接觸大概瞭解，必要時可以將內容設為私密，產品目標閱聽人的朋友才能看到產品資訊，以免引起其他朋友的反感。同時，每天推播的消息不宜過多，1、2條即可，並且也不能只在「朋友圈」推播廣告資訊。使用者希望透過「朋友圈」瞭解朋友的日常近況，拉近距離，倘若一個人只在「朋友圈」發送自己的產品廣告資訊，反而會疏遠他與朋友間的距離。

在商品值得消費者真心稱讚時，分享「朋友圈」的確可以提高商品的知名度和品牌偏好。然而，沒有好的商品做保障，僅以優惠條件讓消費者被動地分享訊息，有時卻會適得其反。消費者可能在取得優惠後，再在「朋友圈」表明商品的實際效果並不理想，對商品造成損害。

（四）微信公眾平台行銷

隨著微信公眾平台推出，各類公眾帳號層出不窮。公眾帳號向關注該帳號的使用者推播訊息，並與使用者進行「一對一」的交流，成為商家行銷的主要陣地。

以微信帳號是不是企業品牌的官方公眾帳號，公眾平台行銷可以分為兩種方式。

1. 企業微信公眾帳號在企業微信帳號的行銷中，主要有兩種方式。

（1）推播式行銷

推播式行銷透過主動推播活動、遊戲、文章等方式與使用者建立親密且深入的互動關係，維護及提升品牌形象。例如「杜蕾斯」推出的「杜蕾斯」版「2048」小遊戲。楊瀾在自己的公眾帳號中，也時常將《楊瀾訪談錄》的內容編寫成文章推播，既保證了推播內容的品質，同時也為《楊瀾訪談錄》的電視節目做了宣傳與預告，一舉兩得。

星巴克在微信公眾帳號的行銷中探索較早。2012年，當星巴克夏季冰搖沁爽系列創新飲品即將上市時，為了讓消費者感受到全身被激發和喚醒的感覺，星巴克選擇了用音樂來與消費者溝通。而在選擇溝通媒介上，微信平台能提供與消費者「一對一」的互動，較為私密。以消費者個體為單位，向他們推播量身定做、能激發個體共鳴的音樂，非常適合該媒介平台。同時，星巴克的目標市場是在特大級城市、沿海地區經濟發達城市，和相對發達的二級城市中受過高等教育、收入較高的中上階層，或者咖啡愛好者以及咖啡隨機消費者，這部分人屬於追求品味和時尚的社會中上等階層。

而根據騰訊官方2012年11月發表的資料，微信使用者中，男性占了63%，而20至30歲的青年占了74%，0至30歲的使用者占了90%。同時，

在微信使用者職業分布中，大學生使用者最多，占了 64.51%，其次是 IT 行業和白領，分別占了 16.12% 和 11.49%，而大學生、IT 從業人員和白領總共占了微信使用者總數的 90%。

整體來說，目前微信使用者具有年輕化、男性居多的特徵，從職業分布來看，擁有大量碎片時間的學生是主體。從中可看出，微信使用者與星巴克目標市場有較大的重疊，透過微信，星巴克可以接觸到其目標閱聽人。

星巴克透過微信平台推出「自然醒」活動，星巴克粉絲只要發一個表情符號給星巴克，無論是興奮、沮喪或是憂傷，都能立刻獲得星巴克按其心情選播的音樂曲目。之後，星巴克繼續推出「星巴克早安鬧鐘」活動，以配合新上市的早餐系列新品。在每天早上的 7 點到 9 點，只要粉絲在鬧鐘響起的一小時之內到達星巴克門市，就有機會在購買咖啡的同時，享受半價購買早餐新品的優惠。據瞭解，截至 2012 年 9 月，星巴克在中國透過這次活動，每天平均收到 2.2 萬則訊息，多以表情符號互動為主。

（2）客服式行銷

客服式行銷是指將微信與自身的客戶服務系統相結合，滿足使用者在售前、售後的各類服務需求，將微信打造成又一客服平台。例如中國南方航空以自動回覆的形式推播客服訊息，用簡單的數字編號代表不同的業務類型，向消費者提供預訂機票、查詢訂單、辦登機證以及行李查詢、天氣查詢等服務（如圖 10-2）。許多公眾帳號兩種行銷形式兼顧，但也有偏重之處。

圖 10-2　中國南方航空服務帳號截圖

　　同時，商家也期望在公眾平台上推播的消息能被使用者分享至「朋友圈」，兩者間的聯動使訊息進一步擴散。

　　目前而言，因為此類微信行銷方式更能向消費者提供價值，也更受消費者青睞，許多企業都在嘗試透過微信向消費者提供更加便利的客戶服務。除了中國南方航空，維也納酒店亦將開通微信訂房系統，透過其微信平台，可以直接預定酒店房間，消費者還可以透過此微信平台進行積分、訂單、酒店優惠訊息的查詢。而美的生活電器更是將售前、售中、售後三個階段搬上了微信公眾平台，提供一站式服務。微信粉絲可以瞭解美的產品和最新上市情況，如須購買，可進入手機商城購買，並可以透過微信查詢售後服務。

2. 非企業微信公眾帳號

　　微信公眾帳號種類繁多，有一些素人帳號，透過各種方式將粉絲累積到一定程度，然後發廣告營利。或是自媒體帳號，將微信當作自媒體營運，發送相關的內容，吸引粉絲後，亦可發送廣告獲取盈利。自媒體微信帳號通常垃圾廣告較少，品質較高。

　　此類行銷方式多見於提供本地服務訊息的微信公眾號，針對地域細分閱聽人，向其提供本地及附近地區吃喝玩樂、衣食住行的建議，並在其中嵌入

廣告商家的訊息。例如筆者身在香港時，所關注的「扎堆兒在香港」公眾號，便提供了較好的細分服務。從其推播的內容上看，該公眾號主要服務於中國赴港就讀的大學生，向他們提供香港近期主要活動、交通飲食、旅行攻略等訊息，以及如何融入香港社會的建議，為大學生提供了實用的訊息服務。推送內容亦常結合時下焦點，例如2014年8月火熱的「冰桶挑戰」，2014年9月iPhone6香港首發等事件，使得其內容在地域、心理上都貼近中國赴港就讀。在累積了粉絲量後，該帳號會不定時推播廣告資訊，主要是香港本地商家的廣告。

（五）群眾募資式行銷

群眾募資式行銷指的是微信使用者利用與微信好友之間的強關係，按照商家的要求向好友募集需要的援助，或向好友提供商家的產品或服務。這種方式能夠讓參與活動的消費者主動傳播商業訊息，具有良好的傳播效果。

「紅包」式群眾募資行銷是最常見的群眾募資式微信行銷。在這種方式中，微信使用者可以向好友發送「紅包」，也就是向好友們提供商家的產品或服務。中國最早的「紅包」式行銷當屬「滴滴打車」的「打車紅包活動」了。2014年5月下旬，「滴滴打車」以兩週年慶為名，推出打車紅包分享活動：滴滴打車使用者透過微信支付成功後，分享到「朋友圈」裡，可以與朋友一起抽取幾毛錢到十幾元不等的紅包，在下一次打車使用微信支付時可以直接抵銷車資。

經過進一步發展，「紅包」的定義不斷擴大，變成了各式各樣的禮品或者獎勵。有的「紅包」活動還可以隨著領取「紅包」的好友數量增加，使發送「紅包」的好友獲取更大或更多的獎勵。2014年中秋節前，哈根達斯官方微信發起了「集月餅，送心意」的刮獎活動，每次刮獎都有機會獲得哈根達斯月餅冰淇淋一個，集滿5款不同口味冰淇淋，即可兌換一份哈根達斯「心心相印」月餅禮盒。如果想獲取更多刮獎機會，使用者就需要將自己的活動頁面分享給更多的好友，點閱分享連結並參加的好友越多，該使用者獲得刮獎的機會就越多，獲得禮品的機率也越大。

「朋友圈集讚」也是一種常見的群眾募資式微信行銷。自2014年3月起，微信開始出現「公眾號內容轉發朋友圈集讚」的行銷行為，商家許諾對分享指定訊息至「朋友圈」，並獲得一定數量「讚」的使用者給予獎勵。此玩法很快蔓延，「朋友圈」中開始出現大量「集讚」訊息。但由於此行銷活動存在許多騙局，也受到了許多使用者的反對，僅3個月後，微信就開始對這一類型的行銷活動進行整治清理，各商家也漸漸放棄了這種行銷方式。

（六）透過「漂流瓶」進行行銷

「漂流瓶」主要有兩個簡單的功能，「扔一個」，使用者可以選擇語音或者文字然後投入「大海」之中；「撿一個」，每個使用者每天有20次撿漂流瓶的機會。微信「漂流瓶」提供給不同地方的陌生人一種交流工具。

微信官方可以透過對漂流瓶參數的更改，使得合作商宣傳的活動在某一段時間內抛出的漂流瓶數量大增，普通使用者撈到的頻率也會增加。招商銀行在2011年，便採取了這種方式，大量抛出「愛心漂流瓶」，撿到漂流瓶的使用者只要參與或關注，招商銀行便會透過「小積分微慈善」平台，為自閉症兒童捐贈積分。

因為「漂流瓶」是隨機發放的，針對性不強，無法針對自己的目標閱聽人，因此應用並不廣泛。同時，使用者在使用漂流瓶時常常是為消磨時間，排解無聊，單純的硬廣告易引人反感，可採取互動廣告的方式，激勵消費者進一步參與。

▍第三節 微信行銷的方法技巧

微信行銷發展至今，方法不斷演進，通路不斷增多，但同時也有研究者提出微信行銷存在「不能滿足品牌宣傳類行銷的需求」、「威脅使用者的隱私安全」、「效果難以量化」，微信使用者「關注量有限」並且「容易掉粉」等不容忽視的問題。微信行銷的類型與功能、隱私安全問題以及效果測量問題，主要是微信平台供應商的問題和技術問題，而最後一個關於使用者關注

量有限及「容易掉粉」的問題,則是利用微信平台開展行銷的企業所應重點考慮的問題,也是表現其微信行銷水準的關鍵所在。

一、獲取微信使用者的關注

從企業角度來說,開展微信行銷的首要任務便是獲取使用者關注並成功維繫使用者,以保證行銷活動和行銷效果的持續性。

(一) 轉換老使用者

(1) 透過微博獲取使用者。相較於微信,微博更早開始流行,許多企業也一定嘗試過微博行銷,具有一定的微博粉絲數。但相比之下,微信為企業帶來的使用者關係鏈比微博更強,因此,許多企業對微信行銷也十分重視。微信企業資深使用者「小米手機」的養成,和微博分不開關係。事實上,在小米決定開始發展微信行銷之前,其兩個官方微博帳號(@小米手機、@小米公司)已有 300 萬的粉絲了。透過在微博上告知微信號以及利用微博宣傳微信活動等方式,讓一部分微博上的老使用者成功地轉換為微信上的新使用者。

(2) 透過官方網站獲取使用者。對於具有一定使用者群的電商平台來說,透過官方網站獲取使用者是最簡單有效的方式。官方網站作為一個 B2C 的平台,很多時候交流只是單向的,官方釋出產品資訊,關注的使用者進行瞭解或購買,與使用者的聯繫並不緊密。而微信行銷正好彌補了這個缺陷,讓一批忠實使用者與企業聯繫得更緊密。

小米手機每週會有一次開放購買活動,每次活動的時候都會在官網上放微信的宣傳連結以及微信二維條碼。據瞭解,透過官網發展粉絲效果非常好,最多的時候一天可以發展 3 萬至 4 萬個粉絲。

(3) 透過實體店獲取使用者。對於有線下實體店的企業來說,已有的會員無疑會是潛在的微信使用者。將他們的實體會員卡轉換為電子會員卡,或者讓他們掏出手機,成為商家的微信粉絲,也是獲取使用者的一大途徑。

（二）發展新使用者

1. 透過策劃活動獲取使用者

策劃活動是獲取使用者的重要途徑。在這方面，北京的朝陽大悅城深受其益。在投入為零的情況下，朝陽大悅城獲得了 14 萬個粉絲，產生了上千萬的媒體價值。策劃微信行銷活動，須把握幾個關鍵的要素。

第一，明確你的活動主題。週年慶？光棍節？兒童節？父親節？或是玩遊戲？分享故事？要告訴顧客為什麼會策劃這次活動，怎樣才能引起潛在顧客的注意。在這一方面，朝陽大悅城非常善於利用熱門事件、話題或節日進行活動策劃，是值得學習的範例。例如元宵節時推出的「一猜到底」，是結合節日習俗推出的微信活動，單日最高回覆數超過 5000 人次，累積回覆數超過 1 萬次。

第二，明確你的獎勵。顧客為什麼參加你的活動？最主要、最直接的原因是你提供的獎勵。不但要設計好能打動潛在顧客的獎品，更要將這些獎品明顯、詳細地寫出來，讓你的活動更加誘人。

第三，注重活動形式的設計。朝陽大悅城的微信活動形式可謂是新穎有趣，極具吸引力。在「找你妹」遊戲 APP 席捲公車、地鐵的上班族之時，朝陽大悅城設計了一次「找你妹 Logo 版」活動，讓使用者以遊戲的方式尋找大悅城的 Logo，使用者在玩遊戲的過程中輕鬆完成行銷傳播，這種緊追潮流的速度令人讚嘆。

2. 透過廣告宣傳獲取使用者

（1）透過媒體廣告獲取使用者。無論是傳統的報紙廣告、電視廣告，還是網路媒體廣告；無論是文字形式，還是影片形式，在這些媒體廣告中嵌入二維條碼是最簡單有效宣傳微信號的方式。此外，在廣告宣傳中附帶告知微信號，也可以將廣告閱聽人轉移到微信上，讓他們瞭解更多訊息。

（2）透過產品獲取使用者。每一個企業都有自己的產品，每一款產品都可以為企業獲得大量客戶。對於傳統企業來說，通常都是靠代理商把產品銷

售出去，企業並不真正擁有迅速與客戶建立關係的能力。但因為微信，尤其是微信二維條碼的出現，企業得以利用產品或服務獲取大量的目標使用者。

2012年8月，星巴克推出特惠二維條碼，別出心裁地在星巴克咖啡杯上印製了二維條碼，只要使用者用微信「掃一掃」功能掃描，就有機會獲得星巴克全國門市優惠券，成為星巴克VIP會員。利用產品進行二維條碼微信行銷，要注重有創意的二維條碼設計，還要告訴顧客他們能獲取的利益是什麼。

（3）透過合作獲取使用者。杜蕾斯與蝦米音樂合作，互相宣傳彼此的微信公眾二維條碼，只要使用者掃描二維條碼關注它們的帳號，就可以點歌，分享到「朋友圈」之後便可以參加活動，並有機會獲得杜蕾斯提供的獎品。

杜蕾斯和蝦米音樂的公眾帳號分別有100萬的使用者，相互合作以後相當於有200萬使用者可以參與活動，迅速擴大了活動人數。這是一種利用各自資源擴大客戶資料庫的方法，值得借鑑。

3.透過社群關係獲取使用者

微信在本質上是一個社群軟體，利用使用者與微信好友之間的強關係，分享產品或服務訊息，往往能造成推薦的作用，進行口碑行銷。這種方式通常結合微信活動，以一些禮品作為獎勵，讓使用者將廣告資訊分享至「朋友圈」或發送給好友，這樣，使用者實際上就為商家進行了傳播行銷，範圍從一個好友圈擴散至多個好友圈，產生「滾雪球」的效果。

二、維護微信使用者

在使用微信方面，消費者掌握了很大的主動權，他們既可以主動關注公眾號，亦可取消對公眾號的關注。許多微信公眾號都在追求龐大的粉絲量，但微信「一對一」的交流特徵使得龐大的粉絲互動成為一件非常困難的事情。消費者需求與生活習慣複雜多樣，當微信行銷無法滿足其需求，或者不恰當地對其生活形成干擾時，使用者便會取消關注，導致使用者流失。

（一）掌握推播內容

受制於手機螢幕大小，多數人並不願意在微信上閱讀長篇大論。因此，微信的推播內容是微信行銷的重中之重。

1. 標題的設置：讓使用者在標題中找到感興趣的內容

加強標題吸引力的最主要方式，便是在標題中直接向使用者強調利益和價值。看了我這篇文章，使用者能夠得到什麼利益？能夠獲取什麼價值？這種利益可以是滿足消費者物質上或心理上需求的，也可以是價格實惠、省時、安全、方便等各方面的好處，例如「限時特價」、「全場7折」等。

另外，還可以根據時事焦點或使用者群關注的熱點，與自身產品或服務相結合，吸引使用者的注意。

2. 正文的寫作：內容為王

微信行銷，內容為王。向客戶提供最優質的內容，才是獲取使用者的根本。在正文寫作中應注意以下幾點。

（1）要有打動使用者的核心、重點，強調使用者的需求。在使用者閱讀完之後，文章要引發他們的思考或者為他們提供想要的價值，才能使使用者產生購買慾。

（2）用事實說話，保證真實性，同時力求專業性，增加可信度。要用足夠的事實作為論點說服讀者，並且最好有相關的專業見解，這樣文章才更具說服力。

（3）要注意微信行銷內容形式的呈現。通篇都是密密麻麻的文字，再好的文章也會被捨棄。對話形式的內容，或圖文並茂的行銷活動，才能提供更好的使用者體驗。

（二）把握推播時間和頻率

碎片化閱讀是當今手機閱讀的一個趨勢，使用者在上洗手間、等公車或排隊等零碎時間會拿起手機消磨時間。為了適應這種閱讀習慣，公眾號在向消費者推播內容時，應把握適當的推播量。同時，手機使用者每日上網的密

集時間段又有一定的規律，因此，要重視每次發送訊息的時間，如果能夠把握住精準的時間，內容閱讀量將大大提升。週末是低谷期，重要文章不要選週末發。而從當天的發布週期來看，上午9點到10點、中午1點、下午5點、晚上9點和11點是使用者上網的密集期。這其中，又以晚上9點和11點的瀏覽量最大。

（三）把握溝通方式

（1）即時回覆。當使用者主動諮詢的時候，回覆越即時，使用者就越有好感。現在，越來越多的微信商家都提供了「回覆關鍵字」等自助諮詢服務，既提高了服務效率，又加強了使用者好感。

（2）加強互動性。千萬不要因為覺得回覆使用者的留言很麻煩，就不去做這件事情，或者弄個聊天機器人在那裡應付了事。如果平時捨得花大筆鈔票去買廣告、聘請昂貴的公關公司，那就更應該花些錢在使用者互動上。因為到了互動階段，只需要再花一點點力氣就能讓使用者轉化成客戶。

（四）線上線下同步行銷

微信「掃描二維條碼」、「朋友圈」、「查找附近的人」等功能都為商家提供了線上線下同步行銷的工具。在實體店「掃描二維條碼」，關注商家的微信公眾號，便可在線下購買中獲取優惠；在「朋友圈」上傳轉發商家資訊，亦可在線下購買中獲得優惠；同時，商家可利用「查找附近的人」功能，向周邊人群發促銷資訊，促使周邊的潛在消費者進店購買。

線上線下同步行銷如今應用廣泛，也成為商家為自己的微信公眾號累積粉絲的手段之一。小米手機在發展微信公眾號粉絲時，便採用了定期舉行有獎活動來激勵使用者。例如關注小米微信可以參加抽獎，有機會抽中小米手機、小米盒子，或者可以不用排隊優先買到比較熱門的機型。

▌第四節 微信行銷面臨的難題與發展方向

微信行銷面臨著諸多難題，同時也有著提供價值而非吸引目光、弱化行銷而強化溝通等發展方向的選擇。

一、微信行銷的潛力

據騰訊發表的最新業績報告，截至 2015 年第一季度末，微信每月活躍使用者已達到 5.49 億，使用者涵蓋 200 多個國家，超過 20 種語言。此外，各品牌的微信公眾帳號總數已經超過 800 萬個，行動應用程式對接數量超過 85000 個，微信支付使用者則達到了 4 億左右。25% 的微信使用者每天打開微信超過 30 次，55.2% 的微信使用者每天打開微信超過 10 次。

同時，微信使用者中，男性占了近三分之二，達 64.3%；年齡方面，微信使用者平均年齡只有 26 歲，97.7% 的使用者在 50 歲以下，86.2% 的使用者在 18 至 36 歲。在職業分布方面，企業職員、自由工作者、學生、事業單位員工這四類使用者占了 80%。此外，80% 的中國高淨值資產人士在使用微信。

近兩年在微信使用者構成方面最大的變化，大概就是職業方面的變化了。2012 年，大學生使用者占 64.51%，到了 2015 年第一季度末，學生所占比例大幅下滑，減少到 19.7%，而企業職員成為占比最高的人群，達 31.9%，自由工作者占 28.3%，事業單位員工占 10.6%，說明有越來越多在職人員使用微信。

整體來說，微信使用者具有年輕化、男性居多的特徵，職業分布上較前兩年更接近於社會總體，而且資產水準和消費能力偏高。

在微信直接帶動的消費支出中，娛樂占了 53.6%，公眾平台占了 20.0%，購物占了 13.2%，出遊占了 11.3%，餐飲占了 2%。據統計，微信直接帶動的生活消費規模已達到 110 億元，其中娛樂消費是最大支出，規模為 58.96 億元。（如圖 10-3）

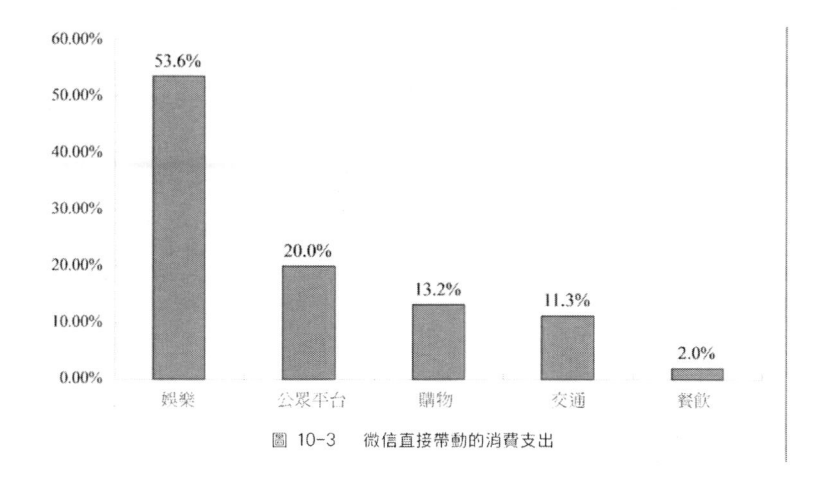

第四節 微信行銷面臨的難題與發展方向

圖 10-3 微信直接帶動的消費支出

2015年第一季度末,透過微信已實現大部分城市的當地社會公共服務,包括公共交通、生活設施繳費、醫療、市政等。微信「搖一搖」功能也被擴展,使商家可以為使用者提供優惠券等促銷活動。微信支付和錢包功能透過新年紅包等互動活動獲得了使用者的廣泛歡迎。微信公眾號發展快速,成為微信的主要服務之一,近80%的使用者關注微信公眾號,企業和媒體的公眾號是使用者主要關注的對象,比例高達73.4%。其中,29.1%的使用者關注了自媒體,25.4%的使用者關注了認證媒體,20.7%的使用者沒有關注任何公眾號,18.9%的使用者關注了企業商家,而5.9%的使用者則關注了行銷宣傳類公眾號。(如圖10-4)

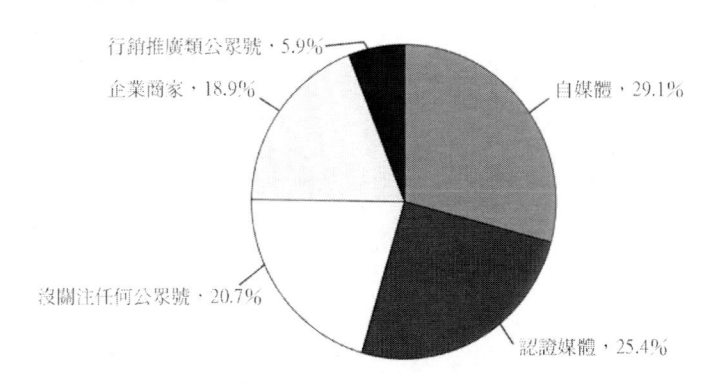

圖 10-4 微信用戶關注的公眾號類型

龐大的使用者數量、高頻率的日常使用，為微信未來的發展奠定了堅實基礎。短短四年，微信已一躍成為全球華人圈最當紅的社群軟體。而且，它已不僅僅是一個單純的即時通訊軟體或者社群軟體，更重要的是，它開始全面滲入人們的生活，為人們提供更全面的服務，包括各種繳費、各種資訊查詢、各種購物。

伴隨其社會影響力的全面提升，微信與行銷的接軌越來越頻繁，加上微信所具有的訊息到達率高、行銷精準等特點，使得微信行銷具有很大的潛力，微信成為許多商家不可忽視的行銷陣地。

二、微信行銷面臨的難題

作為微信的開發者和平台提供商，騰訊對於微信的商業化應用其實是極為謹慎的，畢竟，不恰當的行銷運用很可能會損傷其使用者基礎，導致騰訊公司得不償失。從使用者的角度看，微信首先是一個通訊和社群平台，而不是獲取行銷資訊和行銷服務的平台，使用者對微信行銷的接受程度有待檢驗。而行銷的低門檻，導致大量企業和個人註冊各種公眾號，同時也可以幾乎零成本進行「朋友圈」行銷，導致行銷水準參差不齊。

（一）公眾號龐雜，難以獲取微信使用者

如今，微信公眾號的總數已超過 800 萬個。2014 年，公眾號的每日平均成長數由 2013 年的 8000 個上升至 1.5 萬個。如此龐雜的公眾帳號，想要在其中脫穎而出獲取粉絲，具有一定難度。並不是每個公眾帳號都有「小米」原先的知名度，也並非每個帳號都能支付大量的活動經費進行微信行銷。因此，在公眾號龐雜的情況下，如何獲取微信使用者，是許多帳號面臨的問題。

（二）微信使用者龐大，難以維繫商家與使用者的關係

建構微信公眾平台，可以為企業節省一定的成本。據瞭解，招商銀行的公眾帳號一年為招行節省了 22 億則簡訊，假若按照 1 分／則簡訊來計算，便節省了 2200 萬元的簡訊費用。由此看來，公眾帳號的粉絲成長，可在一定程度上降低企業成本。

然而，在使用者數量可觀之後，與那麼多的使用者保持互動就變得十分困難了。以杜蕾斯微信帳號為例，杜蕾斯擁有十幾萬個微信粉絲，每天收到使用者發過來的各種訊息（包括語音）有一萬多則。目前使用較多的方法是關鍵字自動回覆，根據使用者發送的「關鍵字」自動向粉絲推播相關內容。然而，使用者留言千奇百怪，許多可能並不在自動回覆的範圍內。大量機械式的回覆可能降低使用者體驗，甚至導致使用者取消對公眾號的關注。

為解決這個問題，杜蕾斯不得不專門成立 8 人陪聊組，與使用者進行真實的對話。當這些投入的人力成本和時間成本不斷提高時，微信行銷的運作也面臨著更大的壓力和挑戰。

（三）微信與電商如何更好地合作

2014 年 5 月，微信公眾平台推出「微信小店」，透過公眾帳號可獲得輕鬆開店、管理貨架、維護客戶的簡便模板。即使沒有技術開發能力的商家，也能很容易地進入微信公眾平台實現電商模式。此舉意味著微信公眾平台真正實現了技術「零門檻」的電商接入模式，是微信進入電商領域的一個轉折性產品。

目前，「微信小店」功能仍不完善，購物生態亦不成熟。阿里巴巴和京東花費很長時間打造了相對完善的商家管理系統、產品管理系統、供應鏈管理系統、支付系統、信用評價系統、流量分配統、資料管理系統、行銷系統等，支撐了平台上的購物生態，其中大部分同樣是微信電商所必須具備的。要想將微信電商做成熟，僅僅靠現有的社群系統是遠遠不夠的。

同時，使用者現在的購物習慣亦成為微信電商發展的阻力。例如，在淘寶搜尋中，輸入商品關鍵字，會呈現各個店鋪關於該商品的訊息，方便消費者挑選。然而在「微信小店」中，消費者需要搜尋並關注店鋪，才能看到該店鋪的商品訊息，想要比貨挑選，則要關注許多店鋪的帳號，顯得很不方便。

微信的基礎是社群通訊軟體，商業化的程度需要控制。倘若控制得好，電商或許可以增加微信平台的黏著度，否則會為微信的使用者體驗和品牌偏

好造成損害。面對種種技術性、生態性的阻力，微信電商能不能發展、如何發展，仍需更多的實踐和思考。

（四）微信的「強關係」難以利用

微信中的社群關係往往是「強關係」，這也是許多商家看好微信行銷的重要原因之一。「強關係」意味著朋友般的信任，意味著使用者對商品服務的推薦、良好態度，會較大地影響到他的微信關係網，帶動他的朋友接受某商品或服務。

因此，這兩年出現了不少「朋友圈」行銷的案例。典型的做法是，使用者分享商家資訊到「朋友圈」，或是在「朋友圈」累積夠「讚」的數量，便可獲取優惠。這種做法取得了一定效果，但其明顯的行銷訴求容易招致使用者反感，而且也不容易真正發揮微信「強關係」的作用。因此，「朋友圈積讚」可被用作短期的行銷手段，卻未必是長久之計。

三、微信行銷的發展方向

作為一個發展中的事物，微信的行銷方式還在不斷演變當中。微信透過內建支援 HTML5 的瀏覽器框架，增加了一種重要的優化使用者體驗、加強酷炫感官享受的技術方式。2015 年，微信加大了「朋友圈」訊息流廣告的發布力度。不論方法、手段如何演變，未來的微信行銷應立足使用者需求，提供價值，強化溝通。

（一）提供價值，而非吸引目光

面對五花八門的微信行銷，《南方人物週刊》曾提出一個頗有建樹的建議：「提供價值，而非吸引目光。」

清華大學客座教授穆兆曦曾提到，「微信的行銷完全是『許可式』的」。在微信行銷中，使用者掌握著充分的主動權。因為對某個公眾帳號有興趣，使用者可以主動加以關注。倘若使用者認為該帳號推播的訊息不再有吸引力，便可取消關注，不再接收資訊。因此，為使用者提供價值在維繫粉絲時顯得十分重要。

以國際快遞 DHL 為例，其在對使用者的考察中發現，「訂單追蹤」功能是使用者最常用的功能。在 2014 年留學快遞寄送的高峰期，而大學生又是微信的主力使用者群之一時，DHL 在微信上推出了隨時查看快遞狀態的服務，成為其區別競爭對手的「特色」之一。

向使用者提供價值，這個價值因人而異，可能是優惠折扣、訊息獲取、貼身服務或是其他的種種，這便需要在實戰經驗中不斷地進行資料蒐集和資料分析，掌握使用者需求，瞭解使用者透過微信最想得到的是什麼。

中國南方航空在 2013 年 1 月發表微信公眾平台，不斷地蒐集使用者回饋意見，分別在 2013 年 4 月和 6 月做了兩次大的版本更新，才得以發展到 50 萬粉絲（截至 2014 年 4 月）。

支付寶曾利用 HTML5 技術開發了使用者年度帳單頁面，頁面將使用者的消費情況資料透過幽默風趣的視覺化圖形或動畫展示出來，在滿足其感官享受的同時為使用者提供有價值的訊息，獲得了廣大使用者的認可。

（二）弱化行銷，強化溝通

微信是一個較為私密的社群平台，2013 年 6 月，微信產品總監表示，微信不是行銷工具。2013 年 8 月推出的微信 5.0 版本，對於公眾帳號推播訊息的數量做了限制，之前也封鎖了大量在微信上做惡意行銷的公眾帳號，旨在淨化微信的社群環境。

因此，溝通比行銷更加符合微信的氣質，或者說，溝通便是在潛移默化地做著行銷。現有的微信陪聊、微信客服都在企圖做好與粉絲的溝通。

同時，企業亦可在產品的基礎上，和粉絲做更深層的溝通。馬雲曾經開通了自己的微信公眾帳號（現已註銷），分享自己的人生心得和創業感悟，雖然和淘寶的硬廣告關係不大，但也在潛移默化中提升了閱聽人對於淘寶的好感度。

【知識回顧】

　　微信龐大的使用者群、訊息到達率高、精準行銷等特徵，讓微信行銷受到許多人青睞，基於微信現有的功能，利用「LBS定位」、「二維條碼」、「朋友圈」、「公眾平台」、「群眾募資」、「漂流瓶」發展出許多行銷方式。在「公眾平台」行銷中，企業的公眾帳號或是偏向於向使用者推播促銷、商品訊息，或是將帳號做成企業的又一客戶服務平台，提供相關服務。亦有非企業的公眾帳號在使用者累積到一定程度後，發送廣告以獲取盈利。

　　在進行微信行銷的過程中，要注意掌握一定的方法與技巧。確定目標使用者並不斷累積使用者，是微信行銷得以開展的重要基礎。在累積使用者的同時，也要在各個方面提升使用者體驗，維護使用者，這樣才能提高使用者的忠誠度。

　　同時，微信帳號如何獲取使用者、如何服務大量使用者、如何做微信電商等問題，也是微信行銷中會遇到的問題。無論如何，用微信向使用者行銷，必須得到使用者許可，因此，要不斷向使用者提供有價值的東西，讓使用者能感受到關注該公眾帳號的實際用處，並不斷蒐集分析使用者資料，瞭解並滿足不同使用者的需求。

　　另外，基於微信的社群特點，微信行銷也須細水長流，與使用者進行溝通，而非急於將交流溝通轉化為購買行為，降低使用者的好感度。

【複習思考題】

1. 什麼是微信？什麼是微信行銷？

2. 微信行銷的特徵是什麼？

3. 微信行銷有哪些方式？

4. 微信行銷有哪些方法與技巧？

5. 如何理解微信電商發展面臨的難題？

6. 你認為微信行銷將來會如何發展？

第十一章 APP 行銷

【知識目標】

☆ APP 行銷的概念與分類。

☆ APP 行銷模式及常見策略。

【能力目標】

1. 瞭解及掌握 APP 行銷模式。

2. 掌握 APP 行銷的策略與方法。

【案例導入】

在現代社會，出門忘了帶什麼會讓我們覺得像是缺失了身體的一部分呢？相信對很多人來說，答案是手機。每天早晨醒來，睜開眼第一件事就是打開手機點開微博 APP 或者微信「朋友圈」，看看自己是否錯過了身邊人的精彩；等車的空檔，你可能會拿出手機點開各類遊戲的 APP 玩上幾局消磨時間；肚子餓了想點外送，手機上那幾個生活必備的外送 APP 可能會是你點餐的首選方式……。

手機已經成為我們生活中不可或缺的部分，這種不可或缺並非全然因為手機的通話功能，在很多時候是因為手機上的各種 APP。APP 在為我們的生活帶來各種便利與樂趣的同時，也為企業的新媒體行銷提供了一種更直接有效的方式。

據尼爾森在 2013 年發表的資料，美國 iOS、Android 的成年人使用者每月平均使用的 APP 數量為 26.8 個，而在兩年前，這一數據大約是 23 個；對 APP 的每月平均使用時間則顯著增加，從 2011 年的 18.3 小時，增加到了 30.25 小時。另據 IDC 預測，到 2015 年，APP 下載量會上升到 1827 億次。可見，我們的生活已經與 APP 緊密結合。APP 使用量的成長，顯示 APP 行銷潛力無限。

第一節 APP 行銷概述

伴隨著智慧型手機、平板電腦等行動智慧裝置的快速發展與普及，APP 應運而生，它安靜地躺在「離你身體最近的一塊螢幕裡」，出現在你需要的任何時刻，精準地滿足你「潛藏於心」的各種需求。APP 不僅悄然改變了人們的許多生活習慣與訊息獲得方式，而且人們對 APP 的這種心理依賴與使用習慣，也為之帶來了巨大的行銷價值。

一、APP 與 APP 行銷

APP 就是英文「Application」的縮寫，中文直譯為「應用程式」。一般所說的 APP，實際上指的是「Application Program」，而且是特指在網路平台或行動智慧裝置上運行的第三方應用程式。隨著 iPhone 等智慧型手機流行，APP 逐漸為大眾熟知、使用。各種類型的 APP 藉助其自身入口獲取流量，集聚使用者，服務使用者。

（一）APP 的發展與分類

最先提出 APP 概念的是美國蘋果公司。在行動智慧裝置還不普及時，蘋果公司率先推出應用商店 APP Store，裡面的應用程式都是蘋果公司和第三方開發者專為 iPhone、iPod Touch、iPad 以及 Mac 量身打造的，有的 APP 免費，有的則需要收費。正是這些設計精巧、功能強大、種類齊全的 APP，無限延展了電腦和手機的功能，並使得 iPhone 成為一款真正意義上的智慧型手機。

2008 年 7 月 11 日，蘋果 APP Store 正式上線。7 月 14 日，App Store 中可供下載的應用程式已達 800 個，下載量達到 1000 萬次。2009 年 1 月 16 日，這些數字刷新為超過 1.5 萬個應用程式，超過 5 億次下載。到了 2010 年，蘋果公司又發表了具有劃時代意義的 iPad 平板電腦，使得行動 APP 市場開始了對行動智慧裝置的新探索。2011 年 1 月 6 日，App Store 擴展至 Mac 平台。2013 年 1 月，蘋果公司宣布其官方應用商店 APP Store 的 APP 下載量突破了 400 億次，總活躍帳戶數達到 5 億。

第一節 APP 行銷概述

在蘋果公司的帶動下，手機、Pad 內建 APP 成為智慧裝置的標配，APP 的開發和應用得到迅速發展。Google 公司牽線合作的營運開發商組織開發出針對 Android 系統的 APP，微軟、Symbian 的營運商也相繼開發了針對其手機操作系統的 APP。隨著智慧型手機以及其他行動智慧裝置的普及與發展，APP 這個概念被推廣開來，更多的消費者開始接觸到 APP。

2014 年，蘋果 iPhone 5S 推出「You're more powerful than you think.」（你的能量超乎你想像）系列廣告，就是以各種手機應用程式為主題，分別展示了手機 APP 在運動、健康、音樂、親子、戶外、科學、智慧家居以及更多突破性領域的強大功能，充分展現了手機在 APP 助力之下的迷人魅力和無限可能。

APP 的類型劃分方式有多種，按照載體的不同，APP 可以分為網頁 APP 和行動 APP 兩大類。

網頁 APP 是指需要在 PC 的瀏覽器上加載運行的軟體，依託瀏覽器程式語言和網頁瀏覽器進行運作。網頁 APP 不需要專門下載，只需要在網頁上點選線上加載，就能夠在原網頁上獲得更多功能。例如 2008 年在中國校內網興起的《開心農場》，使用者只須打開瀏覽器，從網頁中對這一軟體進行加載，就能夠進入遊戲。

行動 APP 就是在智慧型手機、平板電腦及其他行動智慧裝置上運行的各種應用程式。隨著各種行動裝置的普及，行動 APP 成為人們非常熟悉的運用之一。行動化和社群化是未來 APP 發展的主流趨勢。相較於網頁 APP，行動 APP 的運用要廣泛得多。微博、微信、QQ、淘寶的行動客戶端都屬於行動 APP。由於本書在其他章節有專文講述微博、微信的行銷，本章對此就不再贅述。

（二）APP 行銷的概念與特點

APP 行銷即應用程式行銷，指透過網頁或智慧型手機、平板電腦等行動裝置上的應用程式來開展的行銷活動。在 APP 行銷中，應用程式 APP 是行銷的載體和通路，這點是 APP 行銷與其他行銷最根本的區別。拿《極品飛

車》這款遊戲來說，如果汽車企業提供的車型只能在遊戲的電腦客戶端上使用，在手機下載的遊戲 APP 客戶端中沒有，那麼對這家車商來說，這就不算是 APP 行銷，而是遊戲行銷。脫離了 APP 這一載體，就不能被納入 APP 行銷的範圍。

根據 CNNIC 最新的統計報告，在利用網路開展過行銷活動的受訪企業中，使用率最高的網路行銷方式是利用即時聊天工具進行行銷宣傳，達 62.7%。搜尋引擎行銷宣傳、電子商務平台宣傳位居第二和第三，使用率達 53.7% 和 45.5%，微博行銷宣傳、團購類網站行銷宣傳、網路影片播放過程中的貼片廣告的使用率分別為 26.9%、19% 和 16.4%（請參考第一章的圖 1-2）。如果我們換一個分類方式，那麼，利用即時聊天軟體所做的行銷宣傳就全部都屬於 APP 行銷，而電子商務平台宣傳、微博行銷、團購類網站行銷、網路影片插入廣告中也有很大一部分屬於 APP 行銷，只要它們採取的是 APP 入口，而非普通的瀏覽器入口。由此可見，APP 行銷事實上涵蓋的範圍很廣，其使用率也很高。

APP 行銷具有以下特點。

1. 精準度高

APP 行銷與其他行銷途徑不同，APP 通常是使用者根據自己的需求進行搜尋並且主動下載的，這意味著，使用者在下載 APP 時往往就已經對這一 APP 或 APP 代表的企業有了一定瞭解或需求，而且使用者對 APP 的日常使用往往也與即時的需求與消費直接相關，只有當他們準備消費或有所行動時，才會點開相應的 APP，比如外送訂餐、叫車、團購，或者為小孩講故事、玩遊戲、跑步健身，等等。因此，APP 行銷是種雙向選擇的行銷，是行銷企業和消費者雙方都同時選擇了特定的 APP。所以，在 APP 中傳遞的行銷訊息，其針對性非常強。

2. 訊息全面

透過傳統媒體進行行銷宣傳，企業所傳達的訊息量大大地受限於媒體版面和時段，不可能對產品進行全面、具體的介紹與示範。而 APP 則可以透過

定期的推播,將企業產品與服務的相關訊息詳細、全面地展示在消費者面前,還可以透過各種個別化的、趣味性的、互動的方式增加消費者的產品體驗,蒐集其回饋意見。

3. 趣味性強

APP 的種類、形式是多樣化的,APP 行銷不僅可以透過文字、圖片、聲音等方式來傳遞資訊,還可以透過遊戲等方式,與消費者進行互動,在互動中傳遞資訊,加強消費者對品牌的好感,增加用黏著度。例如,2012 年,法國航空公司推出一款全新的音樂應用程式——Music In the Sky,使用者安裝後用手機對著天空,搜尋空中隨機散布的歌曲,捕捉到後就可以直接試聽。法國航空公司在此之前就推出過航班上的音樂服務,可以讓乘客在搭乘航班的時候享受高品質的音樂服務,而 Music In the Sky 應用程式的推出,則讓地面上的聽眾也能收聽到法國航空公司提供的音樂,它將使用者的手機變成了一個個音樂雷達,去發現散布在天空中的音樂。這款應用程式中還內建了一些互動小遊戲,使用者可以贏取優惠機票。

儘管這次 APP 行銷的主要目的是為了透過 APP 裡面的互動小遊戲,推廣法國航空公司的優惠機票,但是,這種將旅行、天空以及音樂等感性元素結合起來的方式,無疑比赤裸裸的行銷方式要好得多,讓人留下的印象也深刻得多。

4. 互動性強

由於 APP 的開發門檻並不高,APP 行銷的成本也比較低,市場上存在的各種 APP 已經浩如煙海,而且還有新的 APP 不斷被開發出來。如何在多如牛毛的 APP 裡脫穎而出,成為消費者的生活助手,成為企業的行銷利器?互動是關鍵。像「簽到」、轉寄有獎以及各種互動小遊戲,都已經成為很常見的 APP 行銷互動方式,此外,還不斷有一些創造性的、個別化的互動方式出現,不斷刷新消費者的體驗。

5. 效果可控

由於 APP 一般為企業自主開發或委託第三方開發,更便於監控行銷效果,對行銷的管理和控制也更為靈活。企業可以透過 APP 行銷,即時蒐集消費者的需求資料,根據消費者需求進行改良,培養消費者的購買偏好。

隨著智慧裝置普及、行動網路的快速發展,行動 APP 的使用越來越廣泛。越來越多企業也更加重視 APP 行銷,特別是行動 APP 行銷。由於使用量和普及率的不同,行動 APP 為企業帶來的關注度遠比網頁 APP 要大。2012 年 ComScore 的一項調查顯示,有 51.1% 的行動裝置使用者經常使用行動 APP 而不是網頁 APP。PC 電腦在移動上的不便,限制了網頁 APP 的發展,而智慧型手機、平板電腦以及 Google 眼鏡、蘋果手錶 iWatch、小米手環等智慧可穿戴裝置的不斷發展,為行動 APP 行銷開闢出廣闊空間。行動 APP 行銷將成為 APP 行銷中的主流,這也是本章討論的重點。

二、APP 行銷的興起與發展

早在 2008 年,蘋果的 AppStore 就已經正式上線,但 APP 行銷真正形成風潮,引起行銷界的廣泛重視,則還是最近幾年的事。行動裝置的快速發展、行動網路技術的發展和上網資費的下降,都是 APP 行銷興起與發展的重要條件。

(一) APP 行銷的興起條件

1. 行動智慧裝置的爆發式成長

在蘋果公司推出 iPhone 以後,行動裝置逐漸走向智慧化。根據全球著名研究諮詢公司 Gartner 的預測,2014 年全球 IT 終端設備的出貨量將達到 25 億台,比 2013 年成長 7.6%。其中,手機將成為出貨量的主要貢獻者,達到 19 億支,較 2013 年成長 5%。從 2014 年開始,包括平板電腦、混合設備和翻蓋式設備在內的 Ultra mobile 將成為設備市場成長的主要驅動力。

行動裝置的廣泛使用及其硬體水準的不斷提升,為 APP 的發展提供了契機,也為 APP 行銷的多樣化、精細化發展提供了有力的硬體支援。

2. 行動網路技術的發展

行動裝置為 APP 行銷提供了必要的硬體條件，而行動網路則為之提供了同樣重要的網路運行條件。隨著行動通訊科技的升級換代，網路速度與過去相比得到了大幅度提升。第四代行動通訊技術（簡稱 4G），其網路速度可達 3G 網路速度的十幾倍到幾十倍。2014 年，中國 4G 商用進程全面啟動，根據工信部發表的《通信業經濟運行情況》，截至 2014 年 12 月，中國 4G 使用者總數達 9728.4 萬戶，在網友成長趨緩的背景之下，4G 網路的推廣帶動更多人上網；營運商繼續大力宣傳「固網寬頻＋行動通訊」模式的產品，透過網路 OTT 業務和傳統電信業務的組合優惠，吸引使用者接入固定網路和行動網路。

網速和流量資費是消費者在使用 APP 時考慮的重要因素。4G 的普及和更多的套餐優惠方案，將有效打消消費者的顧慮，讓 APP 的使用真正成為無負擔、得實惠的選擇，為 APP 行銷的進一步發展奠定基礎。

3. 對使用者碎片化時間的利用

在資訊爆炸的時代，消費者的時間和注意力早已呈碎片化。手機已經不再是單純的通訊聯絡工具。全面涵蓋的網路和便利的裝置，友好的介面和豐富有趣的內容與功能，使得消費者可以自由地使用行動智慧裝置上的 APP 來填補碎片化時間的空白。

CNNIC 的《第 34 次中國網路路發展狀況統計報告》顯示，截至 2014 年 6 月，中國網友上網裝置中，手機使用率達到了 83.4%，首次超過了 PC 整體使用率 80.9%。這表示，手機在中國逐漸成為第一大上網裝置。2015 年 2 月，CNNIC 發表的《第 35 次中國網路路發展狀況統計報告》再次印證了這一趨勢，中國網友的手機使用率進一步上升至 85.8%，手機網友規模達到 5.57 億。

與 PC 上網相比，手機等行動裝置的便攜性，使得隨時隨地上網和使用成為可能。企業開發出越來越多適合在手機等行動裝置上使用的 APP，在大幅豐富行動裝置功能的同時，成功地利用消費者碎片化的時間和注意力，開

展企業的行銷活動,增進消費者與企業的互動。因此,從這個意義上來說,時間的碎片化分散了消費者注意力,卻增加了 APP 使用的頻率,進而推動了 APP 行銷的發展。

(二) APP 行銷的發展現況

最初,APP 行銷的形式比較簡單,與普通的網頁廣告差不多,都是在 APP 打開後,在應用介面的不同位置進行廣告推播。這與行動網路的發展類似,本質的概念沒有變,只是用更新的技術進行包裝,使其更接近消費者。

iPhone 的問世大幅地推動了 APP,尤其是行動 APP 的發展與普及,進而帶來企業 APP 行銷爆發式成長。2010 年,中國的 APP 行銷也迎來了遍地開花的景象。最先試水的是各大電商,他們在網頁平台的基礎上開發出手機 APP,為的是在短時間內占領智慧行動平台。這些電商把手機 APP 開闢為另一個售賣平台,並同時在 APP 上蒐集客戶訊息與推播商品訊息,屬於網站移植式 APP 行銷,其中的代表性個案就是手機淘寶。

在此之後,以微信為代表的社群軟體開始逐漸強化其行銷功能,成為 APP 行銷中又一大引人注目的發展趨勢。在市場進入初期,許多社群 APP 都是不講求獲利,專注於做好社群功能,為的是擴大使用者數量,打造龐大的使用者基礎平台。等到有了一定規模的使用者群以後,社群 APP 才開始慢慢釋放其行銷潛力,謹慎地嘗試更多樣化的行銷手法。

隨著 APP 行銷概念不斷推進,APP 行銷的形式發生了許多變化。許多企業不再藉助第三方的 APP 進行行銷,而是自己開發 APP,將訊息直接送達消費者。星巴克、可口可樂、IKEA 等知名品牌都先後開發出自己的 APP 進行行銷。大多數行銷 APP 的常見內容包括:產品資訊與推薦、每季新品訊息、門市或者通路訊息以及優惠措施與優惠券,部分服務類企業的 APP 可能還具有網路預訂功能,並附帶一些可以結合品牌與產品特性的輔助工具,產品資訊通常也會定期或者不定期更新。

APP 行銷的內容雖然看起來比較老套,但其行銷形式卻十分新穎,往往都使用了時下最新潮的一些技術方式,能給予消費者一種全新的體驗,讓其

在愉快、新鮮感十足的主動使用中，不自覺地接受企業的行銷。

2014 年 4 月，蘋果宣布使用者透過 AppStore 進行下載的次數已經超過了 700 億次，這個數字還不包括重複下載的次數，APP 的強勁發展趨勢由此可見一斑。如此龐大的市場，等待的是企業 APP 行銷的大力開拓與創新。

第二節 APP 行銷模式

網路時代，越來越多企業意識到 APP 行銷的重要性。APP 行銷成本低、精準度高，可以作為企業整合行銷傳播策略中的方式之一，幫助企業建立客戶資料庫，累積高頻率使用者，那麼，APP 行銷一般有哪幾種行銷模式呢？

圖 11-2　星巴克手機APP鬧鐘

一、廣告置入模式

廣告置入模式也叫 APP 內置廣告，企業以置入的形式，藉助第三方 APP 進行行銷。通常是企業將自身品牌、廣告或其他行銷訊息置入第三方 APP 中，當使用者點選廣告欄位便自動連接到企業網站。這種模式是一種最基本、最常見的 APP 行銷模式。

根據著名市場研究與諮詢機構 Strategy Analytics 發表的報告，在木前智慧型手機普及率已相當高的美國和西歐市場，廣告商在應用內置廣告上的費用已超出行動網站上展示型廣告費用。企業藉助第三方平台置入自己的品牌，最常見的形式是動態廣告欄，APP 使用者透過點選進入網站連結，最後在企業網站上獲取相關訊息，參與活動，註冊電子信箱或者訂閱 RSS，一步步將 APP 使用者從廣告的「過客」轉化為消費者甚至是忠實顧客，在轉化使用者的過程中，廣告主還可以透過 APP 後台即時監測、蒐集資料，掌握轉換率。

這種行銷模式的優勢是，在吸引更多的人註冊、為企業帶來更多實際收益的同時，簡單方便地擴大了品牌與企業的知名度。以大眾點評網為例，商家不僅可以利用大眾點評網宣傳產品和品牌，展開打折等優惠活動，還能夠藉助大眾點評網的「點評」功能獲得口碑，促進銷售。

除了動態廣告欄，APP內置廣告的具體形式還有頁內輪播廣告、封底廣告、封面廣告、loading（下載）廣告等。

APP內置廣告的計費方式通常為CPC（Cost Per Click），即按點閱量付費，也有部分APP採用CPA（Cost Per Action），即按行動付費。不管採取哪種方式，吸引足夠多的使用者關注和參與是行銷成功的關鍵。因此，企業選擇熱門的、與自身產品和顧客高度關聯的APP行銷平台，是非常重要的。只要找到了適合自身的第三方APP，那麼，這種行銷模式對企業來說就會成本較低、操作簡單、閱聽人涵蓋面廣，是一個很不錯的選擇。

二、企業自有APP模式

除了藉助第三方APP平台進行廣告置入外，企業開發出自己的APP，透過自己專屬的APP進行行銷也是一種很有效的方式。而且，這種方式不須拘泥於第三方APP的特定內容、形式和要求，完全可以根據企業自身需求做出富有個性的APP，因此，這種方式對企業來說可能是非常有吸引力的一種方式，可以為企業的APP行銷帶來無限的創意空間。

網路時代的飛速發展，讓擁有一款APP不再是一件困難的事情。不需要複雜的程式技術，許多網站提供平台，免費讓任何人都可以立即做出可互動、可管理、可以在Android或iOS系統上運行的APP。企業把適合自己定位的APP發布至APP商店供使用者下載，使用者可以全方位瞭解產品和企業的訊息，強化對品牌的認知、認同甚至是歸屬感。

1. 企業自有APP的類型

企業自有APP可以是單一功能型APP，最常見的形式就是企業研發出來的一些互動小遊戲，例如飛利浦SHQ5200運動耳機的《夜跑俠》小遊戲；也可以是包含多種功能的APP，除了宣傳品牌之外還有其他功能，例如星巴

克鬧鐘 APP。在內容上，APP 可以以企業產品為核心，也可以以品牌為核心，或兩者兼顧。但不論研發哪種類型的 APP，自有 APP 的核心都是以使用者需求為主，須符合使用者的喜好、興趣與習慣。

互動小遊戲功能雖簡單，但如果與廣告及其他行銷方式配合得當，便可充分發揮遊戲的情境代入及娛樂性優勢，將品牌理念演繹得更充分，讓消費者對品牌的體驗更完整、逼真。美國 Chipotle Mexican Grill（奇波雷墨西哥燒烤）在其廣告行銷策略上一直強調自然健康的飲食理念，貫徹這一理念的稻草人系列廣告片之 Back To The Start，一經推出便奪得 2012 年第 59 屆坎城國際創意節影視類金獅獎及全場大獎。

除了廣告片，Chipotle Mexican Grill 還推出了配套的免費遊戲 Chipotle Scarecrow，講述的是小稻草人因為無法接受工業生產線食品的不健康理念，離開自己所任職的食品加工廠後，利用自己庭院中的健康蔬菜為人們烹調純天然食物的故事。在遊戲中，玩家將遊歷 4 個不同的世界，首先要逃離食品工廠，然後要拯救被圈養的可憐動物，最後經營自己的綠色農場，製作出健康食品，讓大家享受真正的美食。（如圖 11-1）

圖 11-1　Chipotle Scarecrow 遊戲截圖

除了簡單的互動遊戲，企業還可以根據自己的使用者特性和需求，開發出有各種實用功能的 APP。比如星巴克針對許多年輕人喜歡賴床的問題，就

推出了一款別出心裁的鬧鐘形態 APP——Early Bird（早起鳥），使用者在設定的起床時間鬧鐘響起後，只須按提示點選起床按鈕，就可得到一顆星，如果能在一小時內走進任何一家星巴克門市，就可在正價購買任意手工調製飲料的同時，享受半價購買本週精選早餐的優惠。這款 APP 的設計巧妙之處在於，它不僅為使用者提供了鬧鐘服務、消費打折的實用功能，而且更高明的是，它「讓消費者從睜開眼睛的那刻便與這個品牌聯繫在一起」。（如圖 11-2）

2. 企業自有 APP 行銷的優勢

首先，根據 APP 功能的不同，企業自有 APP 行銷可以實現不同的行銷需求。有一些 APP 能幫助開發它們的企業提升效率、降低成本以及蒐集訊息，改善消費者的產品和服務體驗，例如美團外送 APP、肯德基 APP 等行銷類 APP。還有一些 APP 則是多樣化的功能拓展，能夠幫助消費者更好地瞭解產品與服務、傳播相關知識和資訊，進而提高產品的使用者體驗。而與借力於第三方 APP 平台進行行銷相比，自有 APP 行銷的優勢在於，消費者不再被動地接受行銷資訊，變成主動瞭解資訊的參與者。透過下載使用 APP，消費者更能直觀、全面地瞭解企業與產品的訊息。

瑞典郵局曾推出一款名為 Sweden's Safest Hands（瑞典最安全的手）的 APP，讓人們可以真實體驗郵差的日常工作。活動以競賽的形式展開，安裝了這個 APP 的使用者，每天 6 點、12 點、18 點會收到伺服器發來的一個虛擬包裹，只須攜帶這個虛擬包裹第一個趕到指定地點，就能獲得包裹中標幟的真實物品。

遊戲看似難度不高，但是真正參與起來卻是競爭激烈。想要獲得獎品，就必須趕到目的地，但是手機中那個虛擬的包裹卻如豆腐一樣，不能走得太快，還得小心翼翼地緊盯著手機螢幕，一旦包裹掉落，就前功盡棄。此外，還得隨時小心包裹被其他超越者奪走。充滿驚險的模擬郵差體驗實則在不斷提醒使用者：記住了，郵政部門的工作就是如此。除此之外，企業還準備了 42 個「神祕包裹」作為獎品獎勵使用者。

第二節 APP 行銷模式

這款 APP 集趣味、競爭、好奇和利益四個元素於一身,讓使用者在體驗遊戲快樂的同時,主動積極地與品牌互動。瑞典郵政「最安全的手」的形象也深刻地刻畫在了使用者腦中。

其次,行銷的個別化和精準化可以在企業自有 APP 行銷上得到極致化的展現。如前文所述,由於是企業自己推出、自主設計的 APP,所以完全可以根據企業和產品的獨特價值與個性來設計 APP,可以完全根據目標人群的需要來設計,可以藉助自有 APP 蒐集目標人群的訊息,幫助企業建立消費者資料庫,進而深入瞭解他們的喜好、習慣與心理,有助於企業根據市場和消費者的變化制定新的市場行銷傳播策略。畢竟,「如何幫助品牌建立起這種遍布全網的動態網路,快速地感知使用者的需求、取向、去向等非常重要,是判定 APP 行銷價值是否實現的一個至關重要的因素。」

家居品牌 IKEA 曾推出一款手機 APP,讓使用者訂製自己的家。使用者可以創造並分享自己喜歡的家居布置,還可參與投票選出自己喜歡的布置,IKEA 會對優秀創作者進行獎勵。這款 APP 充分展現了個別化訂製行銷的特性,而且透過使用者參與,直接有效地獲取了使用者的需求訊息。

最後,企業自有 APP 為企業的低成本快速成長提供了一種可能。由於最終的行銷效果並非取決於企業投入創建 APP 時的成本,而在很大程度上取決於 APP 內容的策畫,因此,只要內容夠出色,企業完全可以以相對較低的成本創造出可觀的行銷傳播效果。

透過 APP 促進線下銷售固然是一方面,而透過企業自有 APP 來加強品牌與消費者的互動、建立使用者口碑、維繫客戶關係、增進使用者體驗,則是企業自有 APP 的另一大功能。對於大多數企業來說,實現互動和口碑層面的功能是一個更現實的行銷傳播目標。企業透過 APP 這個平台與消費者保持密切互動,形成更穩定持久的關係;而從顧客的角度,則可以透過 APP,根據自己的意願,自主地選擇與自己喜愛、信任的品牌建立聯繫。

日本一家著名的美髮品牌 Lúcido-L 為蘋果應用商店 App Store 開發了一款 APP(如圖 11-3),讓使用者可以很方便地瞭解自己所適合的髮型與顏色。使用者只須使用蘋果手機或 iPad 等行動裝置下載該款應用程式,打開

它並拍攝一張正面照，就可以自由選擇想搭配的髮型顏色，從中選出自己最喜歡的造型。使用者還可將照片分享到社群媒體，與朋友互動，聽取好友的回饋。另外，使用者也可用這款 APP 隨時隨地瀏覽 Lúcido-L 的新品訊息、產品推薦、檢視相關產品資訊等。由於實用性強、易操作、易分享，該款 APP 共得到了 60 多萬人次下載，社群網路上也引起了廣泛的討論。

不管是這個美髮品牌的 APP，還是 IKEA 的訂製家 APP，都是利用 APP 創造出一個良好的使用者互動平台，拉近品牌與使用者之間的距離。上述例子也說明，良好的互動讓 APP 可以發展成為企業彌補線下體驗不足的工具，進而打通會員行銷及體驗、服務體系。

圖 11-3　日本美髮品牌 Lúcido-L 的APP截圖

三、「企業自有 APP ＋離線互動」模式

APP 作為行銷工具，其價值不僅在於幫助企業獲取直接的經濟收益，還在於能成為企業加強消費者互動、提高企業服務品質的一種創新方式。加強互動的方式可以是線上互動，也可以是「線上＋離線」的互動。企業在自有 APP 的基礎上，利用 LBS、AR 技術（擴增實境技術）或 QR 二維條碼等技術，實現線上互動和離線互動的整合。這種線上離線相結合的方式能大大拓

第二節 APP 行銷模式

展 APP 行銷的設計形式與創意空間，讓消費者的體驗更具體多元，更容易產生意想不到的傳播效果。

2013 年，妮維雅兒童防曬乳延伸了「Protection」（保護）的概念，設計了一款幫助家長防止小孩走丟、守護孩子安全的 APP（如圖 11-4），讓妮維雅在防護肌膚之餘，還能守護孩子、守護家庭。

這個大膽創意發想能實現的關鍵正是手機 APP 與定位技術的結合，透過平面印刷媒體和手機的無線聯動，來隨時掌握孩子們的位置訊息。妮維雅注意到兩類目標人群（父母和孩子）的行為習慣，父母們頻繁地使用智慧型手機，而在里約熱內盧他們更有在沙灘上和家人一起看雜誌的習慣。因此，妮維雅在雜誌內頁印有手環形式的妮維雅廣告，內嵌一枚「雷達」按鈕，家長只須將這只「手環」剪下來綁在孩子們的手臂上，同時下載手機定位 APP，就可以隨時關注孩子們的動向。一旦孩子們超出了安全範圍或者距離自己過遠，APP 就會發出警報，家長可以透過定位 APP 迅速找到孩子的方位。這一創意加深了妮維雅守護家庭的品牌溫情形象和創新形象，並且第一次在巴西躍上防曬乳銷售榜冠軍。

圖 11-4　妮維雅兒童防曬霜的 Protection Ad.

從技術上看，「手機 APP ＋ AR ＋ LBS」是目前比較常見的線上離線結合的互動方式。代表性的案例有日本的 iButterfly 項目、BMW 的 Mini Getaway 城市活動、New Balance（紐巴倫）的城市接力等。

iButterfly 項目是將各色優惠券變身為一隻隻翩翩飛舞在城市各個角落的虛擬蝴蝶，透過下載 iButterfly APP，利用手機攝影鏡頭捕捉，幫助服務業和餐飲行業進行有趣的宣傳，使客戶既享受到優惠折扣，又得到良好的遊戲體驗。

BMW 的 Mini Getaway 城市活動是在斯德哥爾摩城市某處設置一台虛擬的 Mini 最新款車，參與者下載 App 後便可查看虛擬車的位置，任何人都可以去搶這台虛擬車，最後一個搶到並保留的人即可獲得一輛真實的車。

該活動良好地將 LBS 與 APP 結合，同時透過 AR 技術展示虛擬車輛，透過「搶」的方式聚集閱聽人，獲得了很好的傳播效果。

運動品牌 New Balance 為慶祝紐約的新旗艦店開幕，開發了一款城市短跑接力 APP——Urban Dash。使用者下載這款應用程式後，須找到應用程式中顯示分布在紐約不同地方的虛擬接力棒。最先到達目的地的人將會獲得一雙 New Balance 574 鞋子。虛擬接力棒可能會被其他人搶走，所以只有跑得快的人才有機會贏得勝利。

「企業自有 APP ＋離線互動」模式具有更強的精準性與互動性，而且已經在一定程度上展現了整合行銷傳播的理念。技術與創意的巧妙融合，為企業和消費者帶來了更多互動、體驗和分享的機會，帶來更多新奇的創意空間，讓 APP 行銷成為一種酷炫又實用的行銷方式。

第三節 APP 行銷的策略與方法

在行動行銷時代，APP 行銷具有其他媒體無法比擬的優勢，尤其是它不僅對使用者無強制、無干擾，而且往往還能提供某種實用功能，進而讓使用者養成使用 APP 的習慣。但是，這種貼身又「貼心」的新媒體，以目前的發

展狀況而言，仍然具有某些問題和不足，需要行銷者有針對性地予以解決和改進。

一、APP 行銷的主要問題和發展障礙

APP 行銷是眼下企業在進行新媒體行銷時經常採用的行銷類型，但目前平台發展並不成熟，創新模式少、優質 APP 較少、行銷難以持續進行，這些都是阻礙 APP 行銷發展的一道道難關。

（一）品牌 APP 的平均生存週期不長

這主要是針對企業自有 APP 而言的。大部分企業自有 APP 都承擔著短期行銷的功能，並無長期發展規畫，其中有一些甚至不是企業經過深思熟慮之後的產物，只是一味盲目推出，或簡單地模仿某款熱門 APP，東施效顰，缺乏創意，自然很難得到使用者的關注與認可。

APP 的生存週期不長，一方面是由於 APP 本身的品質不佳，另一方面可能是宣傳方面存在問題。App Store 上有著數以萬計的 APP 應用程式，如果不能脫穎而出、缺乏曝光率，無法吸引使用者的注意，就會消失在「APP 海洋」之中。

從目前來看，無論是在蘋果 APP Store 等應用商店還是其他行動廣告平台上，各類應用程式的確豐富，但許多應用程式都只被下載過幾次，或者下載後應用率也不高。大多數應用程式由於宣傳不力，進而被「打入冷宮」，成為「沉默 APP」。對於這些無人問津的 APP 來說，它們置入廣告的有效性自然較差。

（二）APP 數量很多，但高品質的 APP 比較少

對於大部分企業甚至個人來說，開發一款 APP 並不是一件難事：只要掌握一些必備的電腦語言即可。再加上 APP 行銷的優勢，使得許多企業選擇開發自己的 APP，逐漸造成了大量 APP 的現象。然而，量多並不代表質優，在眾多 APP 中，高品質的 APP 缺口非常大。造成這種現象的一個重要原因就是企業的盲目跟風。人們對於新鮮事物一時的興趣與熱愛成就了某款 APP

的人氣，不少企業便跟進模仿。放眼如今的 APP 行銷，模仿跟風者眾，而銳意創新者少。有許多 APP 雖然名字不同、形式存在差異，但其內容本質仍然是「換湯不換藥」。「憤怒鳥」走紅了，便湧現出無數個「憤怒鴨」、「憤怒馬」……APP，內容缺乏新意，總是生搬硬套，到最後終將失去使用者的興趣。

（三）企業 APP 支付功能不夠完善

前面討論過，APP 行銷對於企業的價值主要在於宣傳品牌、拉近企業和消費者的距離，感知消費者的需求與動向。不過許多企業並不滿足於上述目標，如何透過 APP 引導消費，讓消費者買單才是他們的終極目標，然而支援 APP 上的直接支付寥寥無幾。

消費者透過 APP 瞭解了企業產品、獲取相關的優惠券後，並不能以最方便的方式立即購買，而是往往還需要到線下實體商店去消費、購買，這中間的地理距離和時間差令消費者的消費意願充滿了變數，必然會影響最終的消費兌現。支付功能的不完善使得 APP 在很多時候只是作為企業行銷的輔助手段，沒有發揮更大的作用。

（四）APP 行銷的可持續性難題

相較於「下載」這一個動作，持續的關注和使用，難度就顯得更大了。有不少 APP 面臨的狀況都是下載之後就被使用者遺忘和擱置，甚至被直接刪除。消費者出於一時的興趣或優惠活動的刺激而下載了 APP，但之後根本就想不起來或者不想去用這個 APP。企業對於這種現象要特別重視，如果消費者下載了 APP 卻不用，那麼這款 APP 自然也就形同虛設，並不能真正發揮實際的行銷作用，當初企業做活動時所獲得的有關 APP 下載量的數字也就成了毫無意義的數字了。

在資訊爆炸的時代，網路無時無刻不在生產著大量的訊息和各式各樣的網路產品，企業想要取得 APP 行銷的成功，首先要保證自己的 APP 內容與創意足夠優秀，接下來便是維護、互動和更新的問題了。

在訊息海洋中，企業需要持續投入大量精力去維持、鞏固現有的成果。消費者的注意力是有限的，若一個 APP 沒有足夠的吸引力，在不斷受到其他外界刺激的情況下，使用者黏著度很難繼續保持。此外，由於生活節奏加快，閱聽人時間碎片化程度加劇，企業的行銷訊息可能很難連續完整地傳遞給消費者。因此，如何實現 APP 行銷的可持續性、維持使用者黏著度，是 APP 行銷的一大難題。

二、APP 行銷策略探討

針對上述主要問題，企業進行 APP 行銷需要遵循一些常規的行銷法則，包括以下幾個方面。

首先，企業需要做好 APP 的定位，包括對 APP 功能和角色的定位。企業需要在充分的市場調查基礎上進行定位，包括對消費者的使用習慣、消費心理、購買習慣等各方面的考察。使用者通常利用零碎的時間打開 APP 使用某種單一的功能，所以企業在設計 APP 時要儘量去除多餘繁雜的功能，盡量做到精、準。而只有確定 APP 本身的功能契合消費者的習慣，才能利用 APP 行銷的精準性為消費者帶來最大的便利。除了功能之外，企業還需要注意對行銷產品進行分類，對於不同的產品採取不同的行銷策略，確保 APP 行銷的有效性。

其次，有針對性地選擇用來進行 APP 行銷的產品及訊息。APP 行銷的職責是豐富產品及品牌訊息，並做好消費者互動與服務，在營運時，如何在對的時間讓合適的消費者遇見合適的訊息是一大關鍵。企業透過 APP 傳達給消費者並不是所有有關企業產品、行動和規劃的訊息，而是要有針對性地選擇產品和訊息，並在 APP 行銷的過程中提升使用者的產品體驗和品牌體驗，引起消費者共鳴。

第三，關注最新的相關科技發展動態，為 APP 行銷的技術手段創新尋找靈感。在關注 APP 內容規畫的同時，APP 行銷策劃者還須隨時關注日新月異的科技發展動態，尤其是與 IT、LBS 以及體驗相關的技術。因為正是其中的某些技術，才成就了那些創新的 APP 行銷形式，為消費者帶來耳目一新的

震撼體驗。傳媒是人感官的延伸，利用人們的感官加強 APP 的趣味性和表現力，更容易讓人們有分享和購買的衝動。

最後，APP 行銷對企業來說不應是一時興起的產物，而應該細水長流，企業需要做好長期規畫和維護更新。如何讓 APP 行銷在發展中形成一個開放的、動態的封閉迴路，是許多學者公認的 APP 行銷關鍵問題。除了從消費者角度開發 APP，企業還可以針對內部員工、客戶、合作夥伴、股東開發 APP，讓他們與企業一同傳播品牌、促進銷售。

就目前來看，越來越多的企業開始嘗試開發和使用自己企業的專屬 APP 進行行銷，這類 APP 行銷形式更加靈活，個別化程度很高，不過，這類 APP 往往面臨著品質、創意和可持續方面的問題，如何成功吸引和留住使用者，是讓很多企業感到困惑的問題。在多如牛毛的 APP 市場中，除了用廣告硬推、捆綁下載的老套方法，企業怎樣才能讓自己的 APP 真正獲得消費者青睞，進行有效的 APP 行銷呢？

1. 有用是前提

APP 行銷可以說是當下非常時髦有效的新媒體行銷方式之一，但這首先需要使用者的下載，吸引使用者下載是進行 APP 行銷的第一步。而要促成消費者的主動下載，就必須讓消費者感受到 APP 能為自己帶來的切實好處和作用。畢竟，下載 APP 是一件既費流量又還要費點時間的事情。

可口可樂在 2012 年曾推出一款名為 CHOCK 的手機 APP，使用者下載此款 APP 後，就可以一邊看電視一邊抓瓶蓋抽獎了——使用者在指定的可口可樂沙灘電視廣告播出時開啟 APP，當畫面出現可口可樂瓶蓋，且手機出現震動的同時，揮動手機去抓取電視畫面中的瓶蓋，每次最多可捕捉到 3 個，廣告結束時，就可以在手機 APP 中揭曉獎品結果，獎品都是汽車之類的重量級獎品，對消費者來說頗具吸引力。

除了可口可樂，像本章前面所舉的例子，如 iButterfly、BMW 的 Mini Getaway 城市活動、New Balance 城市接力，都是以獎品或折扣優惠的形式直接給予消費者好處，以這種最直接的方式來刺激消費者的參與積極性。

而瑞典郵局、IKEA、美髮品牌 Lúcido-L 則是依靠形式創新和體驗優勢來吸引使用者，在為使用者提供體驗服務方面有很強的實用性。星巴克鬧鐘、妮維雅 Potection Ad. 則向目標使用者提供了產品以外的其他實用功能——鬧鐘服務和防止孩子走丟，雖然是額外的附加功能，但其實用性絲毫不亞於企業產品的核心功能。當然，星巴克鬧鐘除了提供叫醒服務以外，還提供了打折優惠。

總之，這些經典案例無一不是為消費者提供某種或某幾種實用的價值和功能。即便是作為單一功能型設計的互動小遊戲，如 Chipotle Scarecrow 遊戲，也為使用者提供了娛樂休閒的功能，那麼它對於使用者來說，同樣也是一款有用的 APP。

2. 互動是核心

在訊息碎片化的時代，企業已經很難全方位長時間地與消費者保持聯繫，消費者在下載 APP 以後，若沒有值得關注的內容作為主要的吸引，消費者的關注度很快就會降低，APP 的使用者黏著度會越來越低。

不同於傳統的媒體形式，APP 這種新載體賦予了消費者更大的主動權和決定權。想要吸引消費者，還是應當從滿足其需求及行為習慣出發。在大數據時代，企業可以透過大數據的訊息分析整合來開發消費者的興趣點與需求，進而有針對性地進行 APP 的開發。

除此之外，企業還應當在與消費者的一次次互動中開發其需求，時時關注使用者動態，並將在互動中所獲取的訊息用於 APP 及整個行銷策略的改進。換言之，即便 APP 不能幫助企業實現即時的銷售，那麼至少應該成為企業獲取客戶回饋、維繫客戶關係、提供會員服務的有力工具。

3. 創意是關鍵

在 APP 的海洋裡，如果沒有令人眼前一亮的創意，那麼無論它有多實用，提供再多互動，都很難引起消費者注意。因此，在 APP 行銷中加入足夠的創意，才是行銷成功的關鍵。創意可以從內容方面著手，也可以從技術手段方面切入。

像法航 Music In the Sky 讓使用者用手機到天空中去搜尋隨機播放的音樂、iButterfly 將優惠券變成蝴蝶讓使用者去捕捉，都可謂是天馬行空的創意。麥當勞透過一個手機 APP 便讓顧客將自己拍攝的影片融入企業的廣告片中，即前半段 UGC（使用者自製內容）、後半段企業廣告，是在刺激顧客參與性和行銷個別化方面所做的有效嘗試。荷蘭 Stüssy Benelux 品牌，使用者按讚就讓 APP 裡面的女模特兒脫衣，杜蕾斯的「防小人」手機應用程式 Durex Baby（杜蕾斯寶寶），讓使用者提前感受養小孩的煩惱，則在小聰明裡透著一絲狡黠。

當然，APP 行銷的創意並非全然是小技巧，在數位科技時代，有衝擊力，能感染、鼓動人心的，仍然是飽含著情感的大創意。豐田汽車的 Backseat Driver（後座司機）APP，讓小朋友坐在後座也可以透過手機感受到與父母一起開車的樂趣，並且可以很方便地將每趟旅途分享到 Twitter 上，等將來孩子長大了，依然能回味小時候這段與父母一起開車的經歷，其行銷創意在好玩裡透著濃濃親子情。

4. 整合是助力

一次成功的 APP 行銷，除了需要從自身產品特性與消費者需求出發，具備好的創意和技術之外，整合運用其他媒體裝置和行銷手段，相互配合、自成體系，也是非常重要的。透過線上線下多種行銷方式和軟體，實現服務、平台的整合，加強單個 APP 的吸引力和影響力，使消費者多角度、全方位地感受到企業行銷活動的刺激，加強行銷效果。

例如，在整個整合行銷體系運作的前期，可以動用各種行銷方式來促進企業聲望的提升及帶動相關 APP 的下載量；在整合行銷體系運作的後期，則充分利用 APP 行銷的體驗、互動優勢來進一步提升使用者體驗度和黏著度，實現行銷效果最大化。

【知識回顧】

APP 就是英文「Application」的縮寫，一般所說的 APP 就是指在網路平台或行動智慧裝置上運行的第三方應用程式。APP 的類型劃分方式有很

第三節 APP 行銷的策略與方法

多，按照載體的不同，APP 可以分為網頁 APP 與行動 APP。網頁 APP 需要在 PC 的瀏覽器上加載運行的軟體，依託瀏覽器程式語言和網頁瀏覽器運作。行動 APP 就是我們所熟悉的，可以在智慧型手機、平板電腦以及其他行動智慧裝置上運行的應用程式。行動化和社群化是未來 APP 發展的主流趨勢。

APP 行銷即應用程式行銷，指透過網頁或智慧型手機、平板電腦等行動裝置上的應用程式來開展的行銷活動。APP 行銷具有精準度高、訊息全面、趣味性強、互動性強、效果可控等特點。行動互聯技術的發展與行動智慧裝置的普及是 APP 行銷得以興起的原因，也正是因為有這些技術發展，APP 行銷的發展趨勢才銳不可當。

本章主要探討了 APP 行銷的三種模式：廣告置入模式、企業自有 APP 模式、企業自有 APP ＋離線互動模式。

廣告置入模式也叫 APP 內置廣告，企業以置入的形式，藉助第三方 APP 進行行銷。企業自有 APP 模式則是企業開發出自己的 APP，透過自己專屬的 APP 進行行銷。自有 APP 是為企業量身定做的，因而極富個性，行銷的個別化和精準化可以在企業自有 APP 行銷上得到極致化的展現，而且可以以相對較低的成本創造出可觀的行銷傳播效果。

企業自有 APP ＋離線互動的模式則是巧妙結合了線上離線互動的全新模式，通常是結合利用手機 APP 和 LBS、AR、QR 等技術，大大拓展了 APP 行銷的設計形式與創意空間，為消費者帶來更深刻、具體、多元的體驗，加強消費者與企業間的互動。線上離線互動相結合的 APP 行銷，已經在一定程度上展現了整合行銷傳播的理念，藉助的是技術與創意的交融。

APP 行銷目前主要存在品牌 APP 平均生存週期不長、數量多但品質不精、支付功能不夠完善、可持續性難等問題。企業進行 APP 行銷，有一些常規的行銷法則要遵守：要做好 APP 的定位，有針對性地選擇用來進行 APP 行銷的產品及訊息，並關注最新的相關科技發展動態，做好長期規劃和維護更新。

第十一章 APP 行銷

　　鑒於企業自主開發 APP 進行行銷的情況越來越多，本章對這類 APP 的行銷策略進行了重點探討，給出四個策略要點：有用是前提、互動是核心、創意是關鍵、整合是助力，認為有用、有趣、互動、整合是未來企業 APP 行銷的發展趨勢。

【複習思考題】

1. APP 行銷與行動行銷的區別？

2. APP 行銷有哪幾種模式？

3. APP 行銷的核心是什麼？

4. 蒐集企業 APP 行銷成功或失敗的案例，並總結 APP 行銷的策略。

後記

新媒體行銷正在成為一種重要的行銷模式，這一模式不僅關乎行銷的載體和工具，更關乎理念與方法。本書的寫作初衷正是立足新媒體行銷的最新發展，整理新媒體行銷的相關概念範疇、理論基礎和經典案例，總結新媒體行銷的方法與技巧，為從業者提供參考，為大專院校提供教學資源。

感謝周茂君教授所提供的機會和幫助，同時也非常感謝我的合作者們的熱情參與和辛苦工作。出版社杜珍輝、劉凱兩位編輯為本書付出了大量時間，對待書稿的細緻認真令我感動。多方的通力合作，才使得本書得以順利完稿和出版。

本書作者，按照章的順序依次為：第一章，劉明秀、周麗玲；第二章，周麗玲、黃愛貞、劉梓茜；第三、四、五章，劉明秀；第六章，周麗玲、盧沁；第七章，劉明秀；第八章，周麗玲、王玉、王雨馨；第九章，閆澤茹、石麗、周麗玲；第十章，苗勃、鄧景夫、周麗玲；第十一章，周麗玲、張兢芮、郭宇婕。由周麗玲提出全書編輯概念及章節架構，並統校、修訂全稿。

雖然幾經審校，但由於筆者水準有限，更因新媒體及新媒體行銷的發展、變化之快，書中難免存在錯漏之處，懇請廣大讀者批評指正。

周麗玲

國家圖書館出版品預行編目（CIP）資料

新媒體行銷議：內容即廣告、流量變現金的新媒體時代！
/ 周麗玲 , 劉明秀 編著 . -- 第一版 . -- 臺北市：崧燁文化，2019.10
　　面；　　公分
POD 版

ISBN 978-986-516-069-2(平裝)

1. 電子商務 2. 網路行銷

490.29　　　　　　　　　　　　　　　　　　108016921

書　　名：新媒體行銷議：內容即廣告、流量變現金的新媒體時代！
作　　者：宋雪鳴，費志冰，劉若婭 編著
發 行 人：黃振庭
出 版 者：崧燁文化事業有限公司
發 行 者：崧燁文化事業有限公司
E - m a i l：sonbookservice@gmail.com
粉 絲 頁：　　　　　　　　網　址：
地　　址：台北市中正區重慶南路一段六十一號八樓 815 室
8F.-815, No.61, Sec. 1, Chongqing S. Rd., Zhongzheng Dist., Taipei City 100, Taiwan (R.O.C.)
電　　話：(02)2370-3310　傳　真：(02) 2388-1990
總 經 銷：紅螞蟻圖書有限公司
地　　址：台北市內湖區舊宗路二段 121 巷 19 號
電　　話:02-2795-3656 傳真 :02-2795-4100　網址：
印　　刷：京峯彩色印刷有限公司（京峰數位）

本書版權為西南師範大學出版社所有授權崧博出版事業股份有限公司獨家發行電子書及繁體書繁體字版。若有其他相關權利及授權需求請與本公司聯繫。

定　　價：650 元
發行日期：2019 年 10 月第一版
◎ 本書以 POD 印製發行

◆ 崧博出版 ◆ 崧燁文化 ◆ 財經錢線

最狂
電子書閱讀活動

活動頁面

即日起至 2020/6/8，掃碼電子書享優惠價 99/199 元